U0897792

利用被引科学知识突变识别突破性创新

张金柱　著

国家自然科学基金青年基金（编号：71503125）
教育部人文社会科学研究青年基金（编号：14YJC870025）
中央高校基本科研业务费专项资金（编号：30915013101）
江苏省 2011 协同创新中心平台“社会公共安全科技”项目

研究成果

科学出版社

北　京

内 容 简 介

突破性创新识别对规划技术发展方向、规避潜在落后技术、优化研发布局等具有重要意义。科学知识突变为引导技术创新突破发挥了基础性作用，而科学知识突变从哪些方面诱发、如何诱发突破性创新发生还需深入研究。本书以专利引用科学论文为纽带，以专利科学引文特征项及其关联关系表示被引科学知识，进而基于被引科学知识中的关键词簇突变、学科分类簇突变、研究主题突变和学科分类组合突变识别突破性创新，分析其成因，并在纳米电子学和基因工程领域进行实证。

本书可供从事情报分析、专利分析和知识转移转化研究的理论和实践工作者阅读，也可供高校师生，科研机构、政府相关部门的研究者、管理者和决策者参考。

图书在版编目（CIP）数据

利用被引科学知识突变识别突破性创新/张金柱著. —北京：科学出版社. 2017.3

ISBN 978-7-03-050978-9

Ⅰ. ①利… Ⅱ. ①张… Ⅲ. ①知识创新-研究 Ⅳ. ①G302

中国版本图书馆 CIP 数据核字（2016）第 296564 号

责任编辑：魏如萍 / 责任校对：杜子昂
责任印制：霍 兵 / 封面设计：无极书装

科学出版社 出版
北京东黄城根北街 16 号
邮政编码：100717
http：//www.sciencep.com
三河市骏杰印刷有限公司 印刷
科学出版社发行 各地新华书店经销
*
2017 年 3 月第 一 版 开本：720×1000 1/16
2017 年 3 月第一次印刷 印张：14 1/2
字数：276 000

定价：82.00 元

（如有印装质量问题，我社负责调换）

序

2016 年 8 月 8 日，国务院印发的《“十三五”国家科技创新规划》中明确指出：全球新一轮科技革命和产业变革蓄势待发。面对人类社会经济发展的众多复杂交错的战略性挑战，面对重大问题的因源的多元化、复杂化和相互动态影响，不仅科学技术本身从微观到宏观各个尺度向纵深演进，而且学科多点突破、交叉融合日益普遍和不断深入。特别值得注意的是，知识与技术的交叉融汇不仅产生新的知识，还往往（甚至更重要的）带来对问题及其应对原理和解决路径的重新的（甚至是突破性、颠覆性的）认识和设计，而恰好是这些突破性认识和设计，带来了从诺贝尔奖到杀手锏应用到市场重新洗牌的科学、技术和社会经济效用。从某种意义上讲，突破性创新已经成为推动各个新兴技术领域和战略性新兴产业快速发展的主要引擎。

突破性创新（radical innovation）也被称为颠覆性技术（disruptive technology）、突破性技术（radical technology）、创造性破坏（creative distruction）、技术突破（technological breakthrough）、重大技术变革（significant technological change）或不连续性创新（discontinuous innovation）等，是指技术创新的方法、产品、设备、材料等技术主题发生不连续性变化，并引发性能的跃迁或功能的变化，最终导致市场、产品、服务、商业模式等发生不连续性变化。突破性创新的意义在于对原有技术理念的颠覆、破坏，具有前沿性和突破性，往往重新定义学科内涵、技术基础、产品目标、应用场景和用户市场，往往导致学科范式演变、技术路径重置、市场重新定位、竞争占位突变，从而让那些占有突破性技术者（往往是原来竞争格局中籍籍无名者或者弱小者或者新手）迅速开辟新市场、夺取原有市场，带来学科、行业和市场的重新洗牌。突破性创新带来的行业颠覆并不少见，近期的就有：数码相机 10 年时间就将胶片相机送进博物馆，而智能手机仅仅 5 年时间就将低端数码相机赶出“旅游必备品”；在线银行还未摆脱安全性与便利性的挑战，移动支付就已经跨过头顶开始成为日常支付的主流；对于许多国家，工业化“还在路上”，数据密集和计算驱动的智能制造已经要求重新“设计工业”，而人工智能却已经开始威胁到几乎所有行业的就业机会。

面对这些挑战，突破性创新的识别、预警和预测成为迫切之需。通过加强对复杂问题多元因源的矛盾识别、缺口分析和隐性关联分析，加强对新兴技术、甚至是萌芽技术的识别和判断，加强对新兴技术冲击传统技术、甚至是替代传统技术的拐点的预判，加强产业变革趋势和重大技术的预警，及时前置新兴技术和新兴产业的前沿技术研发和应用实验，已经成为实施创新驱动发展战略的重要工作。

那么如何识别突破性创新呢？大量事实证明，许多突破性技术的诞生与发展都源自基础研究和交叉学科的重要突破，现代科技革命无一不建立在科学知识重大进步的基础之上。例如，20 世纪 60 年代，美国国防高级研究计划局（DARPA）、海军研究办公室等对原子光谱学研究的持续资助，造就了激光技术的产生和应用；X 射线、电磁波、电流磁效应等重大科学发现，直接导致 X 射线照相技术、无线通信、雷达、有线电报等突破性创新的产生。突破性创新具有的强大的科学基础性使得从基础研究对技术创新的影响角度识别突破性创新成为可能，并且具有理论基础和现实意义，是研究突破性创新识别及其形成机理的重要方面，是突破性创新研究的重要完善和补充。

该书从基础研究对技术创新的影响角度出发，以专利直接引用和间接引用的科学论文为基础，通过专利引用的科学知识突变对可能产生突破性创新的时间、研究主题和学科分类组合进行识别。引入复杂网络和突变的理论与方法，综合利用专利科学引文的外部特征、内容特征及其相互关系来表示被引科学知识，并动态跟踪被引科学知识演变和突变，识别可能产生突破性创新的专利，对突破性创新进行动态识别；在此基础上，跟踪被引科学知识突变是从哪些方面诱发、如何诱发突破性创新的发生，进而研究科学知识向技术创新的知识转移过程中的影响因素，探索和明晰突破性创新的形成规律和机理，对突破性创新进行预警。

该书从专利引用的科学知识突变的新角度研究了突破性创新识别及形成机理。通过扩展被引科学知识的范围，形成了四种被引科学知识的表示，即关键词簇、关键词共现形成的研究主题、学科分类簇和学科分类组合；通过对突变进行量化计算，形成了两种突变程度计算方式，即数量突变率和频次突变率。最终由被引科学知识的表示和突变程度的计算方式共同形成了八种突破性创新识别指标，这些指标更有助于识别与基础科学研究密切相关的技术领域中的突破性创新，并能在一定程度上对突破性创新进行预警和预测。

张晓林

2016 年 12 月 8 日

前　言

全球科技进入新的创新密集期，重大发现和发明不断涌现。在能源、环境、健康等战略领域，一些重要的科学问题和关键技术正在发生或正在孕育着革命性突破，新的科技革命和产业变革爆发在即。新一轮科技革命会在哪些领域发生？在哪些领域可能发生重大突破？应该在哪些领域进行前瞻性部署？这些都是亟须解决的现实问题。突破性创新（radical innovation，RI）作为科技革命的重要组成部分，代表了技术创新中的高新技术，能够实现重大关键技术的突破和应用。通过对突破性创新进行事前预警和预测，揭示和判别可能发生突破性创新的领域和主题，为这些问题的解决提供了可能和可行的解决方案。这不仅对规划技术发展方向和优先主题、规避潜在落后技术、优化研发布局等具有重要意义，而且对国家的科技计划管理和制定、高新技术产业和行业认定、企业的发展规划制定具有重要的参考价值。

突破性创新有着强大的科学基础性，现代科技革命无一不建立在科学知识重大进步的基础之上。基础研究是技术创新的源泉和驱动力，是突破性创新产生的重要来源之一；基础研究的重大突破，将带动新兴产业群的崛起，引起经济和社会的重大变革。特别是在一些与基础研究密切相关的高技术领域，如纳米科学、基因工程、医学和生物科技等领域，科学知识的突变或科学原理的变化为引导技术创新和突破技术瓶颈发挥了极其重要的作用。如 X 射线、电磁波、电流磁效应等重大科学发现，直接导致 X 射线照相技术、无线通信、雷达、电报等突破性创新的产生。因此，从基础研究对技术创新的影响角度识别突破性创新，具有理论基础和现实意义，是研究突破性创新识别及其形成机理的重要方面，是突破性创新研究的重要完善和补充。

专利引用科学论文把基础研究和技术创新联系起来，分析专利引用的科学论文对专利技术的影响，是研究基础研究如何影响技术创新的重要途径。科学论文是基础研究成果的重要表现形式，科学论文的数量和质量通常作为基础研究绩效评价的重要依据和定量指标。根据世界知识产权组织的统计，全世界 90%～95%的发明成果都会最先出现在专利文献中，其中有 70%～80%不会以其他形式发表，只存在于专利文献中。在一些与基础研究密切相关的高技术领域（如生物、医药、基因工程、纳米技术等领域），科学知识对技术创新的贡献度更高，对专利科学引文进行分析更有助于识别技术创新中的突破性创新。如在基因工程领域，超过 90%

的专利引文为非专利文献，而且其中的大多数为期刊论文并被 SCI（Science Citation Index）收录；在我国的生物科技领域，平均每件发明专利引用的 SCI 论文数量为 5.17 篇；在医药领域，70%以上的技术创新活动直接引用了基础研究的科学知识。因此，从专利引用科学论文的角度识别突破性创新，实时跟踪专利科学引文特征项所代表的被引科学知识对技术创新的影响，使得基于被引科学知识的突破性创新动态识别成为可能；以知识转移的理论和方法为基础，对其进行扩展和改进能够揭示突破性创新的发生和发展规律，进而指导突破性创新的预警和预测，并且能够深化和扩展科学技术间知识转移转化的理论和实践。

基于此，本书将从基础研究影响技术创新的角度出发，以专利引用科学论文为纽带研究突破性创新识别。引入复杂系统和复杂网络中结构演变和突变的理论和方法，首先以专利科学引文的多个特征项及其关联关系表示被引科学知识；在此基础上，如果新专利出现导致现有的被引科学知识的主题内容或网络结构发生了突变，那么该专利可能成为突破性创新，通过实时跟踪被引科学知识突变，形成突破性创新的动态识别方法，实时监测科技发展态势；最后，在多个领域识别突破性创新发生的主题和领域，对突破性创新识别结果进行分析，发现导致被引科学知识发生突变的原因，探索突破性创新的规律和形成机理。

本书的第 1 章从对加快建设创新型国家，实现创新驱动发展的研究背景出发，发现突破性创新识别对规划技术发展方向和优先主题、规避潜在落后技术、优化研发布局等具有重要意义；对国家的科技计划管理和制定、高新技术产业和行业认定、企业的发展规划制定具有的重要参考价值。接着在第 2 章对国内外突破性创新的研究现状进行归纳和总结，发现突破性创新当前存在的主要问题在于提前对突破性创新进行识别和预警，特别是在一些与科学知识密切相关的技术领域，从被引科学知识的角度对突破性创新进行识别成为迫切需要。利用被引科学知识识别突破性创新的首要问题是如何对被引科学知识进行表示和抽取，因此，本书在第 3 章对该问题进行了阐述和解答，即以专利引用的科学论文内容和关系表示被引科学知识。被引科学论文包括专利直接引用的科学论文以及专利间接引用的科学论文（即被引科学论文引用的科学论文），前者称为一阶被引科学论文，后者称为二阶被引科学论文。与此对应，被引科学知识也包括一阶被引科学知识和二阶被引科学知识。其中，一阶被引科学知识代表了技术创新的直接理论基础和背景性知识；二阶被引科学知识是一阶被引科学知识的基础和补充，其作用主要体现在分析被引科学知识的演化以及降低科学知识向技术创新传递过程中的阻滞因素影响。在此基础上，本书第 5、6、7、8 章分别从关键词簇突变、学科分类簇突变、关键词主题突变和学科分类组合突变共 4 个角度对突破性创新进行识别，提出了基于被引科学知识内容及其关联关系的突破性创新识别方法，并与第 4 章基于科学关联强度的突破性创新识别方法进行比较和分析。在纳米电子学和基因工程领域的实验证实，本书所提方法能够提前对突破性创新发生的学科方向、领域、主题和时间进行识别，验证了基于被引科学知识突变识别突破性创新方法的有效性。实验结果表明：该方法能够有效地识别纳米电子学领域的纳米导线、碳纳米管、可计算电路等突破性创新，基因工程领域的克隆技术、胚胎发育过程、基因测序、癌症的基因疗法等突破性创新；同时，该方法能够提前或同时识别出两个领域的突破性创新，预警功能较强，并且基于二阶被引科学知识可以识别出一阶被引科学知识无法识别的潜在突破性创新。相对于基于科学强度的计算方法，该方法能够从内容层面上提前识别多个突破性创新的产生时间，并从科学知识内容上得到证明，进而对突破性创新的结果进行分析，发现了一些突破性创新发生的规律和形成机理。最后，在第 9 章对本书的研究进行总结，指出该研究存在的一些不足之处，如被引科学论文的数据处理与匹配、突变程度计算方式的进一步细化以及在更多的领域进行验证等。

我要特别感谢为本书作出重要贡献的张晓林教授。正是由于张老师在作者博士期间的谆谆教导和风雨无阻的定期讨论，才使得利用被引科学知识突变识别突破性创新的思想火花迸发，并在不断的反复过程中完成了实验和论证，这些让本书具备了厚实的理论基础和可行的思路设计，并使得以此为基础的扩展和改进具备了可能性。与此同时，我要感谢研究生吕品、胡一鸣在本书扩展和校对过程中的协助。

此外，我还要感谢家人在精神上的支持和生活上的照顾，以及对我加班忙碌的理解！你们永远是我的坚强后盾，谢谢你们默默的支持、理解和包容。

最后，我要特别感谢每一位读者，是你们的阅读，使得该书的撰写变得有价值。如果书中能有一句话、一幅图，甚至仅仅是一个概念、一个公式对读者有所启发或为您带来灵感，这就是作者最大的成功。

张金柱

2016 年 12 月

目　录

1 绪 论

1997 年，美国哈佛商学院教授克莱顿·克里斯坦森在其专著和代表作《创新者的窘境》中提出："颠覆性技术创新"是具有前沿性和突破性的技术创新，例如，重大原始创新及跨学科或跨领域创新应用[1]。谁能在"颠覆性技术创新"中胜出，谁就能"人无我有，人有我强"，获得主动权。一个国家或地方能否占领科技创新高地，主要就看是否拥有更多"颠覆性技术创新"。突破性创新作为和颠覆性创新类似甚至在现在经常被看作相同的概念，对于建设创新型国家和科技强国具有重要意义。

在 2016 年的政府工作报告中，"创新"再次成为一个重要的关键词。报告中明确提出，到 2020 年，力争在基础研究、应用研究和战略前沿领域取得重大突破，全社会研发经费投入强度达到 2.5%，科技进步对经济增长的贡献率达到 60%，迈进创新型国家和人才强国行列。李克强在全球研究理事会 2014 年北京大会开幕式致辞时强调："科学作为历史进步的杠杆，从来都是与现实发展紧密联系在一起的。当前，新一轮科技革命正在孕育和突破，许多颠覆性技术不断涌现，人们期待科技创新的渗透力、扩散力，能够转变为促进世界经济稳步复苏的强大力量。科学技术无止境，是一座持续攀升的通天塔，会引领世界发展进步，不断达到新的高度。"刘延东在 2016 年 1 月 12 日到北京考察中国科学院国家空间科学中心时，强调："创新是引领发展的第一动力，要强化重大基础研究攻关，重视突破性创新，积极抢占未来发展制高点。"白春礼在谈到中国科学院"十三五"发展规划时指出：在"率先实现科学技术跨越发展"方面，预期将在物理、化学、材料科学、数学、环境与生态学、地球科学等学科取得一些主要突破性进展，成为我国科学技术跨越发展和创新型国家建设的标志性成果。

1.1 突破性创新识别的研究背景

中国科学院（简称中科院）院长在《求是》上发表文章《深化科技体制改革实现创新驱动发展——致力重大创新突破服务创新驱动发展》，其中明确指出[2]：科技发展对于国家发展具有支撑引领作用。加快建设创新型国家，实现创新驱动发展，对科技创新提出了新的更高的要求。必须大幅提升科技创新的质量和水平，不断解决本领域公认的重大科学问题和经济社会发展中关键科学问题，提出新理论新方法、开辟新方向；不断突破产业共性关键技术、新兴产业关键技术、国防安全重大关键技术，集成多种技术形成系统解决方案；不断开发、应用、推广科技成果，形成新产品、新工艺、新产业，取得重大社会经济效益；不断对关系经济社会发展的重大问题提出科学建议和预测预见，为宏观决策提供科学依据；不断培养凝聚具有国际国内重要影响的领军人才，在破解发展难题、创新发展模式、创新体制机制与管理上不断取得新突破，抢占科技经济制高点，为创新驱动发展提供有力的知识基础和发展动力。

全球科技进入新的创新密集期，重大发现和发明不断涌现。在能源、环境、健康等战略领域，一些重要的科学问题和关键技术正在发生或正在孕育着革命性突破，新的科技革命和产业变革爆发在即。新一轮科技革命会在哪些领域发生？在哪些领域可能发生重大突破？应该在哪些领域进行前瞻性部署？这些都是亟须解决的现实问题。突破性创新（Radical Innovation，RI）作为科技革命的重要组成部分，代表了技术创新中的高新技术，能够实现重大关键技术的突破和应用。通过对突破性创新进行事前预警和预测，揭示和判别可能发生突破性创新的领域和主题，为这些问题的解决提供了可能和可行的解决方案。不仅对规划技术发展方向和优先主题、规避潜在落后技术、优化研发布局等具有重要意义，而且对国家的科技计划管理和制定、高新技术产业和行业认定、企业的发展规划制定具有重要的参考价值。

基于此，一些国内和国际组织和机构耗费大量人力、物力等资源从不同角度通过专家访谈和数据分析相结合的方式对可能产生的技术热点、研究趋势和发展方向进行总结和归纳，特别是对可能产生颠覆性作用的突破性创新进行了分析和识别，说明突破性创新识别和预警对于国家政策制定和规划布局具有重要作用。

（1）作为中国科学院年度报告系列产品之一的《科学发展报告》自 1997 年起开始发布，到 2016 年是第 19 本，它分析每年度国际科学研究前沿进展动态，展望研判重要科学领域国际研究发展趋势，观察综述主要科技领域国际科技战略规划与研究布局，报道介绍我国科学家所取得的代表性突破性重要科研成果，概括介绍我国科学研究整体发展状况，遴选可能对国家产生重要影响和作用的突破性创新发展方向和领域，并向国家提出有关我国科学发展的战略政策咨询建议，为国家宏观科学决策提供重要依据。其中，《2015 科学发展报告》在以往报告框架的基础上进行了一定的改版，整合或调整了“诺贝尔科学奖评述”“公众关注的科学热点”“科技战略与政策”等栏目，增加了“科技领域发展观察”栏目，以期更系统、全面地观察和揭示反映国际科学发展的整体进展态势、总体趋势、发展战略和研究布局，以及总览我国科学发展的进展状态、发展影响以及相关政策建议。描绘最新科学进展，透析科学前沿问题，观察科技领域发展，众多院士建言献策，科学应对发展难题。2015 年的报告重点专题如下。①科学展望：介绍空间科学和微纳光子学的发展现状并展望未来发展趋势。②科学前沿：综述分析核物理前沿科学问题、中微子物理、手性科学与技术、煤炭清洁高效转化中的碳化学、新一代基因组编辑技术、脑功能联结图谱、冷冻电子显微学和乳腺癌分子靶向治疗等 15 个前沿方向的研究进展。③中国科研代表性成果：介绍我国科学家在希尔伯特第十八问题、黑洞热吸积领域、在常温固态系统中实现抗噪的几何量子计算、过渡金属元素高氧化态、乙炔法制氯乙烯无汞催化剂、30 纳米染色质双螺旋结构解析、互补序列介导的外显子环形 RNA 产生机制、水稻代谢组的生化及遗传基础、中国手足口病疫苗研发的临床研究、卵透明带缺失致病基因、鸟类起源整合性研究、热带生态系统碳源汇功能对气候变化的响应，以及我国灰霾 PM2.5 中二次气溶胶的定量研究等领域取得的 25 项创新性成果。④科技领域发展观察：综述基础前沿、人口健康与医药、生物、农业、环境、地球、海洋、空间、信息、能源、材料制造和重大研究基础设施等 12 个科技领域的研究进展和科技战略规划与研究布局。⑤中国科学的发展概况：介绍国家基础研究管理工作进展和国家自然科学基金项目的资助情况，并从科学论文的产出规模、学术影响力和引领性、国际合作等多个维度，分析 2009～2013 年我国科研产出的整体水平及其所处的国际地位。⑥中国科学发展建议：中国科学院学部的咨询项目组就实施“材料基因组计划”推进我国高端制造业材料发展、京津冀大城市群各部分功能定位及协同发展、进一步深化我国医药卫生体制改革、建立“生态草业特区”探索草原牧区新发展模式、气候变化对青藏高原环境与生态安全屏障功能影响及适应等提出的政策与建议。《2016 科学发展报告》则是主要包括科学展望、科学前沿、2015 年中国科研代表性成果、科技领域发展观察、中国科学发展概况和中国科学发展建议等六大部分，重点是从当年受关注度最高的科学前沿领域和中外科学家所取得的重大成果中，择要进行介绍与评述。

（2）全球领先的信息技术研究和顾问公司 Gartner 依据技术生命周期理论绘制新兴科技技术成熟度曲线，对可能产生颠覆或者突破的技术和产品进行预测。新兴技术成熟度曲线以简洁明了的方式呈现出对企业机构战略规划影响十分重大的新兴技术与趋势。技术成熟度曲线重点聚焦的技术组合将很有可能在未来五到十年展现出极大的竞争优势。从 1995 年开始，Gartner 咨询公司依其专业分析预测与推论各种新科技的成熟演变速度及要达到成熟所需的时间，并分成 5 个阶段，分别为萌芽期、引入期、成长期、成熟期和衰退期。Gartner 公布的 2016 年新兴技术成熟度曲线（hype cycle for emerging technologies，2016）指出当前三大科技趋势，认为它们将是企业机构在加快数字化业务创新时必须优先考虑的事项。这三大关键科技趋势包括透明沉浸式体验（transparently immersive experience）、感知型智能机器时代（perceptual smart machine age）以及平台革命（platform revolution）。Gartner 认为这些技术将通过无与伦比的智能化打造出震撼体验，同时提供能使企业机构与新型商业生态系统互联的平台。

①透明沉浸式体验是指科技将越来越以人为中心，最终将在人与人、企业与企业以及物件与物件间实现透明的环境与关系。而当科技在演化过程中不断依靠各种情境及变化提升在职场、家庭或是和企业与其他人互动过程中的适应能力，这种关系将变得越发密不可分。此领域的主要关键科技包括 4D 打印、脑机界面（brain-computer interface）、人体增强（human augmentation）、立体显示技术（volumetric displays）、情感计算（affective computing）、联网家庭（connected home）、纳米管电子（nanotube electronics）、增强现实（augmented reality）、虚拟现实（virtual reality）以及手势控制设备（gesture control devices）。

②感知型智能机器时代则因其基础计算能力、几近无限的数据数量以及在深层神经网络上前所未有的进步，智能机器将是未来 10 年内最具革命性的科技。这些都使得拥有智能机器技术的企业机构可利用数据来帮助其适应新的环境以及解决前人未曾遇到过的问题。正往此方向发展的企业应考虑以下技术：智能微尘（smart dust）、机器学习（machine learning）、虚拟个人助手（virtual personal assistants）、认知专家顾问（cognitive expert advisor）、智能数据挖掘（smart data discovery）、智能工位（smart workspace）、会话式用户界面（conversational user interface）、智能机器人（smart robots）、商用无人机（commercial uavs-drones）、自动驾驶汽车（autonomous vehicles）、自然语言问答系统（natural-language question answering）、个人分析（personal analytics）、企业知识分类与知识本体管理（enterprise taxonomy and ontology management）、数据经纪人 PaaS（data broker PaaS，dbrPaaS）以及情境代理（context brokering）。

③平台革命是指新兴科技正在为平台的既有定义及使用方式带来一场变革。这种从技术架构转移到能打造生态系统平台的过程正在为新形态的商业模式打下良好基础，同时也在搭起人与技术之间的桥梁。在这些动态的生态系统中，企业机构须主动了解并重新定义策略，以此创造以平台为基础的商业模式，并利用内部与外部算法来创造价值。需要持续追踪的关键平台打造技术包括神经形态硬件（neuromorphic hardware）、量子计算（quantum computing）、区块链（blockchain）、物联网平台（IoT platform）、软件定义安全（software-defined security）与软件定义世界（software-defined anything-SDx）。

（3）专有顶尖前沿技术的突破性创新预测。以空间科学为例，空间科学开展宇宙、生命的起源演化和基物理规律的前沿探索，是当今自然科学重大发现与突破不断涌现的热点学科。在刚闭幕的 2016 年第十二届全国人民代表大会上，“宇宙演化”“物质结构”“生命起源”等作为今后五年中国将重点突破的基础前沿科学领域被列入了中国第十三个五年规划纲要，为我国空间科学的未来发展提供了强大的动力。在中国科学院空间科学先导专项支持下，国家空间科学中心牵头的中国空间科学中长期发展规划研究团队最近完成了《2016～2030 空间科学规划研究报告》，并于 2016 年 3 月 15 日正式出版、公开发行。报告在介绍空间科学国际发展趋势和国内发展现状的基础上，分析了我国发展空间科学的国家需求，阐述了至 2030 年中国空间科学拟研究的前沿科学问题，提出了中国至 2030 年发展战略目标、空间科学计划及所包含的科学卫星任务，绘制了至 2030 年中国空间科学发展路线图，并探讨了支撑和保障空间科学发展所需的技术手段与能力。暗物质卫星发射升空并正式交付开展科学观测，实践十号卫星、量子科学实验卫星、硬 X 射线调制望远镜卫星等今年陆续发射，反映出我国空间科学正在进入历史上最好的发展时期。报告的出版发行，不仅可供科技工作者、高校学生和社会公众了解中国空间科学领域的发展现状和未来发展方向，也可为相关管理部门提供决策参考依据。中国的空间科学将以回答事关人类发展的基本问题为己任，为我国经济社会发展甚至人类的文明进步作出应有的贡献。报告提出，至 2030 年，中国空间科学要在宇宙的形成和演化、系外行星和地外生命的探索、太阳系的形成和演化、超越现有基本物理理论的新物理规律、空间环境下的物质运动规律和生命活动规律等热点科学领域，通过系列科学卫星计划与任务以及“载人航天工程”相关科学计划，取得重大科学发展与创新突破，推动航天和相关高技术的跨越式发展。为了实现这一战略目标，报告提出了 2020 年、2025 年、2030 年的分阶段目标，并提出了一系列空间科学计划。如黑洞探针计划，目标是研究宇宙天体的高能过程和黑洞物理；天体号脉计划，旨在理解各种天体的内部结构和剧烈活动过程，主要项目包括中国引力波计划等；系外行星探测计划，拟探索太阳系外类地行星等，初步回答“宇宙中是否存在另一个地球”这一基本问题；火星探测计划，拟以全球遥感、区域巡视和取样返回等方式探测火星；“腾云”计划，研究空间特殊环境下的生命活动规律等；“桃源”计划，旨在探索地外生命和智慧生命，研究普适的生命起源、演化与基本规律等。报告同时提出，把空间科学系列卫星计划纳入国家科技发展计划，确保稳定支持，开展多层次、多种形式的国际合作，加强空间科学教育和人才培养等政策建议。

以上仅列出了一些具有重大影响力的代表性组织和机构正持续不断地对可能产生突破性创新的方向、领域和主题进行预测，而且只是这些机构预测结果的一部分，实际上，还有大量的其他报告或报道对突破性创新发生的方向进行预测，如 *Science* 的年度十大科学进展，《麻省理工科技评论》的十大突破技术等，均从不同角度对突破性创新进行了预测。这些预测大多以专家智慧为主，以数据分析结果为辅进行论证，揭示了未来的技术发展热点和方向。而当前大数据环境下，特别是数据密集型科学知识研究范式的出现，使得数据在发现技术突破方面的作用需要进一步加强，使得基于数据科学理论和方法的突破性创新定量识别方法成为迫切之需。

1.1.1 突破性创新是科技革命的重要组成部分

中国科学院白春礼院长在《新科技革命的拂晓》的报告中指出：抓住科技革命的国家都会发生很大的变革，而失之交臂的国家其发展速度不仅会减慢，而且很有可能从发达国家降级为发展中国家。目前，世界正处于第六次科技革命前夜，我们必须密切关注和紧跟世界经济科技发展的大趋势，在新的科技革命中赢得主动。因此，在目前的情况下，如何预测第六次科技革命发生的方向，对于我们国家的发展来讲是至关重要的。要突破带动技术革命、促进产业振兴的前沿科学问题；突破提高人民健康水平、保障改善民生、破解资源环境制约的重大公益性科技问题；突破增强国际竞争力、维护国家安全的战略高技术问题。致力重大成果产出，培育新的学科增长点，形成发展新优势。围绕战略性新兴产业七大领域，开展产业关键技术与前沿技术研究、技术集成创新和工程化示范。前瞻部署一批基础与前沿交叉研究的重要方向，提出原创科学思想、科学理论和创新方法，开拓新的前沿领域和方向。

突破性创新是科技革命的重要组成部分，特别是技术革命的重要组成部分。科技革命是科技发展的一种表现形式。科技发展既有渐进性变化，也有爆发性突变，前者是常规科技进步，后者是科技革命。科技革命的定义主要有以下几种形式[3]，可以看出，科技革命和突破性创新有很多类似之处。

（1）定义一：在科技史层次上，根据美国科学哲学家库恩的观点，科学革命指科学范式的转变，技术革命指技术范式的转变。

（2）定义二：在文明史层次上，科学革命不仅是科学范式的变化，而且是引发人类思想观念的革命性变化的科学变迁；技术革命不仅是技术范式的变化，而且是引发人类生活方式和生产方式的革命性变化的技术变迁。许多科技史学家认为，16 世纪以来，世界科技大约发生了五次革命。

（3）定义三：科技革命是科学革命和技术革命的统称，指引发科技范式、人类的思想观念、生活方式和生产方式的革命性变化的科技变迁。

照此定义，16 世纪以来大致发生了两次科学革命和三次技术革命，合称五次科技革命，即近代物理学诞生、蒸汽机和机械革命、电力和运输革命、相对论和量子论革命、电子和信息革命，每次科技革命都伴随着大量的突破性创新的产生和发展。反过来说，大量的突破性创新的产生也可能预示着新的科技革命正在孕育和发生，这也使得突破性创新的识别具有重要的理论和现实意义。当前，一些专家认为第六次科技革命可能发生在以下五个主要方向[4]。

（1）整合和创生生物学。16 世纪以来，生物学发展的基本轨迹是从整体、器官（系统）、细胞到分子。似乎这条路已经快走到尽头；因为人们将会发现，即使把生物体内的每一个分子都搞清楚了，也不能完全解释生命现象。我们需要在原有路径之外，开辟新的道路，从分子、细胞、器官到生物体，研究大量分子如何协同、耦合、整合形成细胞；细胞如何协同、耦合、整合形成组织和器官；器官如何协调、耦合、整合形成生物体。这个过程是自组织的。目前，自组织理论、协同学已经诞生，耦合理论、整合理论还在孕育之中。今天，我们正在揭开人体的全部遗传信息，我们已经认识了成千上万的生物体内的分子和细胞，以及各种组织和器官。如果把这些分子、细胞、组织、器官组装起来，能否“制造一个生命”？生物体与机器（技术）的多种组合，能否创造新的生命形式和新的物种？

（2）思维和神经生物学。人脑是思维的载体，神经系统是思维的工厂，它们都是如何工作的？人脑认知和创造性思维的机理，人脑信息加工、储存、提取和再现的机理等，非常有挑战性。对这些问题的认识，将改善人类的智慧，推进信息技术的革命性发展。

（3）生命和再生工程。对生命的操纵有违人类的现行伦理道德，但是，人类将逐渐具备操纵生命的能力。首先，操纵遗传物质，改变生物特性，制造新物种。其次，操纵神经系统，改变生物行为特征。其三，操纵生物节律，实施人工休眠和人工唤醒，改变生物的生命周期。其四，操纵生物细胞，实现体细胞无性繁殖（克隆）。目前，植物体细胞的全能性已经被反复证明，动物体细胞的全能性研究已经取得一些进展。所谓体细胞全能性，指生物体细胞包含全部的遗传信息，在合适条件下可以培养出完整的新生物体。其五，操纵组织器官，进行组织器官的体外培养，随时随意替换生物体的任何组织或器官。其六，操纵生物生殖，进行体外受孕、体外怀胎（人造子宫），实现体外生殖。其七，操纵生物性状，建立“生物工厂”，生产人类需要的产品，如干扰素等新药。其八，操纵生命形式，实现生物和机器的组合。再生工程包括细胞、组织、器官、躯体、人体和物种的仿生、创生和再生等。人造组织和器官如人造心脏、肺、胃、皮肤、骨头、血、血管和肢体等实现产业化生产。

（4）信息和仿生工程。与第五次科技革命有交叉。人脑思维和动物信息处理的数字化模拟和仿真，实现信息和知识的无阻碍获取、现有信息传播渠道的整合等。开发以新原理为基础的计算技术，大幅度提高计算速度。模拟人脑的认知和思维原理，并行处理和整合各种类型的信号，逐步建立非线性推理功能（直觉），具有部分人类情感。开发新的网络技术，大幅度提高信息传输速度。“信息转换器”的发明，实现人脑与电脑之间的直接信息转换，人脑可以直接“知识充电”。“人格信息包”的发明，它包含人的全部人生信息、独立人格和自主意识，使人的“网络化生存”和网络虚拟人（网络人）成为可能，实现人的“网络化永生”。

（5）纳米和仿生工程。纳米仿生材料、纳米仿生器官、纳米仿生设计和制造等。纳米工程指在分子或原子水平上逐个原子地操纵物质，在纳米尺度上进行设计、加工和制造等，包括纳米结构、纳米加工和制造、纳米材料、纳米器件和系统、纳米机械、纳米电子元件和设备等。纳米工程、信息工程和仿生工程的结合，不仅为我们开辟一个新领域，而且为人类开创一个新的工作平台。

第六次科技革命包括五类关键技术[4]。

（1）信息转换器技术。信息转换器技术是实现人脑与计算机之间的直接信息交流和转换的技术。相关技术包括：人脑的信息获取技术、信息储存技术、信息传输技术、信息转换技术、信息分解技术、信息再现技术、信息生成技术、信息处理技术、人脑反向工程等。

（2）人格信息包技术。人格信息包技术是制造包含人脑的社会学和人格信息的信息包的信息仿生技术。相关技术包括：知识工程、人工智能、人性化软件、虚拟现实技术、虚拟人体技术、虚拟心理技术、虚拟思维技术、虚拟自主意识技术、虚拟人格技术等。

（3）仿生技术。仿生技术是仿制生物组织和行为的工程技术。相关技术包括：纳米仿生、信息仿生、智能仿生、仿生材料、仿生设计、仿生制造、仿生工程、仿真智能机器人、动物仿真、人体仿真、仿生组织和仿生器官（人造物质性的仿生组织和器官）等。

（4）创生技术。创生技术是人工有目的地合成生物组织、器官、肢体和生命体的工程技术。相关技术包括：合成生命、合成生物性的组织和器官、遗传工程、细胞反向工程、生物与非生物的耦合技术、生物与非生物的整合技术、生物与非生物信息的整合技术等。

（5）再生技术。再生技术是通过诱导或培养实现生物组织、器官和生命体的再生的工程技术。相关技术包括：生物组织和器官的体外再生、生物体的体外再生、人体组织和器官的体外再生、人体的体外再生、人造子宫、生物与人体组织和器官的体内诱导再生等。

一般而言，信息转换器、人格信息包、仿生、创生和再生技术会不断升级换代，就像计算机和软件技术的更新换代一样；仿生、创生和再生技术会相互交叉融合，五大技术有可能部分交叉融合。再生工程包括细胞、组织、器官、躯体、人体和物种的仿生、创生和再生等，人造组织和器官如人造心脏、肺、胃、皮肤、骨头、血、血管和肢体等实现产业化生产。

1.1.2 突破性创新助力于技术跨越式发展

突破性创新对国家的社会进步和经济发展发挥着重要作用，并推动着相关产业的变革。表 1.1 是在维基百科的基础上整理出来的主流技术和突破性创新的对照表[5, 6]，每一个突破性创新都对现有的主流技术进行了“颠覆”，推动着技术不断向前发展。基于突破性创新的技术跨越，使得技术落后的国家、地区、企业有可能获得与技术先进的国家、地区、企业在同一起跑线上竞争甚至于超越他们的机会。统计表明，美国的技术创新有 78%为首创或技术突破性创新，基础性创新、突破性创新是美国持续经济繁荣的主要动力[7]。虽然我国近年来经济发展迅速，但我国现有的技术创新大多数是基于技术引进或模仿创新，突破性创新极少，这对我国的持续竞争力提高提出了极大的挑战。因此，中国的技术创新应尽快从单纯引进和模仿转向自主创新，逐渐重视突破性创新，实现技术的跨越式发展。

表 1.1 主流技术和突破性创新示例[6]

主流技术	突破性创新
电报	固定电话
固定电话	移动电话
胶卷相机	数码相机
百货商店	大型超市
IBM 主机	个人计算机
存储软盘	闪存装置
Microsoft	Google
Google	Facebook
传统报纸	网络门户
网络门户	Twitter/微博
……	……

大量突破性创新涌现，*Science* 每年都会公布一次可能成为突破性创新的十大科学进展，这些创新多数已经获得诺贝尔奖，这些技术的掌握和应用能够为我国的技术跨越提供可能。在 2001 年公布的十大突破性创新分别如下。

（1）纳米技术领域获得多项重大成果。继在 2000 年开发出一批纳米级装置后，科学家今年再进一步将这些纳米装置连接成为可以工作的电路，这包括纳米导线、以纳米碳管和纳米导线为基础的逻辑电路，以及只使用一个分子晶体管的可计算电路。分子水平计算技术的飞跃有可能为未来诞生极微小但极快速的分子计算机铺平道路。

（2）科学家发现 RNA（核糖核酸）“多才多艺”。它不仅是遗传物质的信使，还能执行科学家没有料到的其他工作。例如，科学家去年发现一些 RNA 小片段能够使植物基因处于关闭状态，今年又在老鼠和人身上发现了类似的“RNA 干扰”现象。细胞生物学家还发现信使 RNA 的拼接方式，而信使 RNA 是 DNA 信息和蛋白质信息之间的生化连接。

（3）太阳中微子的失踪之谜被揭示。30 年前，科学家计算出了从太阳流失的电子中微子的数量，但实际探测到的中微子的数量小于计算值。今年，加拿大萨德伯里中微子观测站的科学家证实了早先一些实验得出的假设：中微子事实上没有失踪，只是在离开太阳后转化成了缪子和陶子，由此躲过了科学家的探测。

（4）“人类基因组计划”和美国塞莱拉公司同时公布进一步完善后的人类基因组图，提前完成人类基因组测序计划。另外，还有 60 多种生物的基因组在 2001 年被测定。

（5）两项超导发现将超导温度推向更高水平，科学家在实现室温零电阻电流的道路上又迈进一步。日本科学家发现二硼化镁在–234℃成为超导材料，超过了此前金属化合物创下的超导温度。二硼化镁的优点是成本低廉，加工容易。美国科学家将氯仿和溴仿掺入碳 60 分子，使碳 60 分子的超导临界温度从–221℃上升到了–156℃。

（6）科学家在发育中的神经系统里发现了分子信号如何诱导和压制神经轴突的生长，这将有助于科学家找到修复受损成年神经的方法。

（7）一种新的抗癌药物、特效“智能炸弹”出现，专门对付致癌的明确生化缺陷。今年，美国食品和药物管理局批准了“格里维克”的上市，该药能抑制与某种白血病有关的缺陷酶。

（8）玻色－爱因斯坦理论取得进展。2016 年的诺贝尔物理学奖授予了发现“碱金属原子稀薄气体的玻色－爱因斯坦凝聚态”的三位学者。凝聚态研究 2016 年继续前进：两个法国研究小组首次制造出氦原子的玻色－爱因斯坦凝聚态，锂、钾的凝聚态也在 2016 年获得。

（9）国际气候变化专家调查组首次正式表明，过去 50 年中的全球变暖现象很可能是由大气中的温室气体聚集造成的，人类而非自然是全球变暖的原因。

（10）确定二氧化碳沉降。美国是世界上最大的温室气体制造国，但其二氧化碳等温室气体出现了沉降现象，即大气中的二氧化碳大幅减少。美国研究员在沉降程度问题上曾有分歧，但美国两个意见相左的科研小组 2016 年修改了他们的预测，就沉降程度达成一致：二氧化碳沉降吸收了美国当前温室气体排放量的约 1/3，但沉降在今后百年中将可能放慢。

此外，《麻省理工科技评论》从各项创新中遴选出了或攻克疑难问题、或催生科技使用新方法的年度十大突破性技术。这些突破性技术将在未来数年凸显出其重要意义。这些突破性技术为全球的科技战略规划和技术布局提高可能的攻坚方向，这些方向和技术为集中优势力量对某一领域的技术跨越提供可能。它评选出的“2016 年十大突破技术”如下。

（1）免疫工程（immune engineering）：经过基因改造的免疫细胞正在拯救癌症患者的生命，而这只是开始。T 细胞被称为免疫系统中的“杀手细胞”，它们能够在人体内四处移动、能够进行感知探测、并能够杀死其他细胞。科学家将它从一个人的血液中提取出来，加入新的 DNA 指令，从而令其能够攻击肿瘤细胞，同时还采用基因编辑方式删除 T 细胞用以探测外来分子的受体，使其不至于攻击“非来自自体”的好细胞。该技术已经在 300 多名患者身上进行了实验，效果十分惊人，甚至能够极大地缓解病情。目前世界上已有十几家医药公司和生物技术企业正在努力将这项疗法带入市场。经过基因改造的 T 细胞将为糖尿病、多发性硬化症和红斑狼疮等自身免疫疾病，以及艾滋病和各种传染性疾病带来新生希望。其成熟期为 1～2 年，突破点在于经过基因改造的 T 细胞能够治疗癌症，重要性在于通过改造免疫系统，癌症、多发性硬化症和艾滋病等疾病都可以治愈。该领域主要参与者：Cellectis、Juno Therapeutics、诺华制药。

（2）植物基因精确编辑（precise gene editing in plants）：一种简便且精确改变植物基因的方式，可为植物带来疾病抵御和抗旱等能力。该技术能够便宜、精确地编辑植物基因组，且不遗留外源 DNA。中国已经利用该技术创造了一种抗真菌的小麦，并提高水稻产量。英国已经利用该技术创造出具有抗旱能力的植物品种。这种基因编辑技术还有助于使科学家能及时对抗处于不断进化中的各种危害作物的微生物。其成熟期为 5～10 年，突破点为在不遗留外源 DNA 的情况下，对植物基因进行精确编辑，且成本低廉，重要性在于全球人口不断增长，到 2050 年将达到 100 亿，农作物增产问题亟待解决。该领域主要参与者：英国诺维奇 Sainsbury 实验室及 John Innes 中心、韩国首尔国立大学、美国明尼苏达大学、中国科学院遗传与发育生物学研究所。

（3）对话界面（conversational interfaces）：现在，大部分智能手机上已经预装了苹果的 Siri、微软 Cortana 和谷歌 Now 等语音识别系统，但这些系统不甚完美，有时候会误听或误解指令。百度则在该领域取得了令人印象深刻的进展：2015 年 11 月，百度硅谷实验室宣布研发了一个强大的语音识别引擎，称为“深度语音系统 2”（deep speech 2），该系统拥有一个大型“深度”神经网络，可在数百万转录语言库的基础上学习如何将声音和语句联系起来，语音识别率精确度极高。来自中国领先互联网公司的强大语音技术使智能手机的使用更为便捷。该技术已经趋于成熟，其突破点在于将语音识别和自然语言理解相结合，为全球最大互联网市场创造有效语言接口。重要性为通过打字方式和计算机进行互动既浪费时间，又浪费感情。该领域主要参与者：百度、谷歌、苹果、Nuance、Facebook。

（4）可回收火箭（reusable rockets）：将使航天飞行的成本便宜几百倍。杰夫·贝索斯（Jeff Bezos）的蓝色起源公司（Blue Origin）和埃隆·穆斯克（Elon Musk）的 SpaceX 公司分别在 2015 年 11 月和 12 月成功实现了火箭的回收。廉价太空旅行的新时代已经在向我们招手。现在，火箭可以直立着陆，加满燃料后再次发射。这将开启太空航行的新时代。该技术现已趋于成熟，其突破点为火箭可将有效负载发射到轨道上，然后安全着陆，重要性在于降低发射成本，有助于开启太空探索的各种新可能。该领域主要参与者：SpaceX、Blue Origin 公司、美国联合发射联盟。

（5）知识分享型机器人（robots that teach each other）：基于一个标准编程框架 ROS 的机器人学习特定任务后，将知识传送到云端供其他机器人下载、分析并使用，其他机器人也可上传反馈，进一步优化对后续机器人发出的指令。有关识别和抓取特定物体的数据可压缩成 5～10M，也就是一首歌曲的大小。未来 5～10 年，我们或将能看到机器人的这种能力出现爆发式增长。该技术的成熟期为 3～5 年，其突破点为机器人学习任务，然后将知识上传到云端，供其他机器人下载使用，重要性在于如果各种不同的机器人无需进行独立分别编程，那么机器人学习的发展将极大地加快。该领域主要参与者：Brain of Things 的阿舒托什·萨克塞纳（Ashutosh Saxena），布朗大学的斯蒂芬妮·塔勒克斯（Stefanie Tellex），加州大学伯克利分校的皮尔特·阿布比尔（Pieter Abbeel）、肯·戈德伯格（Ken Goldberg）和谢尔盖·勒凡（Sergey Levin），德国达姆施塔特科技大学的简·比德斯（Jan Peters）。

（6）DNA 应用商店（DNA app store）：位于旧金山的 Helix 公司将推出全球首个面向大众市场的基因信息应用商店。该公司收集客户的唾液样本，对客户基因进行测序和分析，然后将结果数据化，客户可通过应用程序获取自己的 DNA 信息。该公司一次对 2 万多种基因的分析成本为 100 美元左右，仅为其他公司的 1/5。这些 DNA 信息还可出售给其他研发人员。目前 Helix 正和 Illumina 公司合作筹建世界上最大的基因测序中心，计划 2016 年或 2017 年推出 DNA 应用商店。有了包含个人基因信息的在线商店，可以更容易、也更便宜地了解更多有关自己所面临的健康风险和患病倾向。该技术于 2016 年进入成熟期，其突破点在于 DNA 测序的一种全新商业模式，将使基因信息可在网上广泛获取，其重要性在于一个人的基因决定了相当多的特质，包括罹患某种特定疾病的可能性。该领域主要参与者：Helix 公司、Illumina 公司、Veritas Genetics 公司。

（7）SolarCity 的超级电池工厂（SolarCity's gigafactory）：SolarCity 每天能生产 1 万块太阳能面板，每年生产十亿瓦特太阳能，将成为北美最大的太阳能生产厂。该公司已经是美国领先的住宅用太阳能面板安装商。目前主流的晶体硅太阳能面板转换能效为 16%～18%，SolarCity 的面板能效超过 22%，安装面积将比传统面板少 1/3。SloarCity 采用的生产流程将原先的 20 多个步骤减少为 6 个，并将传统面板中最昂贵的金属银替换成了便宜的铜，从而使成本大大降低。另外，松下宣布其新面板的能效达到了 22.5%。美国一家太阳能工厂将能够每年生产出十亿瓦特的高能效太阳能面板，该技术对家庭用户吸引力巨大。该技术将于 2017 年进入成熟期，其突破点在于采用简化流程和低成本制造的高能效太阳能面板，其重要性在于为了比化石燃料更具竞争力，太阳能行业需要更廉价、更高效的技术。

该领域主要参与者：SolarCity、SunPower、松下。

（8）Slack 通信软件（Slack）：这项为移动电话和短信息时代打造的服务正在改变我们的工作场所。这是一款被称为“有史以来增长速度最快的办公室通信软件”，自 2013 年推出以来不到三年时间，日用户已经突破 200 万。该软件为办公室员工提供了一个使用即时短信和同事沟通的“中心化”场所，减少了使用电子邮件的时间。无论是使用计算机还是移动设备，都可以上传文件、获取存储在文档中的信息，并在对话中进行搜索。由于可以看到其他同事在工作中的交流信息，所以 Slack 所营造的轻松随意氛围是电子邮件所不可比拟的。该技术现已趋于成熟，其突破点在于一款使用便捷的通信软件，正在取代电子邮件成为工作工具，其重要性为 Slack 信息简短、随意，其所营造的轻松氛围有助于提高工作效率。该领域主要参与者：Slack、Quip、Hipchat、微软。

（9）特斯拉自动驾驶技术（Tesla autopilot）：这家电动汽车制造商开发的汽车软件在一夜之间让自动驾驶变成现实。该技术给予驾驶者以飞行员驾驶飞机时的类似体验，它可以控制速度快慢、变换车道、自动泊车等。此外，梅赛德斯、宝马、通用汽车等全球领先汽车制造商也开发了自动平行泊车技术。尽管自动驾驶目前尚处于法律的灰色地带，但其在未来无疑将重塑汽车与人之间的关系、道路和整个交通基础设施之间的关系。该技术现已趋于成熟，其突破点在于能够在各种条件下进行自动驾驶的汽车，其重要性在于改善全球各地因为人为失误而造成的撞车事件。该领域主要参与者：福特汽车、通用汽车、谷歌、日产汽车、梅赛德斯、特斯拉汽车、丰田、Uber、沃尔沃。

（10）空中取电（power from the air）：由 WiFi 和其他电信信号供电的互联网设备将使得小型计算机和传感器的渗透率更高。这项技术使用“后向散射”原理，能使设备从周边的电视、电台、手机或 WiFi 信号中获取电能，从而支持自身工作并进行通信。经测试的原型产品显示，仅需目前 WiFi 芯片万分之一的电量即可正常工作。该技术即将实现商业化。采用这种技术的小型 WiFi 设备制造成本不足 1 美元。未来许多智能家居产品、安全摄像头、感温器、烟感器等设备或将永远无需更换电池。该技术的成熟期为 2～3 年，其突破点为无线设备通过附近的无线电信号为自身供电并进行通信，其重要性将连入互联网的设备从电池和电线中解放出来。该领域主要参与者：华盛顿大学、德州仪器公司、马萨诸塞大学阿默斯特分校。

1.2 相关概念界定

1.2.1 突破性创新

突破性创新包含市场突破性创新和技术突破性创新，市场突破性创新[1，8-11]

是通过市场、产品、服务、商业模式的不连续性变化形成的，即在企业提供的技术性能供给超过用户的技术性能需求的条件下，企业偏离主流用户所重视的功能，引入低端用户或新用户所重视的功能，形成新的产品或服务，进而取代主流市场的产品或服务的一类创新。技术突破性创新[12-15]是指技术创新所依赖的科学技术知识发生了突变导致技术产生突破，即技术创新所依赖的科学技术知识的突变导致技术创新的方法、产品、设备和材料等技术主题发生不连续性变化，并引发性能的跃迁或功能的变化，如方法的替换、产品的变革、设备的换代、材料的更替等。

本书界定的突破性创新是指技术创新的方法、产品、设备、材料等技术主题发生不连续性变化，并引发性能的跃迁或功能的变化，最终导致市场、产品、服务、商业模式等发生不连续性变化，也称为突破性技术（radical technology）[16]、创造性破坏（creative distruction）[17]、技术突破（technological breakthrough）或重大技术变革（significant technological change）[18]、不连续性创新（discontinuous innovation）[19]等。

1.2.2 被引科学论文

专利引文是指在专利文件中列出的与本专利申请相关的参考文献（如专利文献）以及期刊论文、会议论文、著作、网络文献、报纸等非专利文献，这些非专利文献统称为非专利引文（Non-Patent Reference，NPR）[20]。

被专利引用的科学论文称为被引科学论文（Scientific Non-Patent Reference，SNPR），被引科学论文是非专利引文的重要组成部分，是非专利引文中科学知识的主要代表，被引科学论文反映了基础科学知识对技术创新的影响，可以用来探测专利技术诞生的科学基础[21-23]。

1.2.3 被引科学知识

专利引文中的专利信息表示被引技术知识，以专利权人、专利分类号和技术词及其关联关系构成；而被引科学论文信息则表示被引科学知识（Scientific Knowledge Cited in Patent，SKCP），以被引科学论文的作者、关键词和学科分类等元数据及其关联关系表示。

1.2.4 突变

突变（catastrophe）一词，法文原意是灾变，强调变化过程的间断或突然转换的意思[24]。这种不连续性可以体现在时间上，如波的破碎、细胞的分裂或者桥梁的倒塌；也可以体现在空间上，如物体的边界或两种生物组织之间的界面。

本书中的突变是指不同时间段，专利科学引文信息及其关联关系所代表的被引科学知识发生了巨大变化，即新的被引科学知识的涌现或旧的被引科学知识的巨大变化，书中的突变主要是指被引科学知识演化过程中知识结构的巨大变化，即知识结构的突现、融合、突增和分化。

1.3 研究意义和研究问题

突破性创新作为科技革命的重要组成部分，能够实现重大关键技术的突破和应用，对国家的经济、科技、产业等有巨大的推动作用。识别可能产生突破性创新的领域、方向和作用点，对于遴选前瞻研究领域、规划技术发展方向、规避潜在落后技术、优化研发布局等都有重要意义；同时，对国家的科技计划管理和制定高新技术产业和行业认定、企业的发展规划制定具有重要的参考价值。

情报分析指标和方法可能在突破性创新识别中发挥重要作用。创新包含技术创新、产品创新、工艺创新、组织创新等多种内容，并以专利文献作为主要载体，突破性创新作为创新的一种形式，在一定程度上代表了技术革命的推动力。因此，通过专利分析对可能产生突破性的领域、方向和作用点进行识别，在一定程度上代表了可能产生技术革命的领域、方向和作用点。

突破性创新有多种识别指标和方法，如基于技术轨道 S 曲线或技术生命周期的技术演化分析方法、基于市场认可度的市场绩效分析方法、基于专家知识的专家分析方法以及基于专利信息的专利分析方法。利用专利分析方法识别突破性创新包括以下几种方式：专利的被引频次、引用结构的差异、专利分类号的跨界组合、专利的语义分析以及利用 NK 模型寻找专利分类号组合。这些方法主要利用专利本身表示的技术知识来识别突破性创新，而利用非专利引文，特别是利用非专利引文中的科学论文表示的被引科学知识来识别突破性创新的研究还较少，一般以科学强度指标从统计层面上表示专利对科学知识的依赖程度，没有从专利引用的科学论文的内容层次上对突破性创新进行识别。因此，有必要在总结归纳突破性创新特征的基础上，基于专利引用的科学论文所代表的被引科学知识，形成突破性创新的识别指标和方法。这些指标和方法是对利用专利本身代表的技术知识识别突破性创新的指标和方法的有益补充，并完善了突破性创新的识别指标和方法。

1.3.1 研究意义

突破性创新有着强大的科学基础性，现代科技革命无一不建立在科学知识重大进步的基础之上[25]。基础研究是技术创新的源泉和驱动力，是突破性创新产生的重要来源之一；基础研究的重大突破，将带动新兴产业群的崛起，引起经济和社会的重大变革[25]。特别是在一些与基础研究密切相关的高技术领域，如纳米科学、基因工程、医学和生物科技等领域，科学知识的突变或科学原理的变化为引导技术创新和突破技术瓶颈发挥了极其重要的作用[14, 26]。如 X 射线、电磁波、电流磁效应等重大科学发现，直接导致 X 射线照相技术、无线通信、雷达、有线电报等突破性创新的产生。因此，从基础研究对技术创新的影响角度识别突破性创新，具有理论基础和现实意义，是研究突破性创新识别及其形成机理的重要方面，是突破性创新研究的重要完善和补充。

专利引用科学论文把基础研究和技术创新联系起来，分析专利引用的科学论文对专利技术的影响，是研究基础研究如何影响技术创新的重要途径[27]。科学论文是基础研究成果的重要表现形式，科学论文的数量和质量通常作为基础研究绩效评价的重要依据和定量指标[28]。根据世界知识产权组织的统计，全世界 90%～95%的发明成果都会最先出现在专利文献中，其中有 70%～80%不会以其他形式发表，只存在于专利文献中[29]。在一些与基础研究密切相关的高技术领域（如生物、医药、基因工程、纳米技术等领域），科学知识对技术创新的贡献度更高，对专利科学引文进行分析更有助于识别技术创新中的突破性创新。如在基因工程领域，超过 90%的专利引文为非专利文献，而且其中的大多数为期刊论文并被 SCI（science citation index）收录[30]；在我国的生物科技领域，平均每件发明专利引用的 SCI 论文数量为 5.17 篇[31]；在医药领域，70%以上的技术创新活动直接引用了基础研究的科学知识[31]。从专利引用科学论文的角度识别突破性创新，实时跟踪专利科学引文特征项所代表的被引科学知识对技术创新的影响，使得基于被引科学知识的突破性创新动态识别成为可能；以知识转移的理论和方法为基础，对其进行扩展和改进能够揭示基于被引科学知识的突破性创新形成机理，达到预警和预测的目的，而且能够深化和扩展科学技术间知识转移转化的理论和实践。

遴选技术创新中的突破性创新，提前对突破性创新进行识别和预警，对国家的科技计划管理和制定、高新技术产业和行业认定、企业的发展规划制定具有重要的参考价值。利用专利引用的科学论文所代表的科学知识对可能产生突破的技术创新领域和方向进行识别，为决策者在科技布局、项目部署上提供参考和支撑作用。对可能产生突破性创新的领域和方向进行政策倾斜和经济扶植，能更好地实现技术赶超和跨越式发展。科学技术间的相互影响和作用是科学技术的发展动力之一，基础研究成果所代表的科学知识应用和转化是突破性创新产生的重要途径，通过专利引用的科学知识内容突变识别突破性创新丰富了技术监测、科学知识演化分析、知识转移的理论和实践。本研究的理论意义和实践意义具体体现在以下四个方面。

（1）提前对突破性创新进行识别和预警，为国家规划技术发展方向和优化研发布局提供先导性服务。当前的突破性创新识别主要以专家咨询和专利被引等方法为代表，能够识别已经发生的突破性创新，对其分析能够发现突破性创新的一些形成规律和机理。该方法存在一定的时滞性，迫切需要进一步提高突破性创新识别的时效性，提前对突破性创新进行识别和预警。本书通过实时跟踪专利引起的被引科学知识突变，动态识别突破性创新，为国家制定各种规划和计划提供决策支持服务，为企业的竞争优势提供保障，因此，突破性创新识别具有较强的实际应用价值。

（2）融合专利信息中专利科学引文的多种特征项和关系，更全面准确地识别突破性创新。真实的技术创新网络是综合了不同知识对象及其关系的多维度、多层次复杂网络，它的对象和关系相对于同一对象和关系的网络更加复杂，迫切需要规范和统一的关联模型涵盖多种信息及其关联，从多角度对被引科学知识的突变程度进行计算，识别可能发生的突破性创新。该部分的研究为图书情报领域专利信息和科学论文信息的综合集成提供了可选择的解决方案。基于专利引用的科学知识突变识别突破性创新的指标和方法，对基于专利本身代表的技术知识突变识别突破性创新的指标和方法进行了有益补充，完善和充实了现有的突破性创新识别指标和方法。

（3）跟踪专利导致的被引科学知识演变和突变，动态识别突破性创新。科学技术日新月异，对技术监测的时效性提出了巨大挑战，为了应对这一发展趋势，迫切需要提前对突破性创新进行识别和预警。本书从被引科学知识的多种特征出发，分别以科学关联度、关键词簇突变、研究主题突变、学科分类簇突变和学科分类组合突变识别发生突破性创新的时间、领域和方向，提出了基于被引科学知识突变的突破性创新演变和突变跟踪方法，动态识别突破性创新，并对突变程度进行计算。该方法对于知识网络，特别是专利信息构建的复杂网络主题演化和突变分析具有较强的理论意义和应用价值。

（4）从知识转移的角度验证和明晰突破性创新的形成机理，丰富科学技术知识转移转化的理论方法体系。科学与技术的关联问题是科学社会学和科学技术哲学的基本问题，是新兴的科学技术学的核心问题。通过实例总结，特别是理论分析已经形成了一些突破性创新的形成机理，大部分实例从技术知识角度对突破性创新的形成机理进行了事后验证。然而，在与科学知识密切关联的多个领域，以科学论文为代表的基础研究发挥了同样甚至更大的作用，从基础研究向技术创新的知识转移角度分析突破性创新的形成机理还需进一步深化。一般使用科学强度表示不同技术领域对科学知识的依赖程度，表示了技术所依赖的科学知识在统计数据上的差异，本书以专利为媒介，以实际数据验证和明晰被引科学知识内容是如何影响突破性创新产生的，探索被引科学知识突变与技术创新突破的映射关系，验证和明晰突破性创新的形成机理。该部分的研究深化了科学知识转移转化的理论和实践，扩展了科学技术间知识转移的分析指标和方法。

1.3.2 研究问题

不同学科和研究领域对突破性创新的概念界定不同，从多个侧面对突破性创新识别和形成机理进行了研究。

（1）在管理科学与工程、企业经济、工业经济等领域，侧重于从企业的产品技术、工艺技术、消费者行为、新奇产品、市场因素等方面对已经发生的突破性创新进行分析，总结其形成原因和因素，并从企业的环境和组织方面分析如何促进突破性创新的形成[1]。由于突破性创新不仅在市场和技术方面存在不确定性，而且在资源、组织方面也具有高度不确定性，导致事前识别突破性创新成为难题，难于实时动态识别突破性创新。

（2）在宏观经济管理与可持续发展、科学研究管理、管理学等领域，侧重于从专家咨询、理论分析和专利计量分析等方面，从技术不连续性方面对已经发生的突破性创新进行定性和定量分析，总结突破性创新的特征和影响因素[32]。这方面的研究还存在三个难点问题：首先，定性分析方法仍然是认知技术发展趋势的重要手段，但它们也日益受到新的科技创新需求的强烈挑战，需要基于实时动态数据分析的定量分析结果进行参考和补充；其次，专利计量分析主要以专利的技术特征项进行识别（如专利分类号、专利主题、专利引文等），然而，一些特征项本身就需要较长时间才能体现出来，如专利被引频次；其他的特征项虽然能够即时获取，但基于此的实时动态识别方法还有所欠缺；最后，许多突破性创新可能是建立在不同的科学技术原理之上，需要从基础研究对技术创新的影响角度研究突破性创新识别及其形成机理，这方面的研究还处于起步阶段，需要进一步深化。

综上，突破性创新识别及其形成机理研究主要存在三方面的问题亟待解决。

（1）实时动态识别方法：不论从哪种角度研究突破性创新，实时动态识别一直是迫切需要解决的难点问题。

（2）基础研究从哪些方面诱发、如何诱发突破性创新的发生：当前主要以专利科学引文整体为研究对象，通过数量和差异等指标对突破性创新进行识别，为了支撑基础研究从哪些方面诱发、如何诱发突破性创新发生以及其形成规律的深入研究，需要首先对专利科学引文的特征项进行解析，进而对其扩展形成被引科学知识，最后对其综合利用研究基础研究诱发突破性创新发生的主题领域和影响因素。

（3）预警和预测：突破性创新研究的重要目的是提供决策支持服务，如何对专利科学引文的多个特征项及其关系形成的被引科学知识进行深入分析，发掘突破性创新的形成规律和机理，进而对突破性创新进行预警和预测的研究还需进一步深化。

基于专利信息对突破性创新进行识别主要集中在利用专利本身表示的技术知识突变来识别突破性创新，主要包括利用专利分类聚类及其突变、专利主题聚类及其突变、专利权人合作以及跨界合作变化、引用专利结构和引用专利类别突变等。然而，许多突破性创新是由技术所依赖的科学知识发生变化所引起的，因此人们开始考虑能否利用专利引用的科学论文来识别可能的专利技术突变，与此相关的研究主要是通过专利引用科学论文分析科学技术间的知识转移，仅有少量的研究从专利的科学强度上分析专利对科学知识的依赖程度，依赖程度较高的领域更可能产生突破性创新。针对这些不足和待改进之处，本书将从基础研究影响技术创新的角度出发，以专利引用科学论文为纽带研究突破性创新识别及其预警。引入复杂网络的理论和方法，首先以专利科学引文的多个特征项及其关联关系表示被引科学知识；在此基础上，从被引科学知识的内容及其关联关系角度出发，分别以关键词簇、关键词主题、学科分类簇和学科分类组合为对象计算它们的突变程度，形成突破性创新的识别指标和方法，动态监测科技发展态势；最后，以突破性创新识别结果为基础，发现导致被引科学知识发生突变的原因，分析其形成机理，对突破性创新进行预警，如图 1.1 所示。

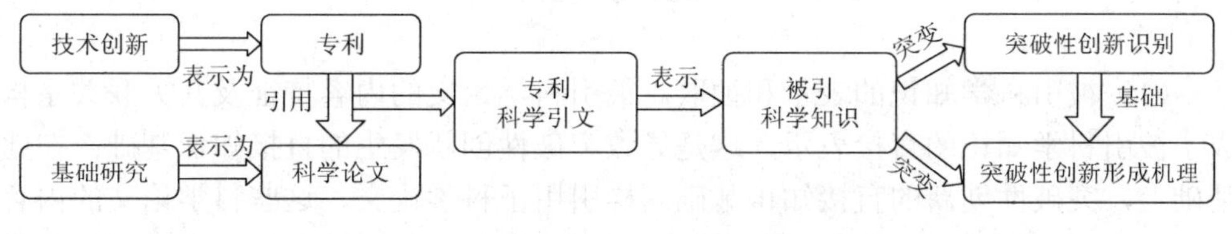

图 1.1 研究思路

因此，本书将从基础研究对技术创新的影响角度出发，利用被引科学知识突变对突破性创新进行识别和预警并分析其形成机理，为突破性创新识别和预警提供新思路，本书的研究目标主要如下。

（1）被引科学知识的表示和抽取。该部分是突破性创新识别的基础和前提，只有把专利科学引文的多个内容特征项及其关系抽取出来，才能对被引科学知识进行规范化表示，并从多个维度和层次对被引科学知识突变进行分析和计算，为突破性创新动态识别及其形成机理研究打下基础。

（2）跟踪被引科学知识的演变和突变，动态识别突破性创新。突破性创新的发生会导致现有的被引科学知识内容及其关系结构发生突变，需要对被引科学知识的内容突变和结构突变进行动态跟踪，形成突破性创新的动态识别方法；在此基础上，对突破性创新的突变程度进行计算，对突破性创新的重要程度进行排序。

（3）探索和明晰突破性创新的形成机理。从基础研究影响技术创新的角度出发，以专利引用科学论文为纽带，发掘被引科学知识从哪些方面影响、如何影响突破性创新的发生，对突破性创新进行预警和预测；在此基础上，探索基础研究对技术创新的影响因素和机制。

1.3.3 研究内容

基于以上研究问题和研究目标，本书将从三个方面开展研究，三个研究内容的关系如图 1.2 所示。首先扩展专利科学引文的多个特征项形成被引科学知识，在此基础上跟踪被引科学知识内容的演变和突变动态识别突破性创新，最后在动态识别结果的基础上对导致突变发生的原因进行分析，探索和明晰其形成机理。

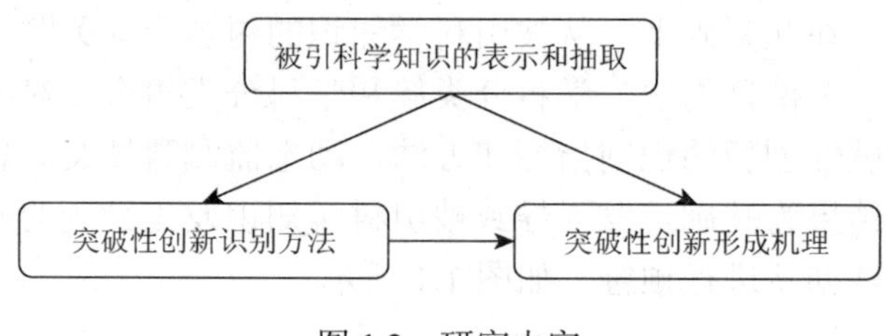

图 1.2　研究内容

（1）被引科学知识的表示和抽取。被引科学论文的内容特征及其关联关系构成了被引科学知识的直接表示，这是导致突破性创新发生的直接知识基础；在此基础上，突破性创新的直接知识基础同样引用了科学论文，这些科学论文的内容特征构成了被引科学知识的知识基础，是突破性创新的间接知识基础，可能由此识别出潜在的突破性创新。

（2）突破性创新识别方法。以被引科学知识的多维度多层次表示为基础，对被引科学知识的突变程度进行计算，动态监测专利引起的被引科学知识的变化和突变，形成突破性创新的动态识别方法。被引科学知识的演变过程中，突变程度的计算方式和计算对象共同构成了突变程度的计算方法，计算方式包括两种：第一，新关键词（或学科分类）的大量涌现；第二，重复关键词（或学科分类）的频次巨大变化；被引科学知识的表示构成了四种计算对象，即关键词簇、学科分类簇、关键词研究主题、学科分类组合。由此，本书构建由四种研究对象和两种计算方式的八种突破性创新识别指标和方法。

（3）突破性创新的形成机理研究。以突破性创新的识别指标和方法为基础，在多个与科学知识关联紧密的高技术领域，分析被引科学知识突变如何诱发突破性创新发生，探索和明晰被引科学知识视角的突破性创新形成机理，如科学原理的改变、实验仪器的变化、基础理论的直接应用、重大科学发现等导致突破性创新发生；与当前的形成机理进行比较，发现异同并分析造成此结果的原因。本书选择纳米电子学和基因工程两个领域对该方法的有效性进行验证，并以《科学》杂志每年公布的“年度突破”作为突破性创新的来源，发现被引科学知识在哪些方面、如何影响突破性创新发生的原因和影响因素，并对基础研究影响技术创新的影响因素和作用机制进行研究，并与基于科学强度的分析方法进行对比。

由此，本研究拟解决如下两个关键科学问题。

（1）被引科学知识的表示。非专利引文的形式错综复杂，而抽取其特征项并识别专利科学引文是计算被引科学知识突变的必备条件；扩展专利科学引文的特征项对其特征项解析的准确性提出了高要求，即从非专利引文中自动筛选专利科学引文，并抽取专利科学引文的标题到数据库中匹配得到专利科学引文的关键词、学科分类等元数据内容；被引科学知识的表示不仅需要涵盖被引科学知识的内容特征，而且还需对特征项间的多维度、多层次关联关系进行表示和抽取；被引科学知识的表示是突破性创新动态识别和形成机理研究的前提和基础。

（2）被引科学知识的突变程度计算指标和方法。突破性创新动态识别一直是热点和难点问题，通过实时跟踪专利导致的被引科学知识演化和突变，为突破性创新动态识别提供了可能。当前研究主要通过科学关联度及其改进的数量统计指标计算专利技术的新颖性，进而识别对科学知识依赖度高的专利作为突破性创新，如何利用被引科学知识的内容特征及其关联关系，进而发现突破性创新可能发生的领域、主题和方向，仍然需要深入研究和探讨；以此结果为基础，可以发现突破性创新发生背后的成因，是突破性创新形成机理分析的前提和基础。

本研究的创新点表现为三个方面。

（1）从专利引用的科学知识突变的新角度研究突破性创新识别及其形成机理。当前研究主要从技术知识视角研究突破性创新识别，而突破性创新强大的科学基础性使得在一些与基础科学研究密切相关的高技术领域，通过分析专利引用的科学知识更有助于识别突破性创新。因此，本书提出从被引科学知识突变的视角研究突破性创新识别及其形成机理，不仅能够对现有方法进行补充和完善，还希望提高突破性创新识别的准确性和全面性。

（2）扩展了被引科学知识的范围，以被引科学知识本身表示突破性创新的直接知识基础，以被引科学知识的知识基础表示突破性创新的间接知识基础，通过直接知识基础和间接知识基础共同构成了突破性创新的被引科学知识，并以专利科学引文及其参考文献的关键词、学科分类以及它们的关联关系共同表示；同时，对间接知识基础的作用进行了详细解释，即第一，分析被引科学知识的演化；第二，降低科学知识到技术创新传递过程中的阻滞因素影响，识别潜在的突破性创新。

（3）提出基于被引科学知识的突变程度计算方法和指标，基于被引科学知识的关键词和学科分类及其关联关系，分别设计了两种突变程度计算指标，并针对关键词簇、关键词研究主题、学科分类簇和学科分类组合共四种计算对象，形成了八种突破性创新识别指标，对突破性创新发生的领域、主题、方向和时间进行识别。

1.4 研究方法和研究框架

本研究的主要任务是情报分析方法的设计、案例数据的分析、适用方法的理论论证与实践设计等，涉及对已有方法、对研究中所设计方法的可靠性验证，以及对研究结果的论证等。本书主要采用了实验法对研究目的和研究过程中所产生的具体问题进行分析。

1.4.1 研究方法

为保证提出方法的有效性，在涉及相关算法的分析讨论时，利用实际数据对算法进行分析、剖析论证。同时也为方法的修正提供思路，为论文的科学性、合理性奠定基础。通过对系统的实际实现，从实践的角度证明本书提出的概念模型、设计思路、运行机制是可行的，从而证明系统设计的合理性和可行性。本书的主要任务是突破性创新识别方法的设计、实现与应用，以及相应形成机理的探索和明晰，涉及复杂网络、自然语言处理和复杂性科学等多学科交叉，针对本项目的关键研究问题和创新点，采用如下研究方法。

1. 突变理论及其分析方法

托姆将系统内部状态的整体性“突跃”称为突变，其特点是过程连续而结果不连续。突变理论可以被用来认识和预测复杂的系统行为[33]。“突变”一词，法文原意是“灾变”，强调变化过程的间断或突然转换的意思。在自然界和人类社会活动中，除了渐变的和连续光滑的变化现象，还存在着大量的突然变化和跃迁现象，如岩石的破裂、桥梁的崩塌、地震、海啸、细胞的分裂、生物的变异、人的休克、情绪的波动、战争、市场变化、企业倒闭、经济危机等。突破性创新的特性预示着其具有同样的特点，可以以突变理论为基础，应用到突破性创新识别当中并形成突破性创新的识别指标和方法。

突变理论研究的是从一种稳定组态跃迁到另一种稳定组态的现象和规律。它指出自然界或人类社会中任何一种运动状态，都有稳定态和非稳定态之分。在微小的偶然扰动因素作用下，仍然能够保持原来状态的是稳定态；而一旦受到微扰就迅速离开原来状态的则是非稳定态，稳定态与非稳定态互相交错。非线性系统从某一个稳定态（平衡态）到另一个稳定态的转化，是以突变形式发生的。突变理论作为研究系统序演化的有力数学工具，能较好地解说和预测自然界和社会上的突然现象，在数学、物理学、化学、生物学、工程技术、社会科学等方面有着广阔的应用前景[34-37]。突变理论是用形象的数学模型来描述连续性行动突然中断导致质变的过程，这一理论与混沌理论（chaos theory）相关，尽管它们是两个完全独立的理论，但现在突变理论被普遍视作混沌理论的一部分。

尽管突变理论是一门数学理论，它的核心思想却有助于人们理解系统变化和系统中断。如果系统处于休止状态（也就是说，没有发生变化），它就会趋于获得一种理想的稳定状态，或者说至少处在某种定义的状态范围内。如果系统受到外界变化力量作用，系统起初将试图通过反作用来吸收外界压力。如果可能，系统随之将恢复原先的理想状态。如果变化力量过于强大，而不可能被完全吸收，突变（catastrophic change）就会发生，系统随之进入另一种新的稳定状态，或另一种状态范围。在这一过程中，系统不可能通过连续性的方式回到原来的稳定状态。

突变类型包括 7 种初等突变[38, 39]：折叠型突变（fold catastrophe）、尖点型突变（cusp catastrophe）、燕尾型突变（swallowtail catastrophe）、蝴蝶型突变（butterfly catastrophe）、双曲型脐点（hyperbolic umbilic）、椭圆型脐点（elliptic umbilic）和抛物型脐点（parabolic umbilic）。突变理论的次级应用研究包括：歧变理论（bifurcation theory）、非平衡热力学（nonequilibrium thermodynamics）、奇点理论（singularity theory）、协同论（synergetics）及拓扑动力学（topological dynamics）等。

突变理论广泛应用于变革管理和组织发展领域[40]。有一种变化形式是平滑的、持续的和递增的。业务流程改进的一系列创意多遵循这一变化模式，如改善（kaizen）、全面质量管理（total quality management）及六西格玛（six sigma）。用突变理论术语来说，就是一种基于现有稳定界面的预设变化。还有一种变化形式则是灾难性的、突发的、激进的，彻底背离变化前的状态。这种变化结果往往是业务流程重组（business process reengineering）这类剧烈的变革行为造成的。这种类型的变化是“非连续的”，用突变理论术语来说，它是全新定义另一个稳定状态的突变。

2. 复杂网络分析法

被引科学知识多个特征项及其关系形成的网络属于复杂网络的研究范畴，借鉴复杂网络社团结构发现和演化分析的指标和方法，通过改进并应用于突破性创新的主题突变识别中。通过复杂网络中的社团结构发现算法发现不同时间段中被引科学知识的研究主题，是主题突变程度计算的前提和基础，应用于突破性创新识别和形成机理的探索和明晰等方面。

现实生活中，许多复杂系统都可以建模成一种复杂网络进行分析，例如，常见的电力网络、航空网络、交通网络、计算机网络以及社交网络等[41]。复杂网络不仅是一种数据的表现形式，它同样也是一种科学研究的手段。复杂网络方面的研究目前受到了广泛的关注，复杂网络研究正渗透到数理学科、生命学科和工程学科等众多不同的领域，对复杂网络的定量与定性特征的科学理解已成为网络时代科学研究中一个极其重要的挑战性课题。钱学森对于复杂网络给出了一种严格的定义：具有自组织、自相似、吸引子、小世界、无标度中部分或全部性质的网络称为复杂网络。言外之意，复杂网络就是指一种呈现高度复杂性的网络，其特点主要体现在如下几个方面[42-44]。

（1）小世界特性（small world theory），又被称为六度空间理论或六度分割理论（six degrees of separation）。小世界特性指出：社交网络中的任何一个成员和任何一个陌生人之间所间隔的人不会超过六个。复杂网络的小世界特性与网络中的信息传播有着密切的联系。实际的社会、生态等网络都是小世界网络，在这样的系统里，信息传递速度快，并且少量改变几个连接，就可以剧烈地改变网络的性能，若对已存在的网络进行调整，如蜂窝电话网，改动很少几条线路，就可以显著提高性能。

（2）无标度特性（scale-free），现实世界的网络大部分都不是随机网络，少数的节点往往拥有大量的连接，而大部分节点却很少，节点的度数分布符合幂率分布，而这就被称为网络的无标度特性。将度分布符合幂律分布的复杂网络称为无标度网络。无标度网络中幂律分布特性的存在极大地提高了高度数节点存在的可能性，因此，无标度网络同时显现出针对随机故障的鲁棒性和针对蓄意攻击的脆弱性。这种鲁棒且脆弱性对网络容错和抗攻击能力有很大影响。研究表明，无标度网络具有很强的容错性，但是对基于节点度值的选择性攻击而言，其抗攻击能力相当差，高度数节点的存在极大地削弱了网络的鲁棒性，一个恶意攻击者只需选择攻击网络很少的一部分高度数节点，就能使网络迅速瘫痪。

（3）社区结构特性，物以类聚，人以群分。复杂网络中的节点往往也呈现出集群特性。例如，社会网络中总是存在熟人圈或朋友圈，其中每个成员都认识其他成员。集群程度的意义是网络集团化的程度；这是一种网络的内聚倾向。连通集团概念反映的是一个大网络中各集聚的小网络分布和相互联系的状况。例如，它可以反映这个朋友圈与另一个朋友圈的相互关系。

3. 社团结构发现方法

复杂网络的社团结构特性是复杂网络的一个重要统计特性。它在社会网络、科技网、生物网、信息网等中广泛存在。复杂网络社团结构的研究吸引了来自计算机、物理、数学、生物、社会学和复杂性科学等众多领域的研究者已成为多学科交叉研究的热点之一[45, 46]。

在现实世界中，复杂系统大都是由基本元件按照某种严密的组织形式而构成的。系统的基本元件很少孤立地存在，它们往往分成一些小组来实现某种功能或者扮演某种角色。例如，一个机构可以由多个功能相关的单位构成，这些单位彼此合作共同实现整个机构的功能；在生物学中，细胞中的一组蛋白质彼此交互从而形成核糖核酸聚合酶来实现基因的转录。因此，探测复杂网络的社团结构对于理解具有复杂组织结构的系统至关重要。社团是一组具有相似功能的节点集合。相似的功能可以指扮演相同的角色，或者具有相同的隶属关系，或者具有相同的属性。社团也可以被称为“簇”或者“模块”。社团发现的主要目标是仅依靠网络拓扑提供的信息探测出具有相似特性或共同实现某一功能的节点组。

本书中更多的关注社团结构发现算法（community detection)，它是用来揭示网络聚集行为的一种技术，如图 1.3 所示，其中，每个圆圈表示一个节点，节点间的连线为边，每个虚线框中的节点为同一社团。社区检测实际就是一种网络聚类的方法，这里的“社区”在文献中并没有一种严格的定义，可以将其理解为一

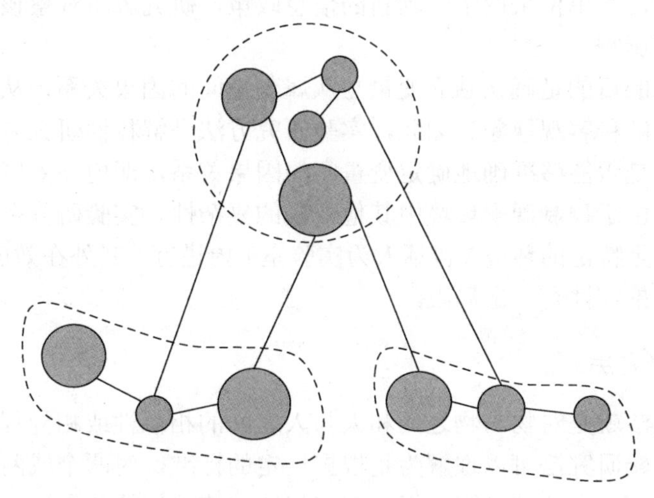

图 1.3 社团结构示例图

类具有相同特性的节点的集合。近年来，社区检测得到了快速的发展，这主要是由于复杂网络领域中的学者 Newman 提出了一种模块度（modularity）的概念，从而使得网络社区划分的优劣可以有一个明确的评价指标来衡量[47]。一个网络不同情况下的社区划分对应不同的模块度，模块度越大，对应的社区划分也就越合理；如果模块度越小，则对应的网络社区划分也就越模糊。

常用的社区检测方法主要有如下几种[48,49]：①基于图分割的方法，如 Kernighan-Lin 算法，谱平分法等；②基于层次聚类的方法，如 GN 算法、Newman 快速算法等；③基于模块度优化的方法，如贪婪算法、模拟退火算法、Memetic 算法、PSO 算法、进化多目标优化算法等。

4. 实验分析法

在纳米电子学和基因工程等与基础研究密切相关的技术领域，采用实验分析法对突破性创新识别指标和方法进行有效性验证，与已有方法进行比较，并期望扩展到更多的研究领域。

实验研究方法是研究者通过一定手段来改变观察环境中的某个或某几个变量，以观察这个或这些变量对其他变量的影响。这时，观察环境中总是有一个变量发生变化，如气温、学习方法、人事政策、推销方式、操作技术等；这个变化可以是研究者人为引入的，也可以是外界自然存在的；这个变量被称为独立变量。与此同时，在观察环境中还有一个或若干其他变量，它们可能受独立变量的影响而发生变化，或者人们期待它们出现变化，这些变量被称为从属变量。通过实验研究，研究者要确认：在独立变量发生变化时，从属变量是否发生了变化以及怎样变化。例如，某单位采取了一项新的信息政策，研究者将观察该政策对科技人员科研效率的影响。

实验研究的目的是确认独立变量与从属变量间的因果关系，从而解释客观事物间的关系，解释客观现象。因此，实验研究方法是解释性研究方法，其效度标准主要是看其是否能够准确地确定变量间的因果关系，即内在效度。由于主要考虑内在效度，由于控制观察环境中其他变量的复杂性，实验研究往往是在一个较小的范围内甚至特定的环境（包括人为实验室）内进行，其外在效度有一定局限，所以其结果的推广性有一定局限。

5. 比较研究法

比较研究法就是对物与物之间和人与人之间的相似性或相异程度的研究与判断的方法。比较研究法可以理解为是根据一定的标准，对两个或两个以上有联系的事物进行考察，寻找其异同，探求普遍规律与特殊规律的方法。通过与专利被引频次、引用专利文献差异、科学关联度等已有突破性创新识别方法进行比较分析，在多方面验证本项目所提方法的先进性和优势。

（1）按属性的数量，可分为单向比较和综合比较。单项比较是按事物的一种属性所作的比较。综合比较是按事物的所有（或多种）属性进行的比较，单项比较是综合比较的基础。但只有综合比较才能达到真正把握事物本质的目的。因为在科学研究中，需要对事物的多种属性加以考察，只有通过这样的比较，尤其是将外部属性与内部属性一起比较才能把握事物的本质和规律。

（2）按时空的区别，可分为横向比较和纵向比较。横向比较就是对空间上同时并存的事物的既定形态进行比较。如教育实验中的实验组与对照组的比较、同一时间各国教育制度的比较等都属于横向比较。纵向比较即时间上的比较，就是比较同一事物在不同时期的形态，从而认识事物的发展变化过程，揭示事物的发展规律。在教育科学研究中，对一些比较复杂的问题，往往既要进行纵向比较，也要进行横向比较，这样才能比较全面地把握事物的本质及发展规律。

（3）按目标的指向，可分成求同比较和求异比较。求同比较是寻求不同事物的共同点以寻求事物发展的共同规律。求异比较是比较两个事物的不同属性，从而说明两个事物的不同，以发现事物发生发展的特殊性。通过对事物的“求同”“求异”分析比较，可以使我们更好地认识事物发展的多样性与统一性。

（4）按比较的性质，可分成定性比较和定量比较。任何事物都是质与量的统一，因此在科学研究过程中既要把握事物的质，也要把握事物的量。这里所指的定性比较就是通过事物间的本质属性的比较来确定事物的性质。定量比较是对事物属性进行量的分析以准确地制定事物的变化。定性分析与定量分析各有长处，在教育科学研究中应追求两者的统一，而不能盲目追求量化，教育毕竟是一个不同于工人制造产品的活动，很多东西并不能够量化。但也不能一点数量观念都没有，而应做到心中有“数”，并让数字来讲话。

（5）按比较的范围，可分为宏观比较和微观比较。认识一个事物，既可以从宏观上认识，也可以从微观上认识。从宏观上把握事物的本质，对事物的异同点或基本规律进行比较，则是宏观比较。从微观上把握事物的本质，对事物的异同点或基本规律进行比较，则是微观比较。

1.4.2　研究框架和技术路线

不论是科学哲学领域，还是情报学领域，众多研究都已表明科学到技术的知识转移是可测度的。重大科技突破很多来源于基础科学研究的应用技术转化，技术革命的发生均伴随着基础研究领域的理论突破，科学知识对技术知识的影响不言而喻。同时，专利是技术知识的主要载体，科学论文是科学知识的主要载体，专利对科学论文的引用反映了技术知识对科学知识的依赖，利用这种引用关系可以定量地分析科学技术间的相互关联。因此，本书利用专利引用的科学知识突变识别突破性创新是具有理论基础并具有现实可行性的。其技术路线如图 1.4 所示。

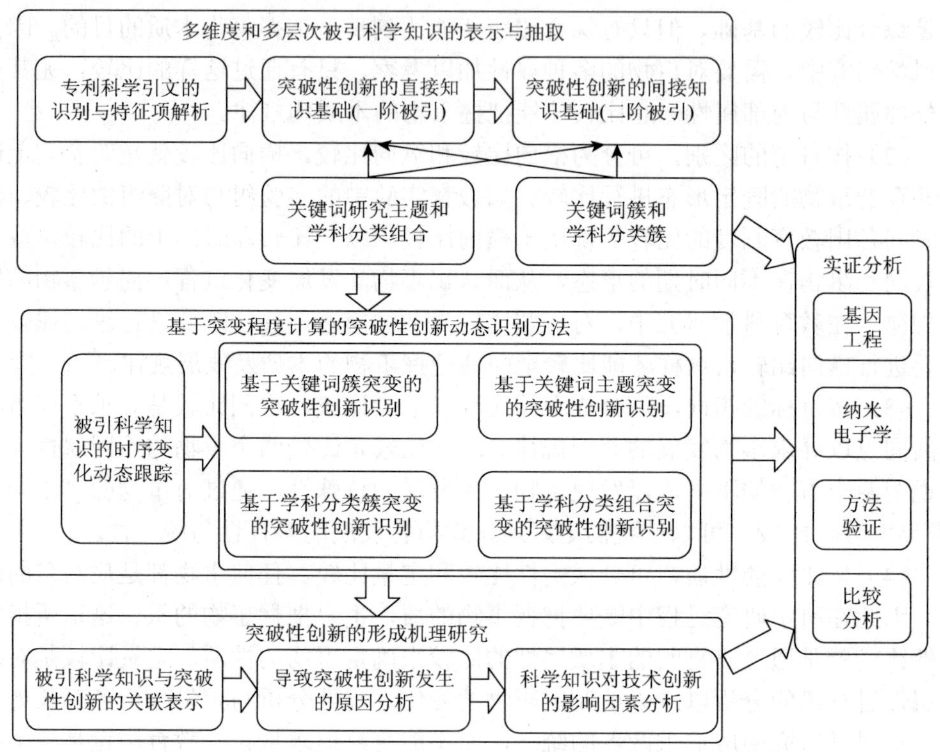

图 1.4　总体技术路线图

2 突破性创新识别的理论和方法基础

1997 年，突破性创新研究的最重要代表人物 Chritensen 在其《创新者的窘境》[1]一书中正式提出了突破性技术的概念并做了专门集中的研究，随后，其在突破性技术的基础上提出了突破性创新的概念[50]。突破性创新扩展了突破性技术的范围，创新是广义上的技术，创新不仅包含技术创新，还可以包括服务创新和商业模式创新[51]。突破性技术预测委员会（Committee on Forecasting Future Disruptive Technologies）在 2009 年提交的报告中[12, 13]，既考虑了技术的突破和不连续性，也考虑了市场突破。国内一些学者也对突破性创新进行了研究[52-54]，多是概念辨析、特征分析，相关方面的实证分析还较少。图 2.1 列出了不同时期突破性创新的主要代表作[55]。

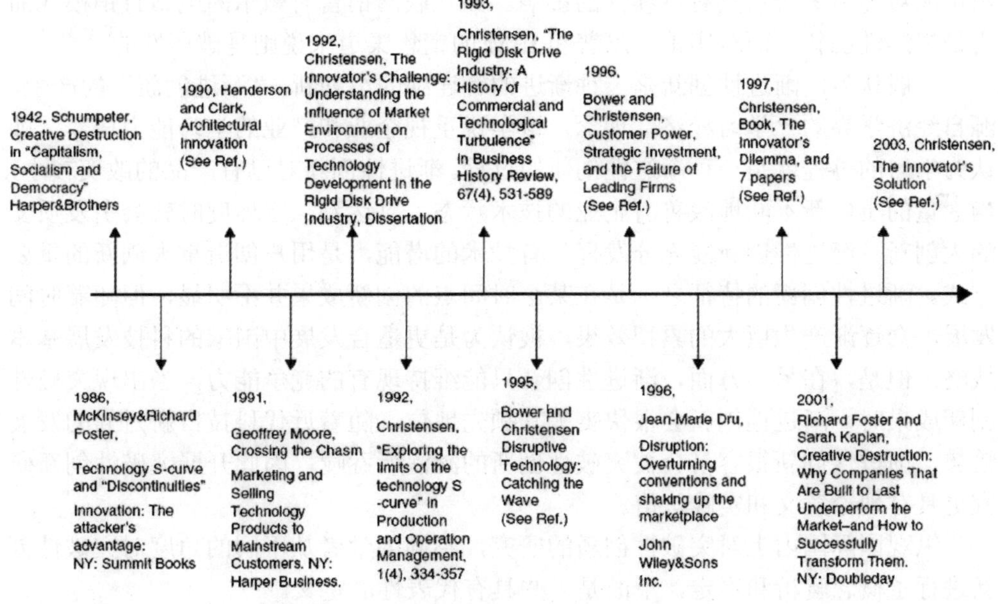

图 2.1 突破性创新研究的发展历程[55]

2.1 突破性创新的概念辨析

自经济学大师熊彼特提出创造性破坏理论以来，大量突破性创新的研究涌现出来，按照创新强度的不同，把技术创新分为渐进性创新（incremental innovation）与突破性创新（radical innovation）[5, 56, 57]。也有学者称渐进性创新为持续性创新（sustaining innovation），称突破性创新为破坏性创新（disruptive innovation）、革命性创新（breakthrough innovation）[58]。

持续性创新是指生产商按照现有客户的需求，改良和提升现有产品的技术。其产品一般结构复杂、价格昂贵、使用麻烦，但是性能较好，面向主流用户群市场。破坏性创新是指通过推出一种新型的产品或者服务而创造了一个全新的市场。其产品往往比主流市场已定型产品的性能要差，一般比较便宜、更加简单，功能新颖、便于使用，这些都是新用户喜欢的特性，所以全新的市场能够开拓出来，此类创新对已经形成市场份额的在位企业具有破坏性。一般来说中小企业多采用破坏性创新，它们希望可以利用破坏性创新颠覆现有的市场[54]。破坏性创新具有相对性，一旦破坏性创新产品的性能超越了现有持续性创新产品性能，破坏性创新就可以形成明确的性能改进轨道，进而也就演变为持续性创新，其后又会出现下一轮新的破坏性创新。在技术创新不断演进过程中，随着已定型公司和新加入公司的更替，破坏性创新与持续性创新也不断更替。对一家公司具有破坏性的创新可能对另一家公司具有持续性的影响。如互联网销售对戴尔的电话直销模式而言是持续性创新，而对康柏、惠普和 IBM 的销售渠道来说则是破坏性的。

一般认为，渐进性创新是一种渐进的、连续的小创新。“渐进创新”的产生，源自经济学界的“学习经济”理念，该学说重视企业和产业的学习能力培养，即认为学习的过程就是一种渐进性创新的过程。渐进性创新对已有产品的改变较小，当大量的小创新不断地改善着企业的技术状态，且达到一定程度时就会引发质变的大创新。渐进性创新能充分发挥已有技术的潜能，是用户创造重大创新的重要方式。渐进性创新的特征之一是在某个时间点的创新成果并不明显，但随着时间发展，会逐渐产生巨大的累积效果，被认为是更适合发展中国家的科技发展基本战略。但是，在另一方面，渐进性创新只能维持现有的竞争能力，当出现突破性创新成果时，渐进性创新会很快丧失其领先地位，随着近代科技日新月异的发展趋势，渐进性创新很容易会被突破性创新的漩涡所吞噬，因此开展突破性创新研究更具有理论意义和实践价值。

纵观国际国内上对突破性创新的研究，不同的学者从不同的角度对突破性创新进行了概念解析和界定，下面是一些具有代表性的定义。

（1）所谓的破坏性创新（突破性创新）是运用与从前完全不同的科学技术与经营模式，以创新的产品、生产方式以及竞争形态，对市场与产业做出翻天覆地的改造[59]。

（2）突破性创新是建立在一整套不同的工程和科学原理之上，它能开启新的市场和潜在的应用。突破性创新经常会给当前企业带来巨大的难题，但它却是新企业成功进入市场的基础，并有可能导致整个产业的重新洗牌[60]。

（3）突破性创新也称为不连续性创新，该概念是相对于渐进性、持续性创新而言的。专家把大幅度削减产品成本、提高产品性能一倍以上或者开发出全新性能特征的产品系列称为突破性创新[8]。

（4）创新的最根本涵义是变革，从渐进性创新、持续性创新到突破性创新、破坏性创新是一个连续的统一体，突破性创新是这个统一体的边缘。突破性创新的特点是：非线性、高速度、不连续[61]。

（5）突破性创新是能带来或潜在导致如下一个或几个方面后果的创新类型：一系列全新的性能特征；已知性能特征提高 5 倍或 5 倍以上；产品成本大幅度削减（成本削减 30%或 30%以上）[8]。

（6）突破性创新是使产品、工艺或服务或者具有前所未有的性能特征或者具有相似的特征但是性能和成本都有巨大的提高；或者创造出一种新的产品，它在工艺、产品和服务领域创造出戏剧性的变革，这种变革改变现有的市场和产业，或创造出新的产业和市场[62]。

（7）突破性创新是指基于突破性技术的创新，是那些在并不是按照公司主流用户的需求性能改进轨道上进行改进的创新，也可能是暂时还不能满足公司主流用户需求的创新[53]。

（8）技术的突破性旨在破坏和重置企业现有的能力，包括研发能力、生产能力或者营销能力。突破性创新过程是两种产品或者两种工艺的相互替代过程[63]。

（9）突破性创新是一种高度非连续性的、具有革命性本质的创新，需要全新的科技知识和资源，并会淘汰现有的技术和产品，是一种能力破坏型的创新[64]。

由上述对突破性创新的概念界定，可以发现，各国学者对突破性技术创新的定义不尽相同。但这些定义也存在一些共同点，综合分析，对突破性创新的内涵可以定义如下：突破性创新是导致产品性能主要指标发生巨大跃迁，对市场规则、竞争态势、产业版图具有决定性影响，甚至导致产业重新洗牌的一类创新[65]。

破坏性创新与突破性创新在早期还存在一些区别[54]。

（1）分类的标准不同。早期的分类是以特征为基础的，着眼于现象层次，只能解释特征与结果之间的相关性；新分类是以环境为基础的，能够发现现象背后的本质性的因果关系原理。

（2）研究的主要目的不同。突破性创新主要用于分析整个经济系统的演进规律，而破坏性创新则主要用于分析单个企业失败或成功的原因，以实现企业的持续增长。

（3）研究的核心视角和维度不同。突破性创新的核心视角和维度是技术，主要是指基于科学发现原理具有重大经济意义（如引起经济长波的技术性突破）而言的；而破坏性创新的核心视角是市场细分和价值体系，并不一定伴随技术突破

（breakthrough），主要是指将破坏性商业模式与现有技术进行组合，它以经济效益作为评价尺度，能引起新企业成长和已定型企业衰败。具体而言，微电子技术的出现就属于突破性创新，这一技术催生了新一轮的技术革命和产业革命；而早期的 PC 机（相对于大型机和专业计算机）就是破坏性创新，它并没有实现技术性突破，但是却创造了巨大的市场，导致了公司的更替。

时至今日，突破性创新和破坏性创新的界限已逐渐模糊，其本质含义基本相同[12，13]。

如图 2.2 所示，突破性创新包含市场突破性创新和技术突破性创新，市场突破性创新一般是现有成熟技术在其他领域的创新性应用[1，8-11]；市场突破性由市场、产品、服务、商业模式等因素形成，指主流企业提供的技术性能供给超过用户对技术性能需求的条件下，企业偏离主流市场用户所重视的功能，引入低端用户或新用户看重的功能或功能组合的产品或服务，通过先占领低端市场或新市场，再逐渐突破和取代现存主流市场的产品或服务的一类创新。创新会对市场产生颠覆性，并最终替代原有产品，通常是现有成熟技术在其他领域的创新应用。

技术突破性创新是指技术创新所依赖的科学技术知识发生了突变导致技术产生突破，分别称为基于被引科学知识突变的突破性创新和基于技术知识突变的突破性创新[12-15]。

基于被引科学知识突变的突破性创新可能是重大科技突破并引发一系列其他突破性技术，像电子技术的突破引发晶体二极管、三极管、集成电路、微处理器的出现；或者是技术基础还未完全掌握的纳米技术；或者是条件限制而无法发挥技术先进性的半导体设备热耗散技术。

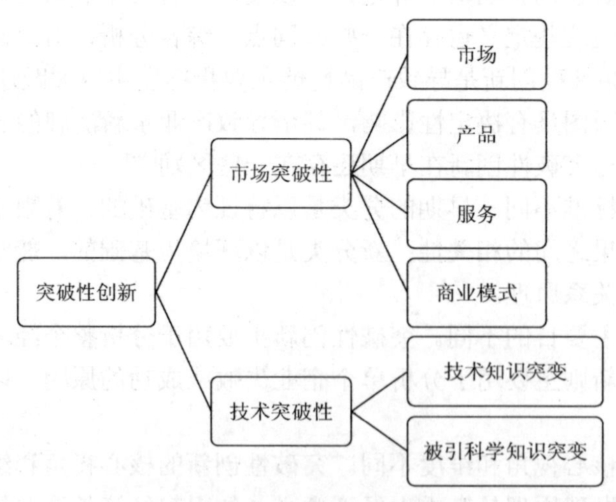

图 2.2　突破性创新的分类

基于技术知识突变的突破性创新是指技术创新本身所代表的技术知识发生了突变，导致技术创新的方法、产品、设备和材料等技术主题发生不连续性变化，并引发性能的跃迁或功能的变化。

2.2　突破性创新的特征

为了识别突破性创新，必须了解突破性创新的特征，建立代表这些特征的内容形态及其定性或定量指标，从而为建立识别突破性创新的方法打下基础。如图 2.3 所示，与突破性创新的定义相对应，突破性创新的特征主要包括两个方面[59, 60, 66]：在市场突破性方面，主要包括市场绩效的增长、竞争基础的破坏以及应用目的或模式的突变；在技术突破性方面，主要包括被引科学知识的突变、技术知识的突变。

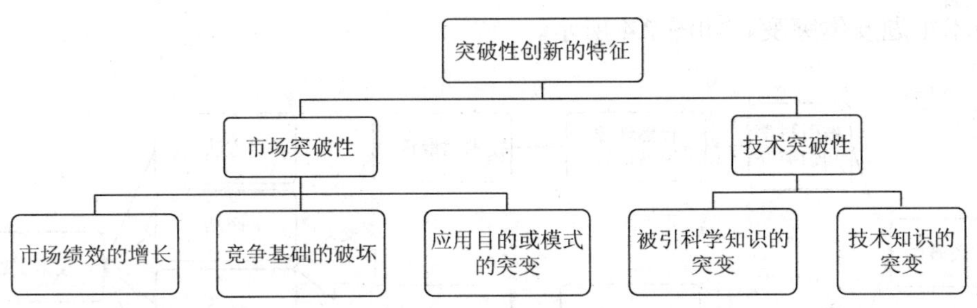

图 2.3　突破性创新的特征及其分类

2.2.1　市场突破性特征

很多研究者从市场突破性的角度对突破性创新的特征进行说明，并且认为市场是检验突破性创新的最终标准，市场接受程度是衡量突破性创新的最终指标。而这些突破性创新所依赖的技术本身并没有发生不连续性变化，仅是现有成熟技术或组合在新领域的创新性应用[1, 50, 53, 67, 68]。

Christensen 和 Raynor[50]认为市场突破性创新的最主要特征是增加了新的性能改进轨道并导致市场绩效的增长，同时产生了新的价值网络，新产品具有简单、便宜、方便等特征。以硬盘为例说明某些性能的跃迁并不一定产生突破性创新，关键是该性能改进是否对现有的技术轨道产生了破坏。他把市场突破性创新划分为两种类型，即低端突破性和新市场突破性，主要针对价值网络中的低端用户和新用户。

Thomond 和 Lettice[69]认为新的商业模式是突破性创新的重要影响因素，并导致产品的应用目的或模式发生突变，同时，价格也并不是最终影响因素，如手机一开始只为一些高端用户设计和使用，其价格昂贵。应用目的或模式的变化最常见的方式是通过现有技术的创新性应用形成新的产业链，导致商业模式的变化，如手机中增加游戏娱乐功能、相机中增加照片分享功能等。

竞争基础的破坏主要是指新功能的增加导致竞争维度的增加，使得竞争的广度发生了变化，其实现方式通常是提供一套差别较大的服务或产品组合以及不同的性能提高方式[52，70]，并最终占领竞争对手的市场。

2.2.2 技术突破性特征

技术突破性包含被引科学知识的突变以及技术知识的突变，在技术创新的产生机制中，“自然现象附着原理”表示技术创新依据的科学原理发生变化，对应于被引科学知识的突变；“组合原理”和“循环原理”则是现有技术的重新组合，对应于技术知识的突变。技术突破性最终导致技术创新的方法、产品、设备和材料等技术主题发生突变，如图 2.4 所示。

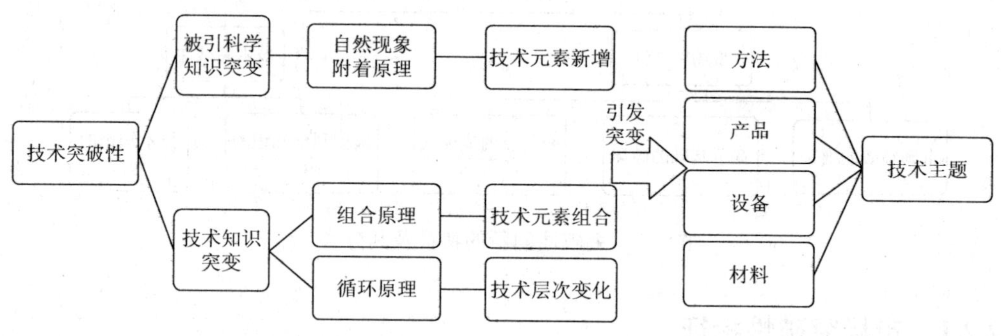

图 2.4 突破性创新的技术特征

（1）技术创新的产生机制。Arthur[71]认为技术创新具有共同的抽象属性和结构并遵循三个基本原理，分别为：组合原理（combination principle），每一项技术都是由其他子技术组合而成；循环原理（recursiveness principle），技术间有层状结构和嵌套关系并形成一种循环；自然现象附着原理（nature phenomena base principle），每一项技术都基于科学研究中的一种或者多种自然现象和规律，如光学仪器的基本原理是光学现象、电动仪器的基本原理是电磁学。对应于技术创新遵循的三个基本原理，新技术创新通过三种基本方式产生，分别为：技术元素组合，即现有技术的重新组合和应用；技术层次变化，即技术的层次结构的增加或减少；技术元素新增，即自然现象或自然规律转化为新的技术元素。

（2）技术创新的主题。发明创造的技术主题可以是方法、产品、设备或材料，其中包括这些技术主题的使用或应用方式。方法包括聚合、发酵、分离、成形、输送、纺织品的处理、能量的传递和转换、建筑、食品的制备、试验、设备的操作及其运行、信息的处理和传输；产品包括化合物、组合物、织物、制造的物品；设备包括化学或物理工艺设备、各种工具、各种器具、各种机器、各种执行操作的装置；材料包括各种物质、中间产品以及用于制造产品的组合物。

Nadler 等[72]认为基于被引科学知识突变的技术突破在于技术创新依据的科学原理发生了变化，如晶体管代替真空管、喷气式飞机代替活塞式飞机、内燃机车代替蒸汽机车等。Sosa[73]和 Perez[74]则主要从科学技术差异、对社会经济的影响力等方面界定突破性创新，样本涵盖从棉纺织机械、蒸汽机、钢铁、石油、汽车到信息技术和生命技术等历次工业革命所涉及的重大技术变革。突破性技术预测委员会则对突破性创新的技术突破性特征进行了比较系统的总结[12]，主要包括六个方面。

（1）使能技术（enabler）：使其他的技术、流程和应用成为可能，如集成电路、晶体管、基因拼接技术，一般来说，这些基础技术的改变能导致相关的大规模技术、产品更新换代。

（2）催化剂作用（catalyst）：加快其他技术发展、变化的速度，对其他技术、产品、服务产生推动作用。

（3）技术组合（morphers）：与其他技术结合可以产生新的技术，如无线技术和微处理器技术，特别是多个技术的跨界重组更可能产生突破性创新。

（4）性能超过原有技术极限（enhancer）：改进现有技术而使其超过现有技术的极限，如燃料电池、锂离子电池、纳米技术。

（5）技术替换（superseders）：淘汰现有技术，新技术取而代之，如喷射发动机、液晶显示器、数字媒体技术。

（6）革命性突破（breakthroughs）：对大自然认识产生根本改变的发现或技术，或者那些看起来不可能实现的技术，如量子论、核聚变。

2.3 突破性创新的识别指标和方法

虽然突破性创新起源于熊彼特的思想[75]，但真正意义上的突破性创新研究的兴起，是在 Dosi 的经典论文《技术范式与技术轨道》[60]发表之后，在该论文中他将突破性技术创新和渐进性技术创新统一到一个理论框架之内。在 Dosi 开创性研究的基础之上，后续学者从不同角度对突破性技术进行了研究，形成了不同的识别指标和方法。

这些指标和方法分别从不同的视角对突破性创新进行识别，它们是[66]：技术演化视角、市场绩效视角、专家评价视角和专利分析视角。其中，技术演化视角和专利分析视角主要识别技术突破性创新；市场绩效视角主要识别市场突破性创新；而专家评价视角在两种突破性创新的识别上均有涉及。

2.3.1 技术演化视角

技术演化视角主要是指技术在演化过程中存在的非线性跳跃[76]，技术演化的过程整体上虽然是一种渐进的、积累的过程，但这个演化过程总会被一些技术突破所打断，形成不连续的技术进步。

Tushman 等[64, 77]通过对一些典型案例（玻璃、水泥、小型计算机）进行分析得到产业技术演化的过程，从技术性能改进的量级直观识别技术的突破性和不连续变化，性能改进的量级越大，技术便有可能发生了不连续性变化，每一个性能改进的量级的峰值代表了技术的突破性变化，反映了突破性创新对竞争基础的破坏作用。

Christensen 等[1, 68]在新旧技术竞争的视角下对突破性创新的演进过程给出了相对清晰的界定，并以原有技术轨道的破坏识别突破性创新。他认为，突破性创新增加了新的价值属性，如价格更便宜、使用更简单、外观更小巧、使用更便利、功能更新颖等，因此吸引或创造了一批新客户并创造了新市场。在开始阶段，由于其增加了新的价值属性而牺牲了技术性能，使得其技术性能明显落后于当时的主导技术，其产品通常比主流市场已定型产品的性能要差，所以，主流市场客户一开始并不接受突破性创新产品。突破性创新产品一般首先从新兴市场或非主流市场切入，直到性能持续不断地改进，最终得到主流市场的认可，并对市场份额较大的在位企业具有破坏性。图 2.5 以硬盘为例说明尺寸更小的硬盘提供的技术性能（容量）在初期不如尺寸较大的硬盘，但其性能经过不断改进后，最终取代尺寸较大的硬盘。（1 英寸=2.54 厘米。）

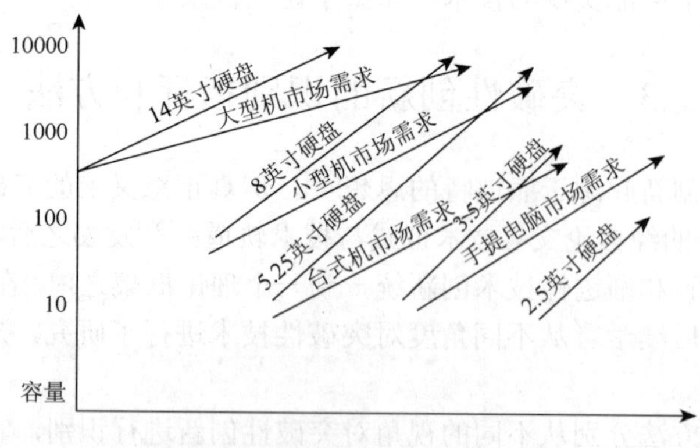

图 2.5　硬盘领域的突破性创新[1]

Foster 和 Kaplan[78]以钟表、人工心脏、纺织纤维、半导体共四个领域的数据分析技术的不连续性，并指出两条 S 曲线间的跳跃表明了技术的更新换代。Sood 和 Tellis[79]以移动储存、显示器、打印机和通信传输共四个行业为例，从技术轨道竞争的视角上，分别从技术平台、系统设计和技术元件三个层面界定技术的突破性。

技术演化一般使用技术轨道 S 曲线或技术生命周期来表示，突破性创新通常出现在新旧技术轨道的更迭期并改变原有技术轨道，渐进性创新则是在原有技术轨道上的性能改进[80, 81]。然而，技术轨道需要事先定义哪些性能指标代表突破性；某一性能的指标不足以完整地描述技术演化，其巨变也并不等同于突破性创新的发生。

2.3.2 市场绩效视角

创新实质上是技术和市场的有效结合，而用户可以说是市场的代名词，因此，理解用户需求，确认市场趋势，对企业的产品和服务创新而言是不可或缺的[75, 82]。数以千计的研究表明，市场导向问题是创新成功的关键因素[83-86]。

市场认可角度对突破性创新有重要导向作用，对于突破性创新来说，准确的市场还不能轻易确定，需要对潜在用户需求有更好的理解，潜在用户需求构成了未来的新兴市场[78, 87]。这类研究的总体指导思想是将那些能够带来明显市场绩效的技术改进，归为突破性的技术改进。这一思想的应用主要是通过回归模型的实证检验来实现的，该回归预测模型使用市场价格作为解释变量，以产品技术性能改进作为被解释变量，如果被解释变量包含的潜在产品性能改进表现为顾客愿意支付更高的价格，那么这类产品性能的改进就被定义为突破性的技术改进[88]。

市场接受程度自身很难定义和度量，尤其是对未来市场的估计，更为重要的是，从实际市场表现看，一个微不足道的渐进式改进可能获得非凡的市场绩效，而真正意义上的突破性技术改进，早期市场可能并不认可[89, 90]。同时，哪些产品特征来定义突破性需要事先定义，一般是事后的定性分析。

2.3.3 专家评价视角

专家评价技术的突破性通常通过技术竞争力的新增或提高来评判，包括技术本身的新颖性和技术的影响力[91]。专家评价法有其自身的优势：只有行业内的专家才真正理解什么类型的技术对行业发展有真正意义上的突破。但由于近因效应、主观因素的影响，专家可能只关注自己感兴趣的、熟悉的领域，同时专家意见可能受其所在组织利益，以及当前市场需求的影响[92]。

Bengisu 和 Nekhili[93]使用专利和文献计量的方法对德尔菲法的技术预见结果

进行了检验，发现行业专家认为需要优先发展的二十项技术领域中，有至少 25%的技术领域在预测期内居然只有极少的发明专利和科学论文产生（在 ISI Web of Knowledge 平台和 Derwent 专利信息库中查询），同时还有接近 25%的技术领域在预测期内论文和专利数量并没出现明显地增长，专家对突破性技术领域的主观判断可能产生巨大的偏差。

专家评价主要依靠相关专家的知识基础和主观感知对新兴技术进行判断，容易造成主观偏差。

2.3.4 专利分析视角

专利作为发明创造包含着技术创新价值，广泛应用于技术特征和公司绩效的评价，专利的重要价值不仅在于其包含的技术信息，而且可以依据不同的研究目的对专利披露的信息进行灵活的选择。专利分析法是指对有关的专利文献进行筛选、统计、分析，使之转化成可利用信息的方法[94, 95]，很多研究者使用专利分析法对突破性创新进行识别。

以专利本身所代表的技术知识识别突破性创新的方法主要包括：专利被引频次、专利的引用结构差异、专利分类号的跨界组合、专利的语义差异，然而，基于专利法对专利具有新颖性、创造性等方面的要求，发明人引用的专利越多，对其技术的新颖性和创造性构成的对比威胁越大。因此，发明人在引用时会本能地回避相似的专利，而选择引用那些实质上并不直接相关的专利。这也是利用专利被引频次和专利的引用结构差异来识别突破性创新需要面对的问题。

被引科学引文是跟踪科学知识流动的线索和揭示知识关联的依据，发明人对于科学论文引用的顾虑较少，已发表的论文代表了该领域的公有知识，没有知识产权的问题，这些被引科学论文代表了该领域的基础理论和背景性知识。因此，在一定程度上，被引科学论文是专利所依据的知识基础的重要补充。利用被引科学知识识别突破性创新主要集中在专利的科学强度分析上。

1. 专利被引频次

某专利被后来申请的专利引用称为被引，被引频次是反映专利技术影响力的最直观指标，如果一项专利被大量引用，那么该项专利具有更大的价值和更高的质量[96, 97]，即专利的被引频次与其对产业发展的实际影响力正相关、专利的被引频次与其经济价值正相关[96, 98]。

Ahuja 和 Morris[99]认为突破性创新是其他技术、产品、服务的基础，并使用高被引专利进行识别。如图 2.6 所示，突破性创新的三大阻碍因素包括：熟练（familiarity）、成熟（maturity）、相近（propinquity）。与之对应，突破性创新的三大促进因素包括：新颖（novel），即缺少相关技术的研发经验；新兴（emerging），即最近才兴起的技术；首创（pioneering），即与现有技术存在较大差异并且不依赖现有技术。在此基础上，对 1980～1995 年间的全球化学产业进行分析：首先，根据专利被引频次选取每一年的前 1%专利作为突破性创新；接着从化学产业的权威商业杂志化学周刊（*Chemical Week*）和化工新闻（*C&E News*）中获取相关企业，并把第一步的突破性创新对应到各个企业上；最后，结合突破性创新的三大促进因素对以上数据进行分析：以企业每年包含的突破性创新的专利数量为因变量，以三大促进因素为自变量。其中，新颖的含义为企业在前四年没有出现相关技术的专利分类号；新兴的含义为企业拥有的专利中，施引专利与被引专利的平均年龄差值小于 3；首创的含义为企业拥有的专利没有引用其他专利。

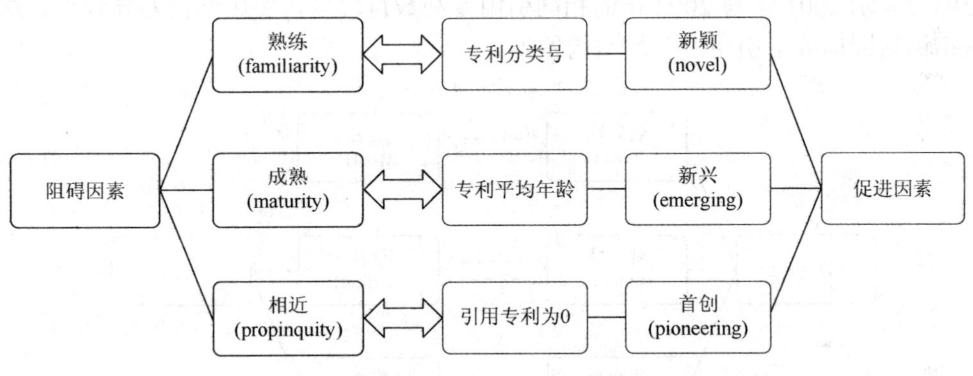

图 2.6　突破性创新的三大阻碍和促进因素

Schoenmakers 和 Duysters[14]认为突破性创新是未来技术的催化剂，并使用半导体领域的数据验证高被引专利的催化作用更强。Nemet[100]以专利被引频次识别能源领域的突破性创新，并分析了高被引专利所代表的技术（风能）与市场需求间产生不一致的原因，即风能的价格高于现有能源价格的 10～20 倍，市场需求受到很多非技术因素的影响。

然而，专利被引频次的滞后性使得突破性创新的识别具有滞后性，导致其预警功能较弱，一般是事后对已发生的突破性创新进行验证。

2. 引用结构的差异

专利引用了先前的文献称为施引，根据引用文献的不同，形成了两种引用结构，即引用专利的结构和被引科学论文的结构。

Ahuja 和 Morris[99]使用引用专利的数目来识别突破性创新，如果某一专利的引用专利数目为零，表示该专利没有依赖之前的技术知识，其新颖性更高，也更可能产生突破性创新。然而，很多情况下，引用专利数目为零是根据企业的战略考虑而故意为之，同时，专利审查员通常会对引用专利数目为零的专利增加相关引用，导致这种专利的数量极少。

Dahlin 和 Behrens[59]使用引用专利的结构差异识别突破性创新，并使用网球拍相关的专利进行了验证，结果表明：差异越大，产生突破性创新的可能性越高。该方法基本思路如图 2.7 所示，突破性创新的三个影响因素包括新颖性、唯一性和影响力，并分别以不同时间段的专利为计算对象，计算不同时间段的相同引用专利的数量。以 2000 年、2001 年、2002 年的专利数据进行说明，计算 2001 年的突破性创新，此时，2000 年的专利为过去专利，2001 年的专利为现在专利，2002 年的专利为将来专利。新颖性表示 2000 年与 2001 年的相同引用专利数目较少，引用结构差异较大；唯一性表示 2001 年的引用专利重合较少，引用结构差异较大；影响力表示 2001 年与 2002 年的相同引用专利数目较多，引用结构差异较小。这些指标共同构成了引用专利的结构差异。

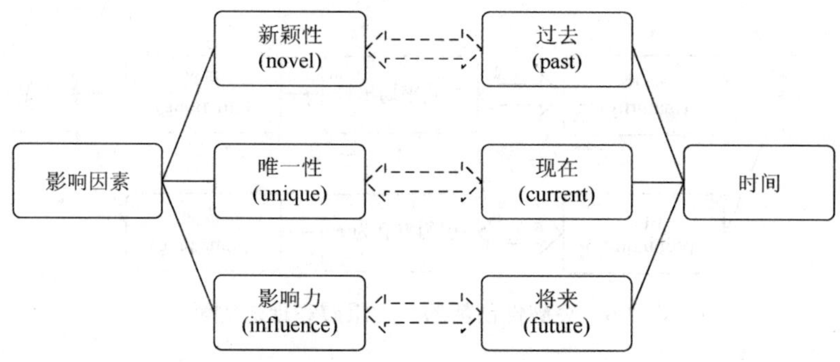

图 2.7　突破性创新的影响因素及其时间分析维度

专利的引用文献类型中，除了专利，很大一部分是科学论文，而且在某些领域，被引科学论文所占的比例较高。因此，很多研究者使用被引科学论文分析基础科学研究成果对技术创新的影响作用[30, 101-106]，并以此来识别突破性创新。

被引科学论文能够很好地衡量专利技术的突破性，因为对科学论文的引用表明专利技术更多地依赖科学知识而不是现有技术，其新颖性更强[59, 107]，一般使用科学强度（science intensity）表示，即某篇专利文献的科学论文引文数与同年龄专利文献科学论文引文数的中位数之比。科学强度越高，新颖性越强，产生突破性创新的可能性越大。

引用结构的差异主要研究引用专利的结构差异，被引科学论文的结构差异分析较少，还停留在数量统计的层面，根据被引科学论文的内容识别突破性创新还待深入研究。

3. 专利分类号的跨界组合

Schoenmakers 和 Duysters[14]使用专利被引频次从 30 万份专利中遴选出 157 份属于突破性创新的技术专利，通过分析发现，突破性创新在相当程度上是基于已有知识的，一般是众多知识领域的重组所导致的，特别是通常不发生相互联系的知识领域之间发生了重组，更可能产生突破性创新。

知识领域的跨界重组可以使用专利分类号的跨界组合来表示，如果专利号间的差异较大并且之前没有共同出现过，这种形式的专利分类号组合更可能产生突破性创新[108-111]。

Jaffe 和 Trajtenberg[112]通过施引专利和被引专利的专利分类号差异表示专利的创新性，创新性越强，产生突破性创新的可能性越大。也有一些研究者[86, 113]利用专利分类号的交叉和组合计算新颖性，如独创性（originality）和通用性（generality）指标，即施引专利的专利分类号分布越广，表明该专利被很多领域引用，其专利通用性越高；相反，被引专利的专利分类号分布越广，表明其引用了多个领域的专利，表明其整合能力更强，独创性更高。独创性越高，通用性越低，该专利的新颖性越高。Rosenkopf 和 Nerkar[114]通过对光盘领域的专利进行分析，使用本企业专利中没有出现过的专利分类号作为企业外部的不相关技术，证实此类技术的引入更可能产生突破性创新。

Fleming 等[95, 108, 109, 115]使用专利分类号组合的新颖性来识别突破性创新，通过计算不同年份间的专利分类号组合出现的次数、每个专利分类号的通用性共同分析该专利的创新性。

专利分类号的跨界组合为突破性创新的识别提供了新思路，然而，在某些对基础科学依赖程度较大的领域，仅通过专利分类号来分析跨界组合还不够。此时，被引科学论文所属学科分类的跨界组合是对该方法的有益补充。

4. 专利的语义差异

Yoon 和 Kim[116, 117]提出基于 Subject–Action–Object（SAO）的语义分析[118, 119]和离群点检测[120, 121]相结合的专利分析方法，并用来识别可能产生突破性的技术创新，分析的主要步骤如图 2.8 所示。第一步，从 USPTO（United States Patent and Trademark Office）中检索与正向聚氯乙烯相关的 212 条专利作为数据来源，并以专利的权利要求项作为提取 SAO 的字段[122]；第二步，使用自然语言处理的方法抽取所有具有 SAO 结构的短语；第三步则根据 WordNet 计算 SAO 结构间的相似性，并以此为基础计算专利的相似性，如图 2.9 所示；第四步，依据专利的相似性形成专利间的距离矩阵并依此计算离群专利，这些离群专利代表了新兴的突破性技术创新。

该方法的不足之处主要体现在以下几个方面：第一，多个处理步骤需要集成平台来统一完成；第二，针对特定研究领域，需要建立该领域的同义词典以及概念层次结构，使 SAO 的相似性计算更为准确；第三，在其他领域的尝试，如碳纳米管；第四，离群点检测还需要考虑其他的复杂网络指标。

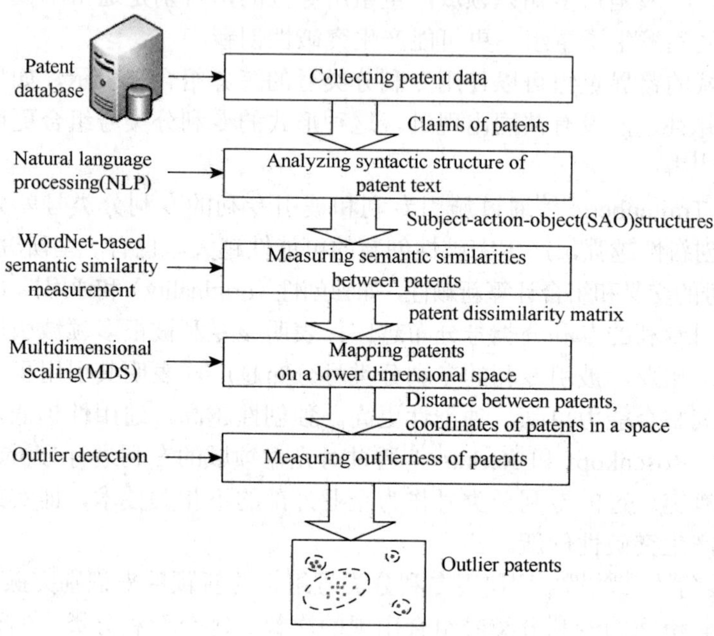

图 2.8　基于 SAO 语义和离群点检测的专利分析方法[116]

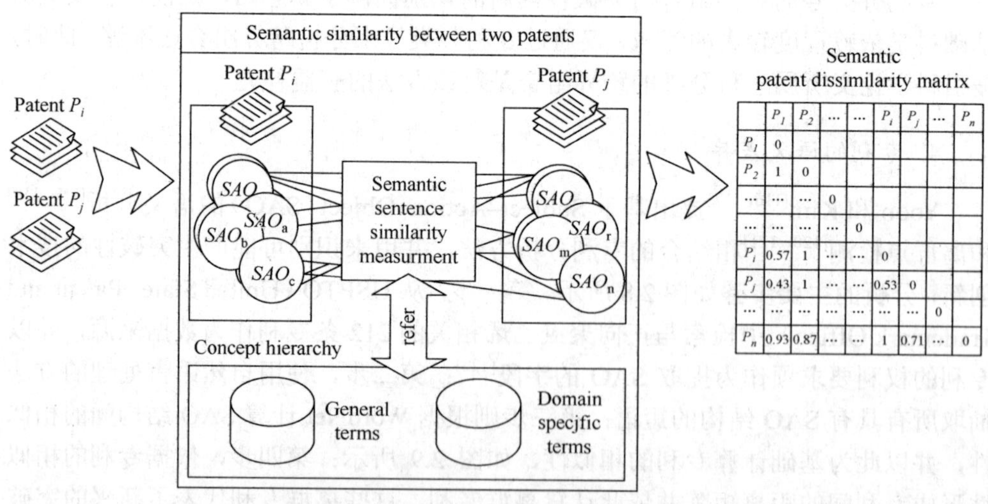

图 2.9　专利间的语义相似度计算方法[116]

5. 利用 NK 模型寻找专利分类号的新组合

创新活动都带有复杂系统的特征，包括随机性、可突变性、路径相关性、不可逆转性等，因此，近二十年，不少学者将复杂系统理论和研究方法应用到创新活动的研究之中[123]。在突破性创新的识别中，主要是利用 NK 模型寻找专利分类号的新组合。

1993 年，Kauffman[124]在研究生物进化中基因的组合问题时，提出了 NK 模型，尽管 NK 模型方法的基本思想和相关术语都是来自生物系统，但是包括 Kauffman 本人在内的许多学者都把 NK 模型作为一种普适工具应用于复杂系统的研究中，特别是应用于经济和管理系统中。

在 NK 模型中，N 代表系统内所有主要影响因素，K 代表每个影响因素只与其他 K 个因素相关联，适应度（fitness）则表示 N 个影响因素的不同组合对环境的适应程度。NK 模型应用到专利分析时[108，109]，N 表示某一领域的专利分类号数目，K 表示分类间的相互依赖程度，以专利分类号的共现关系表示，具有共现关系的专利分类号存在相关性，适应度表示不同专利分类号的组合共同出现的次数。最终，把专利分类号组合在适应度地形上表示出来，寻找未来可能出现的新专利分类号组合。

然而，NK 模型应用于专利分析还只是一个尝试，利用 NK 模型寻找新的应用可能在哪些专利分类号之间产生还没有得到证实，同时，专利分类号组合的取值服从均匀分布是否符合实际情况还有待证实。

2.4 科学到技术的知识转移

知识转移（knowledge transfer），也叫知识流（knowledge flow）或信息转移（information transfer），是指知识从一个节点转移到另一个节点的过程，知识的发送者或接收者称为节点[125]。知识转移现象可发生在多个方面，如个体或团体之间[126]、组织或机构之间[127]、国家和地区之间[128]、科学与技术之间[22，129]。

科学与技术间的转移是相互的，本书主要研究科学到技术的知识转移，科学到技术的知识转移是指基础科学研究成果到技术创新成果的知识传递过程，分析科学到技术的知识转移方向、结构和强度[105]。

在科学计量学和文献计量学视野下，专利引用科学文献反映了科学知识对技术发展的影响，可以用来寻找专利技术诞生的科学基础[21，22]。非专利引文被广泛用来分析科学到技术的知识转移，被引科学论文是非专利引文中科学知识的主要代表。科学论文与技术专利的共词关系和引用关系，是探测科学与技术间知识转移的两种主要途径[23]。因此，科学到技术的知识转移涉及两方面的主要问题，即非专利引文的类型和抽取、科学到技术的知识转移分析方法。

2.4.1 非专利引文的类型与抽取

非专利引文中期刊论文和会议论文占到 50%～60%，是专利科学引文的主要代表：Narin 和 Noma[101]的研究表明，75%的非专利引文为专利科学引文，这些专利科学引文中 48%为期刊论文、15%为书籍、11%为文摘。Van Vianen 等[102]通过对荷兰专利的分析表明，55.7%的非专利引文为期刊论文，其他的则主要是书籍和文摘。Harhoff 等[130]得出了类似的结论，60%的非专利引文为专利科学引文，其他的则主要包括行业杂志、公司出版物或标准文献。Callaert 等[131]通过对 EPO 和 USPTO 的 10000 条非专利引文分析发现，超过 50%的非专利引文为期刊论文，其他的则主要包括会议论文、行业相关文档以及数据集。Guan 和 He[132]通过对 1995～2004 年间中国申请的美国专利分析发现，70%的非专利引文为期刊论文和会议论文。He 和 Deng[133]通过对 USPTO 在 1976～2004 年间公开的 850 条新西兰专利分析发现，65%的非专利引文为专利科学引文，其他的则主要包括公司目录、手册、新闻、基因记录等。

非专利引文的构成错综复杂，真正能够唯一标注非专利引文内容的仅有标题部分，因此，非专利引文的识别方法主要是寻找非专利引文的标题命名规律，识别非专利引文的标题信息。而 Callaert 等[104]则提出一种基于机器学习的非专利引文抽取方法，并取得了较好的效果。

2.4.2 科学技术知识转移分析方法

利用共现关系分析科学与技术间的知识转移主要包括两个方面：基于关键词共现（共词关系）以及专利和科学论文混合共被引分析（引用关系）。

1. 共词关系

基于共词关系探测科学与技术间知识转换的基本思路是以某一组主题检索词（科学概念或技术术语）为“关联点”，分析该词在科学论文和专利说明书中的共现情况，然后依据这些概念或术语所属的学科或领域，推理和判断对应的基础科学学科与技术创新领域之间的关联关系。共词分析法直观、有效，但同时也存在着明显的问题和局限，如专利说明书中没有“关键词”这一注录项，专利技术的核心特征词难以被确定，同一概念在科研论文和技术专利中的表达方式各不相同等[22, 23]。

Gao 等[103]通过分析专利和科学论文间的混合共被引反映科学与技术间的

相互作用，其主要流程如图 2.10 所示，其中，CPs 表示引用专利，CRs 表示被引科学论文。该方法有以下优势：应用社会网络分析法于共被引分析，可以将网络属性与技术演化的机理有机的联系起来，发掘技术进步中主要核心的科学技术；研究基于时间线的共被引网络的聚类分析，可以寻找到技术演进的主要路线[134]。

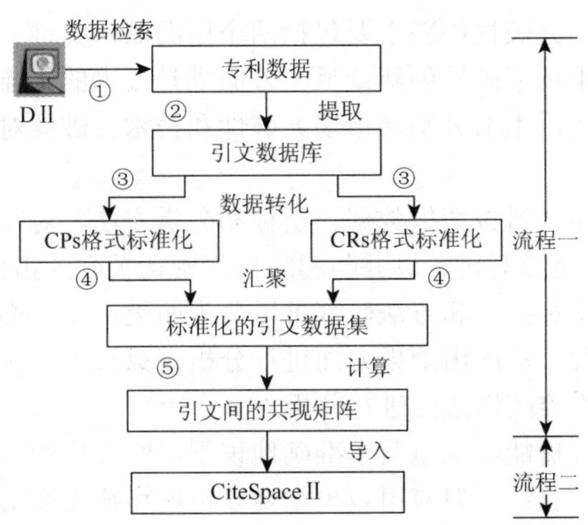

图 2.10　专利和科学论文的混合共被引分析流程[134]

2. 引用关系

Narin 和 Noma[101]最先使用引用关系探测科学与技术间的知识转移，发明专利和科学论文分别作为技术创新和基础科学研究的代表，用二者间的引用关系表达知识关联。由于引用的实质是对知识的认同、承袭和利用，所以，专利对科研论文的引用可以映射出基础科研系统向技术创新系统的知识输出情况，专利的创新强度也与引用的科学论文正相关[86]。

科学强度是反映科学技术间知识转移的最简单也是最直接的指标[27]。在此基础上，一些研究者则通过作者和发明人之间的交叉重叠反映科学知识和技术知识间的交叉重叠[106，135]，并以重叠的作者和发明人分析科学与技术间的知识转移。首先对作者和发明人进行名称规范[136，137]，接着根据专利引用科学论文分别形成专利发明人合作网络、科学论文作者合作网络，并通过重合作者把二者联系起来，最后以介数等复杂网络指标分析重要发明人和作者。最终得出结论：作者和发明人共同参与的专利质量更高；文献的作者数目高于专利的发明人数目；第一作者、排名最后的作者、高级研究人员出现在专利发明人项的概率更高。

2.5 现有研究的总结和不足

本章对国内外相关研究现状进行综述和分析，包括突破性创新的分类、突破性创新的特征、突破性创新的识别指标和方法，并对科学到技术的知识转移进行了综述。其中，不同领域的研究者对突破性创新的概念从多个角度进行了定义：本书经过总结认为，突破性创新主要包括两个层面的定义：一方面是现有技术的应用和组合产生的市场突破性创新；另一方面则是技术的不连续性产生的技术突破性创新。与此对应，本书分别从市场突破性和技术突破性对突破性创新的特征进行了归纳和总结。

在此基础上，结合科技情报数据、指标和分析方法，对突破性创新的识别指标和方法进行综述，重点对可计算并与科技情报密切关联的指标和方法进行综述。其中，突破性创新识别指标和方法研究可以分为两类：第一类，从突破性创新造成的结果和影响出发，从应用效果方面进行分析；第二类，从突破性创新的形成原因出发，从技术不连续性方面进行分析。

（1）应用效果分析能够从事后较准确地识别已经发生的突破性创新并对产生市场颠覆的原因进行总结，但应用效果主要以市场特征表现出来，其表达方式多种多样且没有普遍认同的定量指标进行计算，难于对突破性创新进行预警和预测。另外，从实际市场表现看，一个微不足道的渐进式改进可能获得非凡的市场绩效，而真正意义的突破性技术改进，早期市场可能并不认可，并且产品的特征需要事先确定，哪些特征来定义突破性也需要事先定义，使得基于此的突破性创新识别多是事后定性分析。与此同时，应用效果分析多是基于专家知识进行突破性创新筛选和甄别，主要依靠相关专家的知识基础和主观感知对新兴技术进行判断，容易造成主观偏差，可能带有一定的主观性。

（2）技术不连续性分析主要以专利信息为研究对象，并且主要集中在利用专利本身表示的技术知识突变来识别突破性创新。一种方法是基于技术轨道 S 曲线或技术生命周期的技术演化分析方法，但是技术轨道需要事先定义哪些性能指标代表突破性，并且单一性能指标不足以完整地描述技术演化，其巨变也并不等同于突破性创新的发生。另外一种主要方法是通过专利分类聚类及其突变、专利主题聚类及其突变、专利权人合作以及跨界合作变化等，从突破性创新产生的源头对其进行识别、预警和预测，能够为政府决策、产业布局和企业规划提供潜在的突破性创新参考，而最终是否在市场上产生突破性的应用效果较难判定。而在与基础科学研究密切相关的高技术领域，许多突破性创新是由技术创新所依赖的科学知识发生变化所引起的，专利依据的科学知识突变对于识别技术突破可能发挥更重要的作用；同时，科学知识突变从哪些方面诱发，如何诱发突破性创新的发生还需进一步深入研究。

基于专利信息识别突破性创新还存在以下问题亟待解决。

（1）利用专利信息中的技术知识识别突破性创新的较多，而在一些与基础研究密切相关的高技术领域，专利信息中的被引科学知识对于识别突破性创新可能发挥更重要的作用，还需从被引科学知识视角对突破性创新进行识别，丰富突破性创新的识别指标和方法。

（2）当前，利用被引科学知识识别突破性创新主要通过专利科学引文的数量和差异来计算，综合利用专利科学引文的外部特征、内容特征以及相互关系来表示被引科学知识，进而识别突破性创新的研究还较少。

（3）技术更新速度不断加快，对突破性创新识别的时效性提出了迫切需求，而当前方法在突破性创新识别方面还存在一定的时间滞后性，如何实时监测科技发展态势，对突破性创新进行动态识别成为迫切需要。

（4）突破性创新的形成机理主要体现在技术知识方面且理论分析较多，而被引科学知识如何影响和诱发突破性创新发生的机理还需进一步明晰，因此，如何在识别的基础上，发现导致突破性创新发生的原因，探索突破性创新的形成机理，进而对其进行预警预测，还需进一步深入。

因此，本书将从基础研究对技术创新的影响角度出发，以专利直接引用和间接引用的科学论文为基础，通过被引科学知识突变对可能产生突破性创新的时间、研究主题和学科分类组合进行识别，如图 2.11 所示。引入复杂网络中异构网络的理论和方法，综合利用专利科学引文的外部特征、内容特征及其相互关系来表示被引科学知识，并动态跟踪被引科学知识演变和突变，识别可能产生突破性创新的专利，对突破性创新进行动态识别；在此基础上，跟踪被引科学知识突变是从哪些方面诱发、如何诱发突破性创新的发生，进而研究科学知识向技术创新的知识转移过程中的影响因素，探索和明晰突破性创新的形成机理，对突破性创新进行预警和预测。

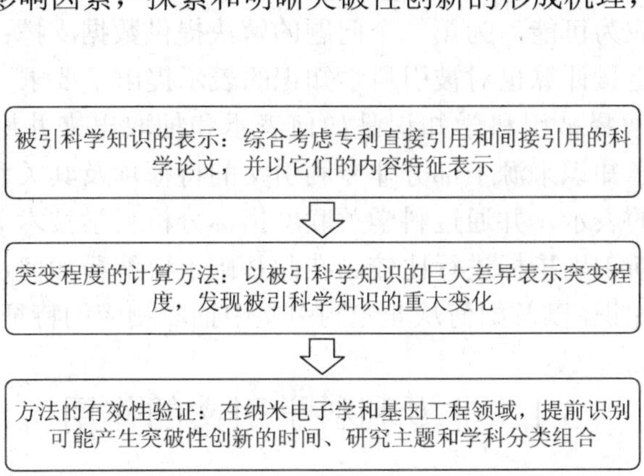

被引科学知识的表示：综合考虑专利直接引用和间接引用的科学论文，并以它们的内容特征表示

⇩

突变程度的计算方法：以被引科学知识的巨大差异表示突变程度，发现被引科学知识的重大变化

⇩

方法的有效性验证：在纳米电子学和基因工程领域，提前识别可能产生突破性创新的时间、研究主题和学科分类组合

图 2.11　本书待解决的研究问题

3 被引科学知识的表示与抽取

科学向技术的知识转移是知识转移研究的重要方面，是指基础科学研究成果向技术创新成果的知识转移和转化。技术创新成果一般以专利为主要载体，基础科学研究成果一般以科学论文为主要载体，并以专利对科学论文的引用为纽带连接起来。通过计量专利对科学论文的引用，可以有效地揭示科学到技术的知识流动，反映科学知识对技术创新的影响，并以此为突破口研究突破性创新的识别和预警，如图 3.1 所示。

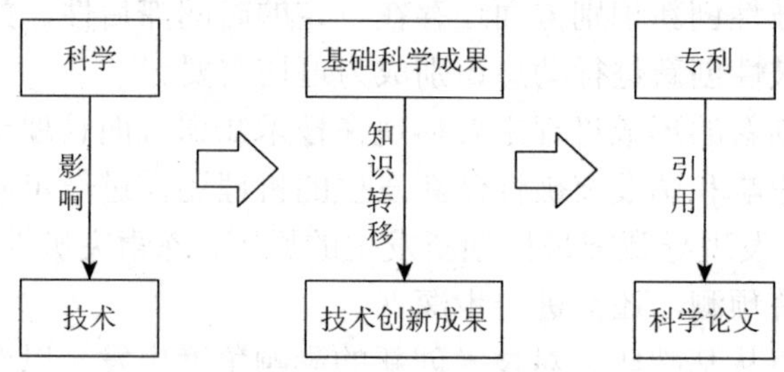

图 3.1 科学到技术的知识转移过程

基础科学研究成果所代表的科学知识的突变可能会引发技术创新产生突变进而产生技术突破，特别是与基础研究密切相关的重大科技突破，因此，本书以被引科学知识突变对突破性创新进行识别。被引科学知识突变需要回答两个基本问题：第一，被引科学知识是如何表示的；第二，被引科学知识的突变程度是如何计算的。这两个问题相辅相成，只有解决了第一个问题，被引科学知识突变程度的定量计算才能成为可能，为第二个问题的解决提供数据支撑；同时，被引科学知识突变程度的定量计算也对被引科学知识的表示提出了要求。

该部分重点解释被引科学知识是如何表示和抽取出来并用来识别突破性创新。由于被引科学知识来源于部分非专利引文的特征项及其关联关系，所以首先介绍非专利引文的表示，并通过科学关联度指标分析科学技术关联程度，并与本书提出突破性创新识别指标进行比较。在此基础上，解释如何从多维度和多层次上表示被引科学知识，以及如何从非专利引文中抽取相应的特征项及其关联关系。

3.1 非专利科学引文的作用

本书以技术对科学的依赖关系为出发点，是指某一特定领域的技术在知识上来源于或受益于科学成就的程度，以此研究突破性创新的识别和预警。科学与技术的关联不是单向线性的，而是双向互动的，科学与技术是一个有机整体。技术上的重要发明通常直接或间接来自基础科学研究的成果，技术经验知识借助科学理论指导而形成系统的技术知识体系；同时，科学已进入微观和宇观层次，需要越来越复杂的仪器设备和试验装置，日益依赖于技术上的最新发明。

专利文献作为一种集技术、法律、经济信息为一体的情报源，越来越受到重视。很多学者都以专利本身或者专利所蕴涵的信息作为研究对象，得出很多研究成果，并为政策制定者提供了决策依据。其中专利说明书中的专利引文信息，既与申请专利的发明创造活动密切相关，又反映了专利与其他文献的交流现状，具有重要的研究价值，所以越来越受到学者的关注。通常，专利引文信息可以分为两类：第一类是专利引用的其他专利文献；第二类是专利引用的非专利文献，称为非专利引文，它是一类在专利文件中列出的与本专利申请相关的而引用非专利的一些参考文献，具体包括科技期刊、论文、著作、会议文件等。

非专利引文被不同的载体引用所体现的作用具有较大区别。当非专利引文的载体是专利时，它作为专利引文中的一部分，是附在专利中的信息，有其特有的分析价值，在一定程度上反映技术层面的信息，表达的是技术与科学知识之间的流动[138]。非专利引文作为专利文献中包括的重要信息，在一定程度上体现了技术开发过程中所受到的科学研究成果的影响，是观察科学技术关联的窗口。相关科学技术关联研究包括单向的技术对科学的依赖性和双向的科学技术互动作用研究等。而当非专利引文的载体是科学论文时，它作为科学论文引文的一部分，是附在科学文献中的信息，表达的是知识与知识之间的交流和传递，并且两者在引用目的和应用目的上有着明显的区别，如表 3.1 所示。

表 3.1 不同类型的专利引文引用目的[138]

专利引文类型	引用目的
非专利引文	探索科学技术的关联关系
	定量地分析知识转移的情况
专利文献引文	利用其扩大专利信息检索的范围
	关注被引和互引情况，确定核心重要专利
	引文相互之间引用以揭示技术的发展阶段
	研究专利引文与其所有者之间的关系
	发现专利申请人的技术实力
	揭示技术发展的重点方向

非专利引文的研究内容分为两大部分，即科学技术关联研究和科学与技术的知识转移研究。以不同的技术在不同的科学领域进行的实证研究表明，专利的科学基础性越来越高，即科学对技术起到的作用日益显著，而且随着研究的深入，现在相关研究集中到了科学与技术的双向关联上。另外，随着相关研究的成熟，如何深入分析非专利引文的内容及其双向关联关系可能成为以后的研究发展方向。

与此同时，在科学与技术关联研究中，形成了非专利引文的平均引用量、引用率以及科学文献中 SCI 比率和科学文献所属类型等量化指标，如表 3.2 所示。这些指标定量计算了专利技术对科学知识的依赖程度，并应用于突破性创新的识别当中。

表 3.2　科学关联强度相关计算指标[138]

量化指标/标准	计算公式	含义
分国家领域的科学技术关联	$\mathrm{RNPL}_j = 100\tanh\ \ln[\mathrm{NPL}\,M_j \sum_{ij} P_{ij} / \sum_{ij} \mathrm{NPL}(P_{ij})]$	P 表示专利，NPL 表示非专利引文，i 表示机构或者国家，j 表示技术领域，RNPL_j 表示标准化数值
科学关联（science linkage）	$\mathrm{SL}=\sum \mathrm{Sn} / \sum \mathrm{Pn}$	Sn 表示专利引用的科学文献数量，Pn 表示专利数量
科学集中（science intensity index）	$I(x,c)=\dfrac{\sum f(x,c)}{\sum_x f(x,c)}$	x 表示某国家，c 表示某一专利分类，$\sum f(x,c)$ 表示某一国家某一专利分类的非专利引文数量，$\sum_x f(x,c)$ 表示该分类专利中总的非专利引文数量
科学强度（science strength）	$\mathrm{SS}=\mathrm{Pn}\times \mathrm{SL}$	SL 表示科学关联强度，Pn 表示专利数量
矩阵指标（matrics of science and technology interactions）	$F(M)=\sum_{i=1}^{27}\sum_{j=1}^{30}\dfrac{\delta_{ij}}{27\times 30}$ $\omega^2(w)=\sum_{i=1}^{27}\sum_{j=1}^{30}\dfrac{(M_{ij}-\bar{M})}{27\times 30}$ $R_{\mathrm{M,M'}}=\sum_{i=1}^{27}\sum_{j=1}^{30}\dfrac{(M_{ij}-\bar{M})(M'_{ij}-\bar{M}')}{\omega(M)*\omega(M')}$	（1）整体衡量，$M_{ij}=0$，则 $\delta_{ij}=0$，如果 $M_{ij}>0$，则 $\delta_{ij}=1$，M_{ij} 表示三维矩阵中 i 行（技术领域）j 列（科学论文领域）的非专利引文数量； （2）密度指标，如果非专利引文数量不为空时指标，$\bar{M}$ 表示平均引用的非专利引文数量； （3）交叉分析，M' 是 M 的转置矩阵

3.2　被引科学知识的表示

引用是对已有知识的认同、承袭和利用，被引科学引文被专利引用是追踪科学到技术的知识转移的重要依据。专利引用的科学论文表示该技术领域的公有知识，代表了该技术领域的基础理论和背景性知识，被引科学论文是专利所依据的知识基础的重要补充。

被引科学论文是非专利引文的重要组成部分，是非专利引文中科学知识的主要代表，被引科学论文反映了基础科学知识对技术创新的影响，可以用来探测专利技术诞生的科学基础。非专利引文的类型主要包括电子文献、专利申请、期刊论文、会议论文、书籍和报纸等，其中，被引科学论文主要包括期刊论文和会议论文，如图 3.2 所示。

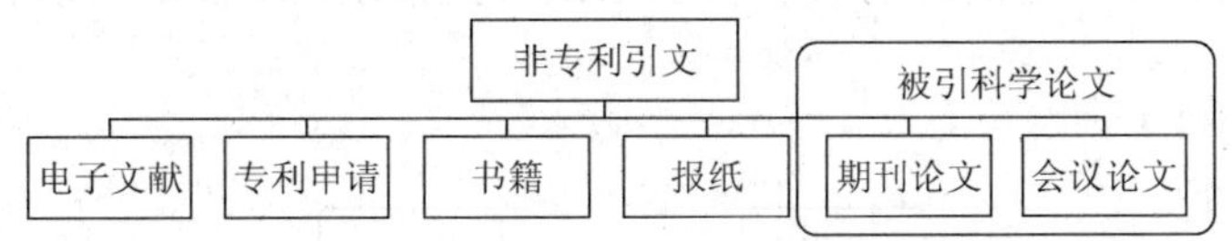

图 3.2　非专利引文和被引科学论文的主要表现形式

被引科学论文包括一阶、二阶直至 N 阶被引科学论文，利用多阶被引科学论文可以分析科学观点影响的延续性和阶段性，也使得被引科学知识的内容更加全面，减少科学知识向专利传递过程中的知识损耗。如图 3.3 所示，B1、B2 等科学论文构成了一阶被引科学论文 B，C1、C2、C3、C4 等科学论文构成了二阶被引科学论文 C。专利 A 直接引用的科学论文 B 表示一阶被引科学论文；专利 A 间接引用的科学论文 C，即科学论文 B 的参考文献 C，称为二阶被引科学论文。

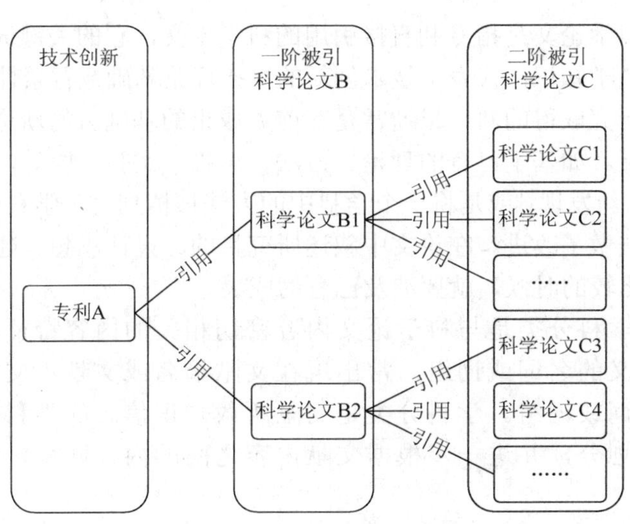

图 3.3　被引科学论文的组成

科学论文具有内容特征和外表特征。与文献信息主题内容密切相关的信息称为文献信息的内容特征，文献信息内容特征主要包括各种形式的主题词和分类号，文献的标题因为能够反映文献的主题，常被归入内容特征的范畴。与文献信息主题内容没有关系或关系不大的信息称为文献信息的外表特征，例如，著者、著者单位、期刊名称、专利说明书的专利号、政府报告的报告号等。

如图 3.4 所示，引用阶数和内容特征的结合共同构成了被引科学知识的表示，本书主要研究一阶和二阶被引科学知识，分别由一阶和二阶被引科学论文的关键词和学科分类构成，更高阶的被引科学知识对技术创新的影响可以在下一步工作中加入。

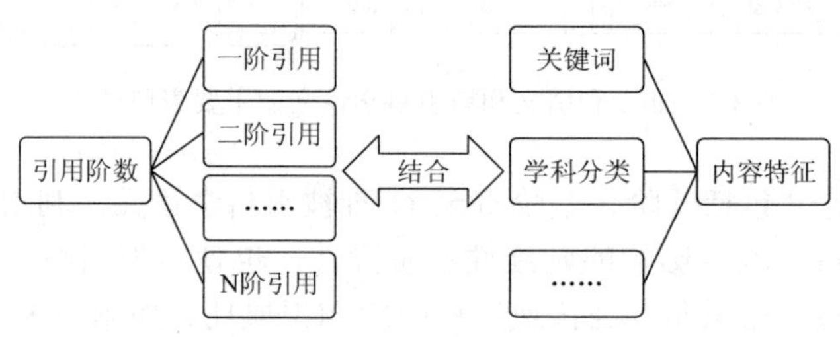

图 3.4 被引科学知识的表示

3.2.1 一阶被引科学论文的关键词和学科分类

一阶被引科学论文是指专利直接引用的科学论文，它的关键词和学科分类形成了一阶被引科学知识，代表了技术创新的直接理论基础或背景性知识。

一项科学研究取得的新成果通常是在前人成果的基础上的新进展，体现着科技的继承和发展。如基于已有的理论、方法、思想、实验手段等，使本研究获得了新进展，有了新发现；或是将一个学科中的方法移植到另一学科中并取得成功；或是对已有方法做了改进。在论文中叙述研究目的、设计思想、建立的模型、与已有结果进行比较的时候，就要涉及已有的成果。

关键词和学科分类是与科学论文内容密切相关的内容特征。关键词是表示文献实质意义的名词或词组，常出现在文献篇名或文献正文中，是反映论文主题概念的词或词组。学科分类是文献所载知识信息的学科属性，是对文献进行类别的划分，并进一步根据文献内容之间的内在联系，组织成科学的分类体系。

关键词从微观的角度刻画了该文献需要陈述的核心内容，而学科分类则从宏观层次上刻画该文献是在哪个方面作出了贡献。因此，本书以一阶被引科学论文的关键词和学科分类表示技术创新依据的一阶被引科学知识，从科学知识内容突变的层次上分析以此为基础的突破性创新。

3.2.2 二阶被引科学论文的关键词和学科分类

科学知识向专利的传递过程中可能受多种因素影响而暂时被阻滞，此时，发明人对科学论文的引用往往比较片面，造成被引科学论文的数量较少、质量不高，最终导致被引科学论文覆盖的内容不全面，因此需要通过专利间接引用的科学论文进行补充，即二阶或多阶被引科学论文，它们作为一阶被引科学知识的基础扩展了被引科学知识的范围，减少了科学知识向专利传递过程中的损耗。

二阶以至于多阶被引科学论文的集合可以用来表达科学知识的延续性和阶段性，反映了专利代表的技术创新具有真实、广泛的科学依据，也反映了一阶被引科学论文的起点和深度。

二阶被引科学论文的关键词和学科分类形成了二阶被引科学知识。二阶被引科学知识是一阶被引科学知识的基础和补充，一阶被引科学知识是二阶被引科学知识的延续，二阶被引科学知识的作用主要包括两方面。

（1）分析被引科学知识的演化。如果专利的一阶被引科学论文比较充分和全面，那么二阶被引科学知识应该与一阶被引科学知识是基本相同的，并对一阶被引科学知识进行细化，用来分析技术依赖的科学知识的演化。

（2）降低科学知识向技术创新传递过程中的阻滞因素影响。如果某些阻滞因素导致专利的一阶被引科学论文不充分，那么二阶被引科学论文则是很好的补充，减少科学知识向专利传递过程中的知识损耗，降低传递过程中的阻滞因素影响。

3.3 被引科学知识的抽取

被引科学知识通过一阶和二阶被引科学论文的关键词和学科分类及其关联关系表示，结合被引科学知识的突变程度计算指标和方法可以识别突破性创新发生的方向、领域、主题和时间。而这些分析的前提是准确和全面地对被引科学知识进行抽取。被引科学知识的抽取包括几个主要步骤：首先，从所有专利引文中筛选出非专利引文；接着解析非专利引文的特征项，剔除其中不属于被引科学论文的参考文献，并提取可能为被引科学论文的非专利引文的标题、期刊等信息；第三，通过标题到数据库中进行匹配，得到被引科学论文的原始关键词、学科分类、期刊、参考文献等元数据和内容信息；最后由这些元数据和内容信息的共现、耦合和同被引等关系构建被引科学知识的多种表现形式。

3.3.1 被引科学论文抽取及其元数据匹配

非专利引文的标题抽取主要通过寻找非专利引文标题的特征和规律，形成抽取规则。主要包括剔除非专利引文中的专利申请和网络文献数据并抽取非专利引文的标题。首先，以“|”为分隔符获取单挑非专利引文；接着剔除不包含非专利引文的专利，即剔除网页、专利申请以及无法识别的非专利引文；最后通过人工总结非专利引文的标题出现位置的规律，并运行相关程序得到部分非专利引文的标题抽取结果，对抽取结果进行抽样验证并对没有抽取从标题的非专利引文标题的抽取规律进行再总结，不断反复此过程，得到非专利引文的抽取规则，如表 3.3 所示。根据这些抽取规则，抽取非专利引文的标题，筛选出非专利引文中具有标题特征项的非专利引文。

本书主要是从 SCI（Science Citation Index）、CPCI（Conference Proceedings Citation Index）库中查找相关的期刊论文和会议论文，这一部分的数据代表了科学研究的基础研究部分，同时也是经过同行评议的质量较高的科学论文，在很大程度上能代表技术创新所依据的科学知识。当然，仅以期刊论文、会议论文数据来代替所有的技术创新依据的科学知识还不全面，这也是本书的一个局限性所在。非专利引文的标题匹配不成功的原因主要是数据不标准，如-、() 等符号在 SCI\CPCI 库中部分变为空或其他符号，并且没有规律。匹配准确率的提高还需进一步加强，留待下一步工作中继续完成。

表 3.3 非专利引文的标题抽取规则

类型	规则
网页	标题包含 http：//
专利申请	标题包含 Appl. No.
非专利引文标题	标题以” ”开始，以” ”结束
非专利引文标题	标题以” ”开始，以 8221 结束
非专利引文标题	标题以“开始，以”结束
非专利引文标题	标题以 8220 开始，以 8221 结束
非专利引文标题	标题以‘开始，以’结束
非专利引文标题	标题以“、‵、‘、8220 中的任一个开始，以’、″、”、8221 中的任一个结束
非专利引文标题	标题以 et al.，开始，以;，.中的任一个结束
非专利引文标题	标题以 et al.；开始，以;，.中的任一个结束

续表

类型	规则
非专利引文标题	标题以 et al.开始，以;，.中的任一个结束
非专利引文标题	标题以.，.; 中的任一个开始，以;，.中的任一个结束
非专利引文标题	标题以;，.中的任一个开始，以;，.中的任一个结束
非专利引文标题	无法识别

专利科学引文的元数据和内容获取则主要包括以下几个主要步骤：首先，去除长度为 1 的标题，因为长度为 1 的标题可能抽取出错，而且可能匹配到多个文献；接着截取长度大于 10 的非专利引文的标题并取其前 10 个单词，并全部小写同时去除空格，长度小于 10 的标题直接全部小写同时去除空格；最后，在 SCI、CPCI 数据库中匹配该标题，匹配时对数据库中的标题也全部小写同时去除空格，其中，长度小于 10 的标题在数据库中完全匹配，大于 10 的标题在数据库中进行模糊匹配，最终得到一阶被引科学论文的关键词和学科分类及其关联关系。

二阶被引科学论文的关键词和学科分类是在一阶被引科学论文获取后的基础上进行的。一阶被引科学论文的参考文献可以直接获取，但是部分参考文献由于在当前数据库中没有收录，导致无法获取它们的元数据。所以，二阶被引科学知识是当前数据库中收录的被引科学论文参考文献的关键词和学科分类及其关联关系的表示。

本书主要通过非专利引文中的被引科学论文识别突破性创新，因此，数据来源主要有两方面的要求：第一，非专利引文单独列出，并且每条非专利引文间有固定的分隔符；第二，数据可以方便地导入数据库进行统计、筛选和分析。

汤森知识产权与科技（Thomson Innovation，TI）是全球领先的专利技术情报信息综合平台，整合了高附加值的世界专利引文索引（Derwent World Patent Index，DWPI）和科学引文索引等科技情报信息。其数据提供 Excel 形式的批量下载，符合本书对数据来源的要求，因此选择 TI 作为本书的数据来源进行检索。

专利数据的检索与获取主要包含三个步骤：①从 TI 中检索并下载相关领域的专利；②抽取包含非专利引文的专利数据；③抽取专利数据中的所有非专利引文。

3.3.2 被引科学知识的构建

被引科学知识不仅包括一阶和二阶被引科学论文的关键词和学科分类，同时还包括关键词和学科分类通过不同关系形成的多维度被引科学知识，并由此共同形成了被引科学知识突变的四种计算对象，如图 3.5 所示。其中，二阶被引科学知识的研究主题突变程度计算复杂度过高，在本书中没有涉及；同时，二阶被引科学知识的学科分类组合分布过广，差异程度不明显，在本书的实验结果中没有列出。因此，图 3.5 中深色背景的研究对象为被引科学知识突变的计算对象。

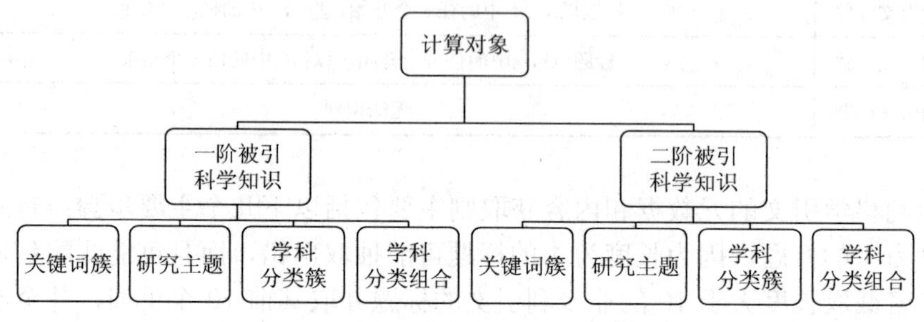

图 3.5　突变程度的计算对象

（1）关键词簇：由某一特定时间段被引科学论文的所有关键词及其频次构成，该特定时间段可以是一年、半年、一季度或者一个月等，时间段的选取需要根据突变程度的计算需求确定。例如，2000 年一阶被引科学论文的所有关键词及其频次形成的关键词簇；2001 年二阶被引科学论文的所有关键词及其频次形成的关键词簇。

（2）研究主题：由某一特定时间段被引科学论文的关键词簇通过共现关系形成的研究主题构成，该特定时间段同样可以灵活选取。本书所提关键词共现关系是指关键词在同一被引科学论文中出现，并由此形成关键词共现网络，通过社团结构发现算法形成关键词研究主题。例如，2000 年的关键词簇通过聚类形成的多个研究主题。

（3）学科分类簇：由某一特定时间段被引科学论文的所有学科分类构成，该特定时间段可以灵活选取。例如，2000 年，一阶被引科学论文的所有学科分类及其频次形成的学科分类簇；二阶被引科学论文的所有学科分类及其频次形成的学科分类簇。

（4）学科分类组合：由某一特定时间段学科分类簇通过同被引关系形成的学科分类组合构成，该特定时间段可以灵活选取。一项专利可能会引用多篇科学论文，每篇科学论文可能会属于多个学科分类，相对于这一项专利来说，这些学科分类间具有同被引关系。

通过这四种被引科学知识对象，应用突变程度的计算指标和方法，形成了基于被引科学知识突变的突破性创新识别指标和方法，下面将分别从关键词簇、关键词主题、学科分类簇和学科分类组合对突破性创新进行识别，并与基于科学关联强度的突破性创新识别方法进行比较。

4 基于科学关联强度的突破性创新识别

以科学关联强度计算专利技术对科学知识的依赖程度是当前基于基础研究影响技术创新的突破性创新识别的常规方法，该方法从统计学意义上定量计算了科学知识对技术创新的影响程度，并能够对技术创新的新颖性和唯一性进行度量。因此，本书选取该方法作为被引科学知识内容及其关联关系突变方法的比较，发现方法间的异同并验证本书所提方法的有效性。下面将首先介绍基于科学关联强度的突破性创新识别相关理论、方法和指标，接着分别以纳米电子学和基因工程领域的数据对基于科学关联强度的突破性创新识别方法进行验证；最后这些识别结果可以与本书所提方法进行比较。

基于科学强度的计算方法能够从统计数据的宏观层面上证明纳米电子学和基因工程领域产生突破性创新的可能性更高，并能识别出可能产生突破性创新的少数年份，但无法在科学知识内容上得到证明；而本书所述方法能够从内容层面上提前识别多个突破性创新的产生时间，并能从科学知识内容上得到证明。

4.1 基于科学关联强度的突破性创新识别理论基础和方法

专利（主要指发明专利）作为高科技时代技术创新的重要产出，在研究科学与技术间的关系方面，具有不可替代的作用。这是因为欧盟、美国等地区或国家要求：发明在申请专利时，必须列出该发明的先行技术，即专利文件中被引用的专利、科学论文、会议论文、书籍或其他，其中科学论文、会议论文、书籍等信息常被称为非专利引文。这样通过专利引文的分析，就可以将科学（以论文做表征）、技术（以专利做表征）客观有效地关联起来。其中，科学关联度指标是一个常用的指标，国际上不少学者甚至采用科学关联度指标，来考察国家专利技术和基础科学间的关系或影响强弱。由于科学关联度是从基础研究对技术创新的影响角度出发，定量计算基础研究对技术创新的影响力，所以下面首先对基础研究对基础创新影响的理论基础和研究方法进行归纳和总结，并对专利科学引文进行重点分析，列出科学强度的计算方法。

4.1.1 基于科学关联强度的突破性创新识别理论基础

近年来关于技术转移、技术扩散、科技创新活动和科技成果商品化等的研究颇多，着重点各有不同。这些研究都不同程度地反映了基础研究对技术创新的影响。在一些与基础研究密切相关的技术领域，如纳米科学、基因工程、医学和生物科技等领域，科学知识的突变或科学原理的变化为引导技术创新和突破技术瓶颈发挥了极其重要的作用[14, 26]。例如，X 射线、电磁波、电流磁效应等重大科学发现，直接导致 X 光照相技术、无线通信、雷达、有线电报等突破性创新的产生。由此可以看出，从基础研究对技术创新的影响角度识别突破性创新，具有理论基础和现实意义，是研究突破性创新识别及其形成机理的重要方面，是突破性创新研究的重要完善和补充。

大量研究已经证实基础研究是技术创新的源泉和驱动力，是突破性创新产生的重要来源之一；基础研究的重大突破，将带动新兴产业群的崛起，引起经济和社会的重大变革[14]。Narin 等开创了专利计量学的研究方法以测度科学技术间的交互关系，通过对专利科学引文进行计量分析，揭示了美国基础研究对技术创新的贡献程度和重要作用[27]。结果显示：专利技术与科学知识的联系程度，6 年内增加了两倍；专利科学引文多为顶级研究型大学或实验室的研究人员在最具影响力的期刊上发表的最新文章。Lo 以遗传工程为例通过分析专利被引科学论文得到了相似的结论[30]。Huang 等以燃料电池为例，通过专利和论文间的交叉引用证实了科学技术间交叉融合的趋势以及基础研究对技术创新的推动作用[139]。

还有一些学者对基础研究对技术创新的影响程度进行了计算，Mansfield 对美国企业研发投入与专利产出之间的关系进行定量研究后指出，如果没有学术研究的贡献，大约有 10%的技术创新是不会发生，或者会滞后相当长的时间才会发生[140]。Tijssen 对专利发明人进行问卷调查发现，至少有 20%的私人部门的发明是基于公共部门的科学研究基础而产生的[141]。Callaert 等对纳米技术、生物技术和生命科学领域的专利进行分析指出，50%的发明来源于基础研究的成果[142]。

4.1.2 基于科学关联强度的突破性创新识别计算指标

专利引文是指在专利文件中列出的与本专利申请相关的其他文献，具体分为两类：一类是专利引用的其他专利文献，包括本机构的专利文献和外机构的专利文献；另一类是引用的非专利的文献，即非专利引文，具体包括科技期刊、论文、著作、会议文件等[143]，不同类型的专利引文其引用目的有所不同，如表 4.1 所示。

表 4.1 不同类型的专利引文引用目的[138，144]

专利引文类型	引用目的
非专利引文	反映学术界当前状态
	强调申请专利的新颖性和唯一性
专利文献引文	提供技术背景
	与当前的方法设备相区分
	标识与施引专利思想或者概念相关
	验证数据和事实
	提供索赔证据

专利被引科学论文是联系基础研究和技术创新的纽带。在知识经济时代，越来越多的专利直接引用科学论文从而产生创新，尤其是在新兴技术领域，有的科学家甚至在发表论文的同时将科研成果申请专利，这些现象说明科学和技术的联系日益紧密，科学和技术之间的知识流动越来越直接和频繁。科技期刊论文、研究报告、学术专著等非专利文献是基础研究的主要成果表现形式，专利文献则是技术创新活动的成果的重要体现，专利通过引用非专利文献在基础研究与技术创新之间建立连接。如果用专利作为测度技术创新活动的指标，用科学论文作为测度基础研究活动的指标，那么对专利引文中的科学论文进行计量分析，就能够反映出技术创新对基础研究的依赖程度，或者说反映出基础研究对技术创新的贡献大小。

在一些与基础研究密切相关的技术领域（如生物、医药、基因工程、纳米技术等领域），科学知识对技术创新的贡献度更高，对专利科学引文进行分析更有助于识别技术创新中的突破性创新。如在基因工程领域，超过 90%的专利引文为非专利文献，而且其中的大多数为期刊论文并被 SCI 收录[30]；在我国的生物科技领域，平均每件发明专利引用的 SCI 论文数量为 5.17 篇；在医药领域，70%以上的技术创新活动直接引用了基础研究的科学知识[31]。因此，专利科学引文分析是突破性创新识别的重要方面。

深入研究科学与技术间的关联关系使得专利科学引文的识别和解析逐渐受到重视，非专利引文中期刊论文和会议论文占到 60%左右，是专利科学引文的主要代表，书籍、文摘、行业杂志、公司出版物或标准文献等占到 30%左右。由于科学论文特别是 SCI 论文，较之其他文献更能反映基础研究的状况，所以，一般以非专利引文中的科学论文表示基础研究。目前，专利科学引文识别和解析主要有两种方式：Verbeek 等通过总结非专利引文特征项的规律进而形成其匹配规则，解析非专利引文的作者、标题、期刊等特征项，并利用这些信息在SCI库中进行匹配和比对，最终识别专利科学引文[145]；Shirabe通过对一部分专利科学引文的特征项进行标引，以此为训练数据提出一种基于有监督机器学习的专利科学引文的抽取方法，并取得了较好的效果，但是大规模训练语料库的获取和制作是该方法面临的主要问题[146]。

有关非专利引文的研究起源于20世纪80年代，随着专利引文研究的快速发展，相关非专利引文研究也开始起步。从总体上看，非专利引文分析的研究大多集中在科学技术关联研究以及科学与技术的知识转移等方面。

1. 基于非专利引文的科学技术关联研究

利用专利引文来分析基础研究对技术创新的支持与影响始于20世纪80年代，Narin和Scientific以美国专利为例，验证了利用非专利引文检验技术对科学的依赖性是可行的[147]。随后Narin等以生物科学领域为例，选取USPTO（United States Patent and Trademark Office）中生物技术相关的专利为样本，进行了专利引文分析，发现专利与科学论文间具有较强的相关性，即技术的发展与基础研究的关系紧密。

Narin利用平均每篇专利引用的不同类型和学科的科学文献数量，来表征科学与技术的关联度，之后便基于文献计量学的理论，正式提出了“专利计量学”，并在后续研究中申请专利，正式确定了科学关联度指标（science linkage），以其度量基础科学与技术创新之间的关联度[27]。Van Vianen以专利说明书中的审查员引用的科学文献为研究对象，全面地衡量了专利的科学基础，并验证了指标的合理性[102]。20世纪90年代中后期，关于非专利引文衡量科学技术关联的研究得到了快速发展，Schmoch指出了平均引用非专利引文指标的局限性，通过改进并标准化平均引用非专利引文的指标来测度科学技术关联，科学技术关联的定量研究不断得到完善[148]。且经各国学者研究发现，不同的国家和技术领域中科学技术的关联度是不一样的，并且技术对科学的依赖程度越来越大。此外，利用专利科学论文还可以对期刊来源、论文国别以及科学知识来源进行分析，以全面研究技术创新与基础研究之间的关系。Meyer从非专利引文角度研究发现，专利的科学文献引用及其引用频率能反映基础研究与技术创新之间的相互关联，不同的领域关联强弱、互动方式、知识转移机制等[149]。

2. 基于非专利引文分析法的知识转移研究

基于非专利引文的知识转移研究是“科学—技术关联研究”的衍生品，即将研究的重点放到科学转化为技术的过程，即知识转移过程中。

与非专利引文分析在技术关联中的应用相比，其在知识转移的研究相对较少。国内外基于非专利引文的知识转移研究主要集中于知识转移的地域、语种、时间上的分析，这和传统的基于引文的知识转移分析模式相似——找出知识转移的主体源头或者探索主体与主体之间的转移，因此还可以基于非专利引文进行期刊等主体之间的知识转移分析。另外，还可开展专利拥有非专利引文的数量与知识转移主体的重要性之间关系的相关研究等。

随着相关研究的成熟，除了上述两大研究方向，学者也在积极尝试性地开拓一些新的研究领域，如 Liaw 等利用非专利引文分析，定义了 IPCI 指标来进行学术期刊评价和期刊排名评价研究[150]。Chen 等利用美国专利中的非专利引文来度量大学—企业的合作，但是研究发现，非专利引文不能衡量大学和企业之间的合作关系[151]。作为一种独特的专利文献信息资源，非专利引文方法将不断发展成熟和多元化，结合其他的研究方法开展相关研究将会受到更多的重视。

本书所用的科学关联度采用通用的计算方法，其计算公式为

$$\text{科学关联度}=\frac{\text{非专利引文数}}{\text{专利引文的总数量}}$$

4.2 纳米电子学领域的突破性创新识别

专利的科学强度表示该领域的专利参考文献中非专利引文数所占的比例，例如，1996 年纳米电子学领域的专利参考文献中，非专利引文数为 369，引用专利数为 947，其科学强度为 369/（369+947），即 0.28。

表 4.2 1996～2005 年间的科学强度

年份	非专利引文数	引用专利数	科学强度
1996	369	947	0.28
1997	312	1001	0.24
1998	796	2310	0.26
1999	1387	3905	0.26
2000	3504	6042	0.37
2001	7181	13825	0.34
2002	7157	19168	0.27
2003	6572	16866	0.28
2004	10846	24756	0.30
2005	9508	26320	0.27

从表 4.2 可以看到，1996～2005 年间的非专利引文数、引用专利数基本上都保持增长势头。从图 4.1 中可以看到，2000 年的非专利引文数的增长明显超过了引用专利数的增长，并以科学强度表现出来，该年有可能产生突破性创新。

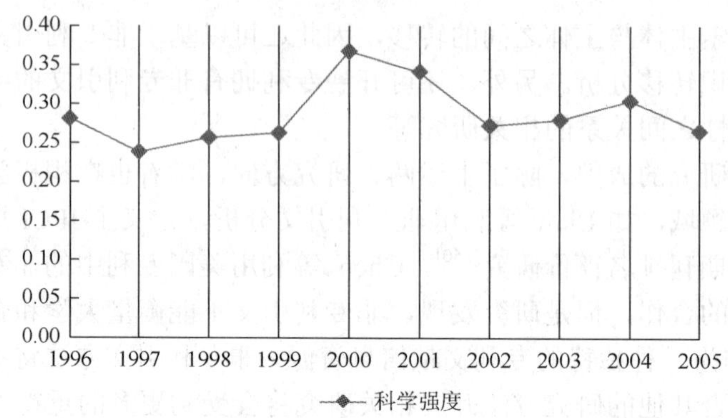

图 4.1　1996～2005 年间的科学强度变化

由于 2000 年的科学关联度最高，导致突破性创新最有可能发生，因此，下面结合 2000 年新关键词和新学科分类所表示的被引学科知识对可能产生突变的主题和领域进行分析。

4.2.1　2000 年被引科学论文的新关键词

2000 年排名前 20 的一阶被引科学论文的新关键词及其频次见表 4.3，该年的关键词突变主要集中在化学分析方向。一阶被引科学知识中，关键词以区带电泳［Zone Electrophoresis（0，34）］、芯片［Chip（0，20）］和化学分析系统［Chemical-Analysis Systems（0，13）］等为代表，（0，34）表示两个时间段的关键词频次，学科分类与此类似。

区带电泳是指将待分离物质在支持介质上经过电泳分离成若干区带的技术，又称电色谱法（electrochromatography），或区域离子电泳。带电质点（胶粒或分子）在电场作用下，向着与其电性相反的电极移动的现象，称为电泳（ElectroPhoresis，EP）。利用带电粒子在电场中移动速度不同而达到分离的技术称为电泳技术。由于区带电泳实验技术所需设备简易、操作方便、分辨力较好，在实际应用中发展很快。区带电泳按支持物的物理性状不同，又可分为纸和其他纤维膜电泳、粉末电泳、凝胶电泳与丝线电泳。其中，凝胶电泳［Gel-Electrophoresis（0，10）］分为琼脂、琼脂糖、硅胶、淀粉胶、聚丙烯酰氨凝胶电泳等，通常用于分析用途，也可以作为制备技术，被广泛应用于分子生物学、遗传化学和生物化学。

流动注射分析（Flow Injection Analysis，FIA），是由丹麦技术大学的 Ruzicka 和 Hansen 于 1975 年提出的概念，即在热力学非平衡条件下，在液流中重现地处理试样或试剂区带的定量流动分析技术。FIA 系统集成微型传感器、微型泵

[Micropump（0，10）] 和相应的处理电路，是一种易于操作、可实现自动控制的分析仪。FIA 与其他分析技术的结合极大地推动了自动化分析和仪器的发展，成为一门新型的微量、高速和自动化的分析技术。

表 4.3 2000 年新出现的一阶被引科学论文的新关键词及其频次变化

新关键词（频次）	新关键词（频次）
Zone Electrophoresis（0，34）	Ortho-Phthaldialdehyde（0，10）
Chip（0，20）	Protecting Groups（0，10）
Chemical-Analysis Systems（0，13）	Flow-Injection Analysis（0，9）
A-Si-H（0，12）	Glass（0，9）
Sample Injection（0，12）	Injection（0，9）
Fluorescence Detection（0，11）	Interfaces（0，9）
Derivatives（0，10）	Sensors（0，9）
Gel-Electrophoresis（0，10）	Stability（0，9）
Micromachining（0，10）	Miniaturization（0，8）
Micropump（0，10）	Plasma（0，8）

新出现的二阶被引科学论文的关键词是一阶被引科学知识的基础，并对一阶被引科学知识进行了细化，如表 4.4 所示。二阶被引科学知识中涉及的化学分析系统 [Chemical-Analysis Systems（0，41）]、琼脂糖凝胶 [Agarose Gels（0，18）]、等速电泳 [Isotachophoresis（0，16）]、高效电泳 [High-Performance Electrophoresis（0，15）]、胶束溶液 [Micellar Solutions（0，14）]、开管毛细管 [Open-Tubular Capillaries（0，13）]、温度梯度 [Temperature-Gradients（0，13）] 与扩散系数 [Diffusion-Coefficient（0，13）] 对一阶被引科学知识中涉及的区带电泳（Zone Electrophoresis）、凝胶电泳（Gel-Electrophoresis）进行了补充和细化。

琼脂糖凝胶是把琼脂糖，即不带电荷、几乎不含硫酸根的主要成分为多糖的琼脂，溶于热水后冷却制成的凝胶。它依靠糖链之间的次级链如氢键来维持网状结构，网状结构的疏密取决于琼脂糖的浓度。目前，常以琼脂糖为电泳支持物进行平板电泳，即琼脂糖凝胶电泳法，其分析原理与其他支持物电泳的最主要区别是，它兼有“分子筛”和“电泳”的双重作用。琼脂糖凝胶具有网络结构，物质分子通过时会受到阻力，大分子物质在涌动时受到的阻力大，因此在凝胶电泳中，带电颗粒的分离不仅取决于净电荷的性质和数量，而且还取决于分子大小，这就大大提高了分辨能力。由于其应用于分离、鉴定核酸时，具有操作方便、设备简单、需样品量少、分辨能力高的特点，所以琼脂糖凝胶电泳技术已成为基因工程研究中常用实验方法之一。

等速电泳（Isotachophoresis，ITP）法是建立在自由界面电泳的原理上用于离子化合物测定的一种高效分离分析方法。在等速电泳中，当电泳稳态时，各组分区带具有相同的泳动速度，而且各区带相互连接。它的分辨率高、分析速度快且便于自动化，适用于各种无机和有机离子，如金属离子、氨基酸、多胺、核苷、肽以及蛋白质、酶、药物等物质的分析。对非离子型组分样品中含有微量离子型物质的分析有其独特的优点。若分析系统对离子分析物本身的分离具有足够高的选择性，那么在大部分情况中样品可不经预处理而直接分析。等速电泳法比较适用于分析检测，已广泛应用于临床化学和生物化学、食品分析、药物化学、工业和环境化学等领域。

毛细管液相色谱［Capillary Liquid-Chromatography（0，15）］是一种高柱效、速率快的分离分析方法，是对常规液相色谱进行微型化［Miniaturization（0，20）］的一种色谱微分离技术。色谱法是一种高效的物理分析技术，最早应用于分析植物色素，其分离原理是利用待分离的各种物质在两相（固定相和流动相）中的分配系数、吸附能力等亲和能力的不同来进行分离，并根据流动相（气体和液体）不同，分为气相色谱法（GC）和液相色谱法（LC）。毛细管液相色谱具有固定相用量少、流动相消耗少、分析样品用量少、分析费用少、环境污染小、分析速度快等特点，适用于天然产物分离、环境分析、医药分析、生化分析等领域。

表 4.4　2000 年新出现的二阶被引科学论文的新关键词及其频次变化

新关键词（频次）	新关键词（频次）
Chemical-Analysis Systems（0，41）	Single Electron（0，14）
Electrokinetic Separation（0，33）	Diffusion-Coefficient（0，13）
Ortho-Phthaldialdehyde（0，25）	Low-Temperature Growth（0，13）
Miniaturization（0，20）	Open-Tubular Capillaries（0，13）
Agarose Gels（0，18）	Protecting Groups（0，13）
Separation Efficiency（0，18）	Silane（0，13）
Isotachophoresis（0，16）	Temperature-Gradients（0，13）
Capillary Liquid-Chromatography（0，15）	Glow-Discharge（0，12）
High-Performance Electrophoresis（0，15）	Transient（0，12）
Micellar Solutions（0，14）	Infection（0，11）

4.2.2　2000 年被引科学论文的新学科分类

2000 年排名前 10 的一阶被引科学论文的新学科分类及其频次见表 4.5，该年份的学科分类突变主要集中在化学、医学方面，这与关键词突变的分析结果一致，关键词 FIA、电泳技术、荧光检测与临床和药物［Chemistry，Clinical & Medicinal（0，15）］、医学检验技术［Medical Laboratory Technology（0，14）］、电化学［Electrochemistry（0，10）］等学科有关，氢化非晶硅（a-Si-H）更多的与复合材料［Materials Science，Composites（0，6）］有关。

表 4.5 2000 年新出现的一阶被引科学论文的新学科分类及其频次变化

新学科分类（频次）	新学科分类（频次）
Chemistry，Clinical & Medicinal（0，15）	Aerospace Engineering & Technology（0，6）
Medical Laboratory Technology（0，14）	Materials Science，Composites（0，6）
Electrochemistry（0，10）	Acoustics（0，5）
Immunology（0，8）	Computer Science，Artificial Intelligence（0，5）
Medicine，Research & Experimental（0，7）	Neurosciences（0，5）

2000 年新出现的二阶被引科学论文的学科分类是一阶被引科学知识的基础，Infectious Diseases（0，12）、Peripheral Vascular Disease（0，6）与 Gastroenterology & Hepatology（0，2）对一阶学科分类中的 Chemistry，Clinical & Medicinal（0，15）、Immunology（0，8）等学科分类进行了细化。排名前 10 的二阶被引科学论文的新学科分类及其频次见表 4.6。

表 4.6 2000 年新出现的二阶被引科学论文的新学科分类及其频次变化

新学科分类（频次）	新学科分类（频次）
Infectious Diseases（0，12）	Zoology（0，5）
Aerospace Engineering & Technology（0，9）	Mathematics，Miscellaneous（0，4）
Peripheral Vascular Disease（0，6）	Engineering，Environmental（0，3）
Agriculture（0，5）	Geochemistry & Geophysics（0，3）
Thermodynamics（0，5）	Gastroenterology & Hepatology（0，2）

4.3 基因工程领域的突破性创新识别

从表 4.7 可以看到，相对于纳米电子学，基因工程领域更依赖于科学知识，1996～2002 年间的非专利引文数、引用专利数都保持增长势头，2002 年的非专利引文数出现了爆发式的增长。从图 4.2 中可以看到，2002 年的非专利引文数的增长明显超过了引用专利数的增长，并以科学强度表现出来，该年有可能产生突破性创新，并与重复关键词和学科分类的计算结果是一致的。

表 4.7　1996～2005 年间的科学强度

年份	被引科学论文数	引用专利数	科学强度
1996	3445	1406	0.71
1997	4143	1411	0.75
1998	6426	2660	0.71
1999	6625	2985	0.69
2000	7614	3265	0.70
2001	9302	4327	0.68
2002	42591	6180	0.87
2003	8636	4796	0.64
2004	10359	5093	0.67
2005	8656	5557	0.61

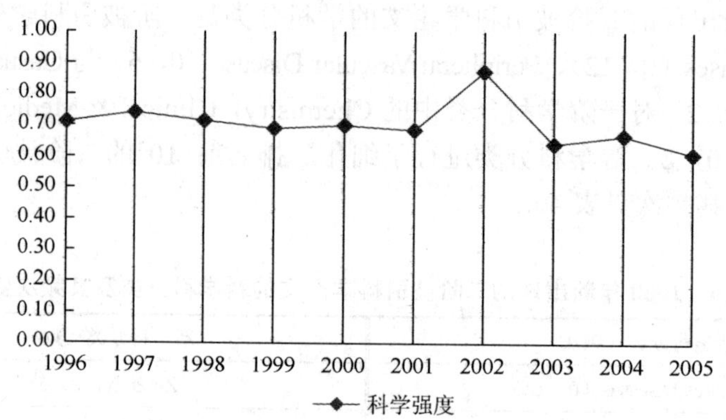

图 4.2　1996～2005 年间的科学强度变化

4.3.1　2002 年被引科学论文的新关键词和学科分类

2002 年排名前 20 的一阶被引科学论文的新关键词及其频次、新学科分类及其频次见表 4.8，该年的关键词突变主要集中在神经递质类受体、5-氟尿嘧啶、牛脑皮质、人胎盘滋养层细胞等方面，与医药研究有关。

GABA（γ-氨基丁酸），是脑内一种重要的抑制性氨基酸类神经递质，至少有 4 种互相变构的结合位点位于同一受体复合物上，且通过与 GABA 受体结合而发挥其生物学功能。植物如豆属、参属、中草药等的种子、根茎和组织液中都含有 GABA。在动物体内，GABA 几乎只存在于神经组织中，免疫学研究表明，其浓度最高的区域为大脑中黑质。GABA 是目前研究较为深入的一种重要的抑制性神经递质，它参与多种代谢活动，具有很高的生理活性。根据其不同的药理学特征将 GABA 受体分为：GABA-A 受体、GABA-B 受体和 GABA-C 受体。受体是一类存在于胞膜或胞内的，能与细胞外专一信号分子结合进而激活细胞内一系列生物化学反应，使细胞对外界刺激产生相应的效应的特殊蛋白质。GABA-A 受体［Gaba-A-Receptor（0，184），称为 A 型 γ-氨基丁酸受体］是离子型受体，是配体门控离子通道超家族成员之一。GABA-A 受体是由镶嵌于神经细胞双类脂原生质膜中的五个亚基（来自八个亚基族）组成的五边形异质性多肽类寡聚糖。广泛分布于整个神经系统，主要在后突触膜，小脑最高，海马次之。

5-氟尿嘧啶［5-Fluorouracil（0，183）］为嘧啶类的氟化物，属于抗代谢抗肿瘤药，是尿嘧啶 5 位上的氢为氟所代换的一种碱基类似物。如果投与动物，可和尿嘧啶同样地被吸收而阻碍细胞的增殖。其作用是在生物体内核糖基化和磷酸化，变成氟尿嘧啶核苷酸，能抑制胸腺嘧啶核苷酸合成酶，阻断脱氧嘧啶核苷酸转换成胸腺嘧啶核苷核，干扰 DNA 合成，对 RNA 的合成也有一定的抑制作用。由于能形成三磷酸氟尿嘧啶，也为 RNA 所摄取，所以可合成异常的蛋白质。呈白色结晶或粉末状。略溶于水，微溶于乙醇，有腐蚀性。临床用于结肠癌、直肠癌、胃癌、乳腺癌、卵巢癌、绒毛膜上皮癌、恶性葡萄胎、头颈部鳞癌、皮肤癌、肝癌、膀胱癌等。

表 4.8 2002 年新出现的一阶被引科学论文的新关键词和学科分类及其频次变化

新关键词（频次）	新关键词（频次）	新学科分类（频次）
Benzodiazepine Receptors（0，185）	Human Trophoblast Cells（0，182）	Ophthalmology（0，4）
Aminobutyric Acid A Receptor（0，184）	Pro-Alpha-C（0，182）	Allergy（0，3）
Benzodiazepine Receptor（0，184）	Trophoblast（0，182）	Respiratory System（0，2）
Bovine Cerebral-Cortex（0，184）	48-Hour Continuous-Infusion（0，181）	Behavioral Sciences（0，1）
GABA Receptor（0，184）	Arachidonic-Acid Metabolism（0，181）	Computer Science（0，1）
GABA-A-Receptor（0，184）	Discovery Screen（0，181）	Critical Care Medicine（0，1）
Gamma（2）Subunit（0，184）	Disseminated Colorectal-Cancer（0，181）	Crystallography（0，1）
Inhibin（0，184）	Dose Leucovorin（0，181）	Ecology（0，1）
5-Fluorouracil（0，183）	Factor Gene-Expression（0，181）	Energy & Fuels（0，1）
Term（0，183）	Leishmania-Donovani（0，181）	Forestry（0，1）

新出现的二阶被引科学知识是一阶被引科学知识的基础，并对一阶被引科学知识进行了补充，2002 年排名前 20 的二阶被引科学论文的新关键词及其频次、学科分类及其频次见表 4.9。γ-氨基丁酸能系统［GABAergic System（0，185），

也称 GABA 能系统］的功能异常与失眠以及焦虑、抑郁等神经心理异常有关，这一现象已得到众多研究证明。而葡萄糖转运体 5［GABA-A（0，185）］的表达水平与糖尿病有关联。葡萄糖的代谢取决于细胞对葡萄糖的摄取，然而，葡萄糖无法自由通过细胞膜脂质双层结构进入细胞，细胞对葡萄糖的摄入需要借助细胞膜上的葡萄糖转运蛋白（glucose transporters）简称葡萄糖转运体（GLUT）转运功能才能得以实现。

表 4.9　2002 年新出现的二阶被引科学论文的新关键词和学科分类及其频次变化

新关键词（频次）	新关键词（频次）	新学科分类（频次）
Human Tumor Cell Lines（0，199）	GABAergic System（0，185）	Biodiversity Conservation（0，5）
Prostanoids（0，189）	Gamma-2L Subunit（0，185）	Computer Applications & Cybernetics（0，3）
Aminobutyric Acida Receptor（0，186）	H-3 Flunitrazepam Binding（0，185）	Agricultural Engineering（0，1）
Bovine Cerebellum（0，186）	In vitro Expression（0，185）	Education（0，1）
Genetic-Differences（0，186）	Purkinje-Cell Degeneration（0，185）	Metallurgy & Mining（0，1）
GLUT5（0，186）	A Receptor Subunits（0，184）	
Alpha-Subunit Heterogeneity（0，185）	A-Benzodiazepine Receptors（0，184）	
Diverse Panel（0，185）	Acid Benzodiazepine Receptor（0，184）	
GABA-A（0，185）	Acid-A Receptor（0，184）	
GABA-A-Receptor（0，185）	Alpha-3-Subunit（0，184）	

4.3.2　2002 年被引科学论文的重复关键词和学科分类

2002 年排名前 20 的一阶被引科学论文的重复关键词及其频次、重复学科分类及其频次见表 4.10。基因表达、癌症、肿瘤坏死因子与学科分类肿瘤学（Oncology）、病理学（Pathology）有关，原位杂交（In-Situ Hybridization）是细胞生物学（Cell Biology）、分子生物学的重要研究方法。

基因表达［Gene-Expression（149，3683）］是指细胞在生命过程中，把储存在 DNA 顺序中的遗传信息经过转录和翻译，转变成具有生物活性的蛋白质分子。生物体内的各种功能蛋白质和酶都是有相应的结构基因编码的。差别基因表达（differential gene expression）指细胞分化过程中，奢侈基因（只在特定类型细胞中表达的基因）按一定顺序表达，表达的基因数占基因总数的 5%～10%。也就是说，某些特定奢侈基因表达的结果生成一种类型的分化细胞，另一组奢侈基因表达的结果导致出现另一类型的分化细胞，这就是基因的差别表达。其本质是开放某些基因，关闭某些基因，导致细胞的分化。

信使 RNA［Messenger-RNA（132，3293），简称 mRNA］，由脱氧核糖核酸（DNA）的一条链作为模板转录而来、携带遗传信息的能指导蛋白质合成的一类单链核糖核酸（RNA）。它在核糖体上作为蛋白质合成的模板，决定肽链的氨基酸排列顺序。由于生物体内的每种多肽链都由特定的 mRNA 编码，所以细胞内 mRNA 的种类很多，但通常每种 mRNA 的复制数极少（1～10 个）。根据遗传密码学说，3 个连续的核苷酸可以编码一个氨基酸，因此从已知 mRNA（或 DNA）核苷酸顺序可以准确推导出蛋白质的一级结构。mRNA 存在于原核生物和真核生物的细胞质及真核细胞的某些细胞器（如线粒体和叶绿体）中，通过复制、转录和翻译过程，mRNA 作为传递过程的桥梁，实现了遗传信息在蛋白质上的表达。

肿瘤坏死因子［Tumor-Necrosis-Factor（44，931），TNF］，能使多种肿瘤发生出血性坏死的物质，1975 年在接种卡介苗的小鼠注射细菌脂多糖后在其血清中被发现，20 世纪 80 年代人们发现其在消耗症中起了重要作用，又称恶液质素。TNF 主要由活化的巨噬细胞、NK 细胞及 T 淋巴细胞产生。1985 年 Shalaby 把巨噬细胞产生的 TNF 命名为 TNF-α（Tumor-Necrosis-Factor-Alpha），把 T 淋巴细胞产生的淋巴毒素（Lymphotoxin，LT）命名为 TNF-β。虽然 TNF-α 与 TNF-β 仅有约 30%的同源性，但它们却拥有共同的受体。TNF-α 的生物学活性占 TNF 总活性的 70%～95%，因此目前常说的 TNF 多指 TNF-α。TNF 杀伤肿瘤的机理还不十分清楚，与补体或穿孔素杀伤细胞相比，TNF 杀伤细胞没有穿孔现象，而且杀伤过程相对比较缓慢。1984 年 TNF 基因的克隆开辟了临床试验的时代，是第一个用于肿瘤生物疗法的细胞因子，但因其缺少靶向性且有严重的副作用，目前仅用于局部治疗。近年来已采用 TNF 基因治疗开始对黑色素瘤等肿瘤进行临床验证。另外，TNF 胸膜内给药，可以使转移性胃癌和乳腺癌患者的胸水中的癌细胞显著减少甚至完全消失。

表 4.10　2002 年重复出现的一阶被引科学论文的重复关键词和学科分类及其频次变化

新关键词（频次）	新关键词（频次）	新学科分类（频次）
Expression（574，4566）	Activation（134，1225）	Oncology（142，5589）
Gene-Expression（149，3683）	Induction（66，1125）	Biochemistry & Molecular Biology（1187，5053）
Cancer（74，3521）	Necrosis-Factor-Alpha（15，1021）	Pathology（30，1616）
Messenger-RNA（132，3293）	Growth-Factor（65，1036）	Hematology（63，1546）
Gene（311，2911）	Carcinoma（13，976）	Cell Biology（448，1803）

续表

新关键词（频次）	新关键词（频次）	新学科分类（频次）
Identification（207，1967）	Localization（48，935）	Biochemical Research Methods（118，1220）
Protein（254，1949）	Tumor-Necrosis-Factor（44，931）	Reproductive Biology（38，1042）
Immunohistochemistry（13，1259）	Cells（233，1116）	Urology & Nephrology（34，903）
In-Vivo（119，1262）	In-Situ Hybridization（9，865）	Endocrinology & Metabolism（66，928）
Cloning（201，1303）	Mutations（79，842）	Immunology（239，934）

2002 年排名前 20 的二阶被引科学论文的重复关键词及其频次，以及排名前 10 的学科分类及其频次见表 4.11，与一阶被引科学知识基本一致，是对一阶被引科学知识的补充和细化。

分子克隆［Molecular-Cloning（1188，9033）］是在分子水平上提供一种纯化和扩增特定 DNA 片段的方法。常含有目的基因，用体外重组方法将它们插入克隆载体，形成重组克隆载体，通过转化与转导的方式，引入适合的寄主体内得到复制与扩增，然后再从筛选的寄主细胞内分离提纯所需的克隆载体，可以得到插入 DNA 的许多复制品，从而获得目的基因的扩增。按克隆的目的可分为 DNA 和 cDNA 克隆，cDNA 克隆是以 mRNA 为原材料，经体外反转录合成互补的 DNA（cDNA），再与载体 DNA 分子连接引入寄主细胞。每一 cDNA 反映一种 mRNA 的结构，cDNA 克隆的分布也反映了 mRNA 的分布。它有如下几个特点；第一，有些生物，如 RNA 病毒没有 DNA，只能用 cDNA 克隆；第二，cDNA 克隆易筛选，因为 cDNA 库中不包含非结构基因的克隆，而且每一 cDNA 克隆只含一个 mRNA 的信息；第三，cDNA 能在细菌中表达，cDNA 仅代表某一发育阶段表达出来的遗传信息，只有基因文库才包含一个生物的完整遗传信息。分子克隆技术的出现和应用开辟了分子遗传学研究的新领域，并对工业、农牧业、医学和基因治疗等领域具有深远的影响，将为解决世界面临的能源、食品和环保三大危机开拓一条新的出路。

表 4.11　2002 年重复出现的二阶被引科学论文的重复关键词和学科分类及其频次变化

重复关键词（频次）	重复关键词（频次）	重复学科分类（频次）
Expression（2555，20758）	Cancer（509，9718）	Biochemistry & Molecular Biology（3320，21736）
Messenger-RNA（1303，15929）	Localization（926，9954）	Cell Biology（2766，19910）
Gene（2232，16484）	Binding（1482，10066）	Multidisciplinary Sciences（3184，19503）
Cells（1954，16151）	Proteins（1435，9672）	Oncology（1019，15015）

续表

重复关键词（频次）	重复关键词（频次）	重复学科分类（频次）
Gene-Expression（1161，15098）	Molecular-Cloning（1188，9033）	Medicine（1487，13894）
Protein（2148，15433）	DNA（1709，9528）	Genetics & Heredity（2226，12263）
Identification（1911，14523）	Sequence（1761，9101）	Biophysics（1558，11291）
Activation（1166，10848）	Carcinoma（298，7637）	Pathology（422，9212）
Cloning（1540，11177）	Rat（626，7933）	Endocrinology & Metabolism（439，8289）
Receptor（1203，10681）	Induction（841，8082）	Hematology（529，7194）

5　基于关键词簇突变的突破性创新识别

关键词是科学论文的重要内容特征，被引科学论文的关键词是被引科学知识的重要组成部分。因此，本章利用一阶和二阶被引科学论文在特定时间段的关键词簇对被引科学知识突变进行识别和计算，并以此识别突破性创新[152]。其中，二阶被引科学论文是一阶被引科学论文的知识基础，是对被引科学知识的重要补充。

不同时间段，被引科学论文的关键词簇可能会发生巨大变化，这种巨大变化导致的巨大差异可能预示着被引科学知识的突变，因此，以不同时间段被引科学论文的关键词簇的差异程度表示突变程度。

关键词簇的差异程度有两种表现形式：第一种为新的关键词大量涌现，如一阶新词数量突变、一阶新词频次突变、二阶新词数量突变、二阶新词频次突变；第二种为重复的关键词频次出现了巨大增长，如一阶重复词频次突变、二阶重复词频次突变。利用关键词簇计算不同时间段被引科学知识的突变程度，进而识别可能产生突破性创新的领域、主题和时间。

5.1　关键词簇的突变程度计算方法

被引科学知识的突变主要通过不同时间段的被引科学知识的差异程度表示：差异程度越高，突变程度越高；差异程度越低，突变程度越低。该方法的基本思路是：不同时间段，被引科学论文的关键词可能会发生巨大变化，这种巨大变化导致的巨大差异可能预示着被引科学知识的突变，因此，以不同时间段被引科学论文的关键词的差异程度表示突变程度。与被引科学知识的表示相对应，差异程度的表示同样包括两个方面，即一阶差异和二阶差异，基于一阶被引科学知识计算的差异称为一阶差异，基于二阶被引科学知识计算的差异称为二阶差异，如图 5.1 所示。

与二阶被引科学论文的作用相对应，一阶差异和二阶差异的比较具有两方面的意义。

（1）当一阶差异和二阶差异的计算结果一致时，二阶被引科学知识是一阶被引科学知识的基础，并用来分析被引科学知识的演化。

（2）当一阶差异和二阶差异的计算结果不一致时，二阶被引科学知识是一阶被引科学知识的补充，二阶差异可以识别出一阶差异不能识别的潜在突破性创新。

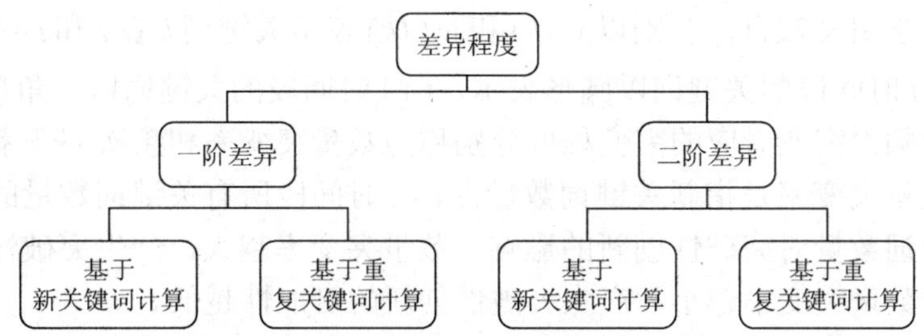

图 5.1　基于关键词簇的突变程度计算方法

基于差异程度计算突变程度有两种表现形式：第一，新的关键词的大量涌现；第二，重复的关键词频次出现了巨大增长。与此同时，关键词簇突变程度的两种表现形式也有其不同的计算指标，即数量突变和频次差异，数量突变以关键词的数量变化来计算，而频次突变以关键词在不同时间段的频次变化来计算，如图 5.2 所示。

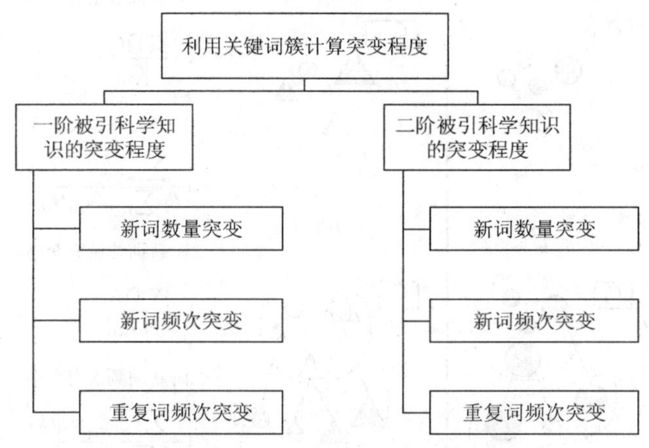

图 5.2　基于关键词簇的突变程度计算指标

5.1.1　基于新关键词计算关键词簇突变程度

相对于前一时间段，当前时间段关键词簇中包含的新关键词越多，该关键词簇的突变程度越高，表明引用该关键词簇的技术创新的新颖性越高，与该关键词簇相关的技术更有可能产生突破性创新。如图 5.3 所示，在 t 和 $t+1$ 时间段，C_t 和 C_{t+1} 分别表示每个时间段一阶被引科学论文的所有关键词，即特定时间段的一阶关键词簇 C_t 和 C_{t+1}。与此类似，二阶被引科学论文形成的关键词簇分别以 N_t 和 N_{t+1} 表示。下面分别以 C_{t+1} 和 N_{t+1} 为对象说明其突变程度的计算方式。

新关键词的出现频次同样会对突变程度计算产生影响，频次表示出现该关键词的专利科学引文数目，分别以 $w_t(k)$ 和 $w_{t+1}(k)$ 表示关键词 k 在 t 和 $t+1$ 时间段的出现频次。t 时间段的关键词以圆形表示，$t+1$ 时间段的关键词以三角形表示。与数量突变和频次突变对应的突变程度分别称为数量突变率和频次突变率。

（1）数量突变率是指新关键词数量占 $t+1$ 时间段所有关键词数量的比例，体现了新关键词数量对突破性创新的影响。数量突变率越大，产生突破性创新的可能性越高；数量突变率越小，产生突破性创新的可能性越低。

（2）频次突变率在数量突变率的基础上，考虑新关键词的频次对突变程度的影响，如果新关键词的频次较高，那么它对 $t+1$ 时间段的科学知识产生的影响力更大，产生突破性创新的可能性越高；如果新关键词的频次均较低，可能这些关键词所代表的科学知识刚处于萌芽阶段，还需进一步发展，此时，这些关键词对 $t+1$ 时间段的科学知识产生的影响力较小，产生突破性创新的可能性较低。

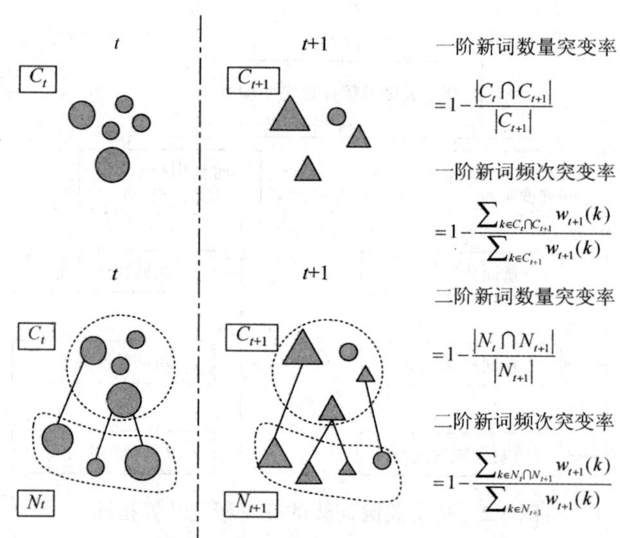

图 5.3　基于关键词簇中的新关键词计算突变程度

（1）一阶新词数量突变率：以 $t+1$ 时间段，一阶关键词簇中新关键词的数量占该关键词簇中所有关键词数量的比例来表示。新关键词的数量所占比例越大，关键词簇突变程度越高；新关键词的数量所占比例越小，关键词簇突变程度越低。相对于 t 时间段的所有关键词 C_t，$t+1$ 时间段的一阶关键词簇中重复出现的关键词数量为 $|C_t \cap C_{t+1}|$，因此该关键词簇中新关键词的数量为 $|C_{t+1}|-|C_t \cap C_{t+1}|$，并以该关键词簇中的关键词总数 $|C_{t+1}|$ 进行归一化，得到新词的数量突变率为 $(|C_{t+1}|-|C_t \cap C_{t+1}|)/|C_{t+1}|$，即一阶新词数量突变率$=1-|C_t \cap C_{t+1}|/|C_{t+1}|$。

（2）二阶新词数量突变率：与一阶新词数量突变率的计算方式相同，计算对象由一阶被引科学论文的关键词簇 C_t 和 C_{t+1} 变为二阶被引科学论文的关键词簇 N_t 和 N_{t+1}，最后得到二阶新词数量突变率为 $1-\left|N_t \cap N_{t+1}\right| / \left|N_{t+1}\right|$。

（3）一阶新词频次突变率：频次突变是在数量突变的基础上，考虑关键词簇中每个新关键词的出现频次对突变程度的影响。关键词簇中新关键词的频次总和所占比例越大，突变程度越高；关键词簇中新关键词的频次总和所占比例越小，突变程度越低。相对于 t 时间段的关键词簇 C_t，$t+1$ 时间段关键词簇 C_{t+1} 中重复出现的关键词频次之和为 $\sum_{k \in C_t \cap C_{t+1}} w_{t+1}(k)$，因此该关键词簇新关键词的频次之和为 $\sum_{k \in C_{t+1}} w_{t+1}(k) - \sum_{k \in C_t \cap C_{t+1}} w_{t+1}(k)$，并以该关键词簇的关键词频次总和 $\sum_{k \in C_{t+1}} w_{t+1}(k)$ 进行归一化，得到新词的频次突变率为 $\left(\sum_{k \in C_{t+1}} w_{t+1}(k) - \sum_{k \in C_t \cap C_{t+1}} w_{t+1}(k)\right) \Big/ \sum_{k \in C_{t+1}} w_{t+1}(k)$，即一阶新词频次突变率 $=1-\sum_{k \in C_t \cap C_{t+1}} w_{t+1}(k) \Big/ \sum_{k \in C_{t+1}} w_{t+1}(k)$。

（4）二阶新词频次突变率：与一阶新词频次突变率的计算方式相同，计算对象由一阶被引科学论文的关键词簇 C_t 和 C_{t+1} 变为二阶被引科学论文的关键词簇 N_t 和 N_{t+1}。最后得到二阶新词频次突变率为 $1-\sum_{k \in N_t \cap N_{t+1}} w_{t+1}(k) \Big/ \sum_{k \in N_{t+1}} w_{t+1}(k)$。

5.1.2　基于重复关键词计算关键词簇突变程度

基于新关键词计算突变程度并不能涵盖所有被引科学知识可能产生的突变，如果 t 时间段出现的关键词在 t+1 时间段也出现，而这些重复关键词在 t+1 时间段的出现频次发生了巨大变化，此时，这样的巨大变化同样可以导致被引科学知识的突变，说明被引科学知识由某种原因发生了突破而被大量研究和应用。因此，有必要基于重复关键词计算突变程度，对基于新关键词计算突变程度进行补充。

由于计算对象是重复关键词，关键词数量没有变化，使得数量突变率均为零，无需计算，所以，本书基于重复关键词的频次突变率计算被引科学知识中的关键词簇突变程度。如果重复关键词的频次出现了巨大增长，那么其频次突变率越大，产生突破性创新的可能性越高；反之，重复关键词的频次增长幅度较小，甚至出现了负增长，那么其频次突变率越小，产生突破性创新的可能性越低。

如图 5.4 所示，在 t 和 $t+1$ 时间段，一阶被引科学论文的关键词簇表示该时间段的所有关键词，分别以 C_t 和 C_{t+1} 表示；与此类似，二阶被引科学论文的关键词簇分别以 N_t 和 N_{t+1} 表示。关键词的频次表示出现该关键词的论文数目，分别以 $w_t(k)$ 和 $w_{t+1}(k)$ 表示关键词 k 在 t 和 $t+1$ 时间段的出现频次。t 时间段的关键词以圆形表示，$t+1$ 时间段的关键词以三角形表示。

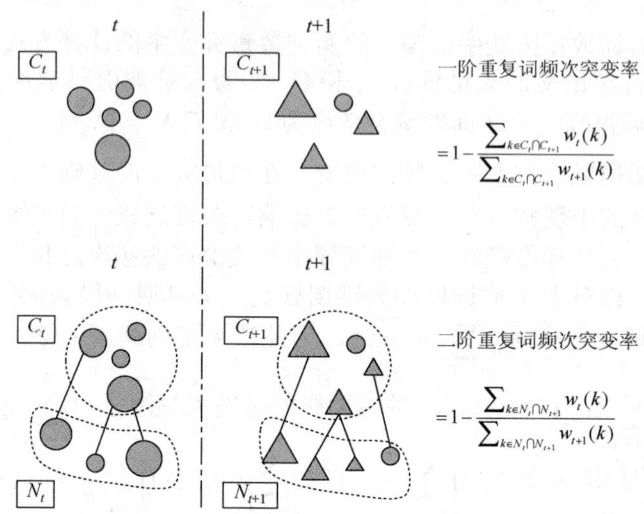

图 5.4 基于关键词簇中的重复关键词计算突变程度

相对于前一时间段，当前时间段的关键词簇中包含的重复关键词的频次变化越大，该关键词簇的突变程度越高，表明引用该关键词簇的技术创新可能取得突破性进展，与该关键词簇相关的技术更有可能产生突破性创新。基于重复关键词计算突变程度主要包括两个方面的内容。

（1）一阶重复词频次突变率：基于重复关键词的关键词簇突变程度通过重复词频次突变率来计算，关键词簇中重复词的频次变化越大，突变程度越高；重复词的频次变化越小，突变程度越低。如图 5.4 所示，相对于 t 时间段的所有关键词 C_t，$t+1$ 时间段关键词簇中重复词频次变化为 $\sum_{k\in C_t\cap C_{t+1}}(w_{t+1}(k)-w_t(k))$，并以 $t+1$ 时间段关键词簇中的重复关键词频次总和 $\sum_{k\in C_t\cap C_{t+1}} w_{t+1}(k)$ 进行归一化。最终得到一阶重复词的频次突变率为 $\left(\sum_{k\in C_t\cap C_{t+1}}(w_{t+1}(k)-w_t(k))\right)\Big/\sum_{k\in C_t\cap C_{t+1}} w_{t+1}(k)$。

（2）二阶重复词频次突变率：与一阶重复词频次突变率的计算方式相同，计算对象由一阶被引科学论文的关键词簇 C_t 和 C_{t+1} 变为二阶被引科学论文的关键词簇 N_t 和 N_{t+1}。最终得到二阶重复词的频次突变率为 $\left(\sum_{k\in N_t\cap N_{t+1}}(w_{t+1}(k)-w_t(k))\right)\Big/\sum_{k\in N_t\cap N_{t+1}} w_{t+1}(k)$。

5.2 验证方式和领域

为了对基于被引科学知识突变的突破性创新识别方法进行有效性验证，下面对方法的验证方式和验证领域选取标准和原因进行说明。基于关键词簇突变的突破性创新识别依此验证方式在验证领域上进行实验，其他突破性创新识别方法也遵循此验证方式和领域，下面不再说明。

5.2.1　验证方式

为了验证基于被引科学知识突变的突破性创新识别方法的准确性和有效性，其基本思路是：通过权威报道或杂志对该领域已经发生的突破性创新进行认定，如果该领域的被引科学知识突变刚好发生在这些突破性创新的相关领域，并且在时间上能够提前对技术领域的可能性变化进行预警，则说明利用被引科学知识突变识别突破性创新是可能和可行的。

（1）方法有效性验证。通过与已经发生的突破性创新进行对比，如果该方法所识别出的突破性创新刚好发生在这些相关领域，则说明该方法是有效的。同时，对该方法的预警功能进行验证，证明该方法能提前识别突破性创新的产生时间、研究主题和学科分类组合。

（2）一阶和二阶被引科学知识的比较。通过对一阶和二阶被引科学知识进行比较，验证二阶被引科学知识的重要作用。二阶被引科学知识可以用来分析被引科学知识的演化，此时，二阶被引科学知识是一阶被引科学知识的基础并对其进行细化；另外，二阶被引科学知识可以降低科学知识向技术创新传递过程中的阻滞因素影响，识别出一阶被引科学知识无法识别的潜在突破性创新，此时，二阶被引科学知识是一阶被引科学知识的补充。

（3）与已有方法的比较。利用专利引用的科学论文来识别可能的专利技术突变，与此相关的研究主要是通过被引科学论文分析科学技术间的知识转移，仅有少量的研究从专利的科学强度上分析专利对科学知识的依赖程度，依赖程度较高的领域更可能产生突破性创新。因此，本书对基于科学强度计算的方法与被引科学知识突变的方法进行比较，验证本书所述方法以内容的重大变化识别突破性创新的优势。

5.2.2　验证领域

基于突破性创新的特征，验证领域的选择需要遵循以下三个标准。

（1）有其代表性的突破性创新，并已被权威数据证实。

（2）对科学知识的依赖程度较高，即该领域的专利引用的科学论文数目要较多。

（3）热点的前沿研究领域，一般来说，突破性创新会在热点的前沿领域更多地发生。

已经发生的突破性创新的认定是三个标准中的重中之重，它是验证该方法准确性和有效性的数据来源和前提，本书选择《科学》杂志每年发布的“年度十大突破”作为突破性创新的来源。其原因在于：《科学》（Science）杂志是全世界最权威的学术杂志之一，主要刊登的是最新的科学研究成果，范围覆盖到各个学科，同时，它也刊登关于科学的新闻、科技政策等信息。而“年度突破”（breakthrough of the year）是由《科学》杂志颁布的年度奖项，对该年度的科技进展进行归纳和总结。这个奖项起源于 1989 年的“年度分子”，受到《时代》杂志“年度人物”的启发，于 1996 年更名为“年度突破”，“年度突破”已是举世公认的学术界最高荣誉之一。

基于以上三项标准，同时希望该方法具有一定的通用性，本书拟选择纳米电子学和基因工程两个领域进行验证，它们都具有代表性的突破性创新，而且是当前的热点和前沿研究领域，以下仅对其研究内容作简单介绍。

1. 纳米电子学领域

纳米电子学（nanoelectronics）是纳米技术最重要的一个分支领域，它是讨论纳米电子元件、电路、集成器件和信息加工的理论和技术的新学科，它代表了微电子学的发展趋势并将成为下一代电子科学与技术的基础。纳米电子学是以纳米尺度材料为基础的器件制备、研究和应用的电子学领域。DNA 计算、量子计算、单电子逻辑、纳米管显示、电子及数据存储生物分子、纳米精度读出磁头是纳米电子学领域的典型代表技术[153]。由于量子尺寸效应等量子力学机制，纳米材料和器件中电子的形态具有许多新的特征。纳米电子学是当前科学界极为重视的研究领域，被广泛认为未来数十年将取代微电子学成为信息技术的主体，将对人类的工作和生活产生革命性影响。

纳米电子学主要包括纳米电子学基础理论、纳米电子材料、纳米电子器件和纳米电子系统等主要技术方向，以及纳米加工与制备、纳米电子表征测量等支撑技术。纳米电子技术是微电子技术发展的必然趋势，是催生新型信息器件的重要温床，是实现量子计算的主要途径。新型电子元器件的不断涌现，有望使摩尔定律得到延续和扩展，石墨烯研究的突破将可能使碳基 CMOS（complementary metal oxide semiconductor）逐渐取代硅基 CMOS，碳纳米管的发展将使纳米集成电路走向应用，忆阻器将可能取代晶体管。

对应于 5.2.2 节的三个数据选择标准，选择纳米电子学领域进行分析的原因包括三个方面。

（1）纳米电路是纳米电子学领域的突破性创新：《科学》杂志 2001 年公布的“年度十大突破”中，纳米电路排名首位，它包括纳米导线、以碳纳米管和纳米导线为基础的逻辑电路以及只用一个分子晶体管的可计算电路[154]。IBM 于 2001 年用碳纳米管制造出了第一批纳米碳管晶体管，发明了利用电子的波性而不是常规导线实现传递信息的“导线”；美国朗讯贝尔实验室则用一个单一的有机分子制造出了世界上最小的“纳米晶体管”。

（2）OECD（Organization for Economic Co-operation and Development）在报告《Nanotechnology：an overview based on indicators and statistics》（中国科学院国家科学图书馆经 OECD 授权出版该报告的中文版《纳米技术：基于相关指标及统计数据的述评》）中指出：纳米技术专利的科学论文引文比例超过平均水平，表明该领域发展至今其基于科学的特质[153]，纳米技术领域对基础科学研究的依赖程度较大[21，155-157]。

（3）纳米技术是当前的热点研究领域，而纳米电子学是纳米技术的前沿领域[153]：纳米技术普遍被认为能够为全球不同产业提供商机并极大地拓展社会经济效益，这意味着它几乎适用于所有类型的工业加工及产品制造过程，包括电子、工程、化学、卫生保健和医药、造纸、纺织乃至国防设施建设、能源和水。纳米技术同时还被认为有潜力用于应对一些最严峻的全球性挑战，如有关清洁能源、气候变化、卫生保健以及全球清洁水的供应。纳米电子学是纳米技术这一新兴学科的重要组成部分，它代表了微电子学的发展趋势，并将成为下一代电子技术的基础。纳米技术专利申请最为活跃的是纳米电子学，其次为纳米材料、纳米磁学和纳米光学。纳米电子学是当前科学界极为重视的研究领域，被广泛认为未来数十年将取代微电子学成为信息技术的主体，将对人类的工作和生活产生革命性影响。

把纳米电路作为纳米电子学领域的突破性创新，如果该领域的被引科学知识突变刚好发生在这些突破性创新的相关领域，并且在时间上能够提前对技术领域的可能性变化进行预警，则说明利用被引科学知识突变识别突破性创新是可能和可行的。

2. 基因工程领域

科学界预言，21 世纪是一个基因工程世纪。基因工程是在分子水平对生物遗传进行人为干预。基因工程（genetic engineering）又称基因拼接技术和 DNA 重组技术，是以分子遗传学为理论基础，以分子生物学和微生物学的现代方法为手段，将不同来源的基因按预先设计的蓝图，在体外构建杂种 DNA 分子，然后导入活细胞，以改变生物原有的遗传特性、获得新品种、生产新产品。基因工程技术为基因的结构和功能的研究提供了有力的手段。

基因工程技术已经在多个领域进行应用，并取得了较好的效果，主要表现在以下三个方面。

（1）在农牧业、食品工业方面，运用基因工程技术，不但可以培养优质、高产、抗性好的农作物及畜、禽新品种，还可以培养出具有特殊用途的动、植物，如生长快、耐不良环境、肉质好的转基因鱼，乳汁中含有人生长激素的转基因牛以及导入贮藏蛋白基因的超级羊和超级小鼠等。

（2）在环境保护方面，基因工程做成的 DNA 探针能够十分灵敏地检测环境中的病毒、细菌等污染。利用基因工程培育的指示生物能十分灵敏地反映环境污染的情况，却不易因环境污染而大量死亡，甚至还可以吸收和转化污染物。

（3）在医学方面，基因作为机体内的遗传单位，不仅可以决定我们的相貌、高矮，而且基因异常会不可避免地导致各种疾病的出现。某些缺陷基因可能会遗传给后代，有些则不能。基因治疗的提出最初是针对单基因缺陷的遗传疾病，目的在于有一个正常的基因来代替缺陷基因或者来补救缺陷基因的致病因素。

对应于验证方式的三个数据选择标准，选择基因工程领域进行分析的原因包括三个方面。

（1）基因工程领域存在大量的突破性技术创新，它们中的部分是：克隆技术，包括 1997 年“年度十大突破”中排名首位的克隆羊多莉[158]和 2004 年“年度十大突破”中排名第三的人类胚胎克隆技术；2008 年“年度十大突破”中排名第七的胚胎发育过程[159]，先进的激光技术和强大的计算机处理能力使得记录整个胚胎的发展过程成为可能；2000 年“年度十大突破”中排名首位的全基因组序列测序[160]；2008 年“年度十大突破”中排名第三的癌症的基因疗法[161, 162]，众所周知，癌细胞之所以疯狂地分化，是由部分基因的异常所致。

（2）基因工程领域专利引用的科学论文比例超过平均水平，表明该领域发展至今其基于科学的特质，基因工程领域对基础科学研究的依赖程度较大。Lo[30]通过对 1980～2004 年的 6274 条专利进行分析发现，含有非专利引文的 1412 条专利的参考文献中包含 4001 条专利和 35447 条非专利文献，非专利引文占到总参考文献的 9/10，平均每条专利引用了 30.84 条非专利引文。

（3）基因工程是当前的热点研究领域。科学界预言，21 世纪是一个基因工程世纪，基因工程是在分子水平上对生物遗传作人为干预。人类基因组研究是一项生命科学的基础性研究，有科学家把基因组图谱看成是转基因链指路图，或化学中的元素周期表；也有科学家把基因组图谱比作字典，但不论是从哪个角度去阐释，破解人类自身基因密码，以促进人类健康、预防疾病、延长寿命，其应用前景都是极其美好的。人类 10 万个基因的信息以及相应的染色体位置被破译后，破译人类和动植物的基因密码为攻克疾病和提高农作物产量开拓了广阔的前景。另外，基因药物将成为 21 世纪医药中的耀眼明星，科学研究证明，一些困扰人类健康的主要疾病，如心脑血管疾病、糖尿病、肝病、癌症等都与基因有关。依据已经破译的基因序列和功能，找出这些基因并针对相应的病变区位进行药物筛选，甚至基于已有的基因知识来设计新药，就能“有的放矢”地修补或替换这些病变的基因，从而根治顽症。

基因工程发展速度极快，在该领域产生的突破也层出不穷，并在多个领域产生应用。克隆技术、胚胎发育过程、基因测序、癌症的基因疗法等都是基因工程领域的典型代表技术。把这些技术作为基因工程领域的突破性创新，如果该领域的被引科学知识突变刚好发生在这些突破性创新的相关领域，并且在时间上能够提前对技术领域的可能性变化进行预警，则说明利用技术创新依据的科学知识突变识别突破性创新是可能和可行的。

5.3 技术路线

根据被引科学知识的表示及其突变程度计算方法，形成本书的技术路线，如图 5.5 所示。首先，通过数据获取和处理步骤，得到一阶和二阶被引科学论文的关键词及其频次，并形成每个时间段的关键词簇；接着，依据突变程度的三种计算方式对被引科学知识的突变程度进行计算，三种计算方式分别为：新词数量突变率、新词频次突变率以及重复词频次突变率；最后，为了验证该方法的准确性和有效性，在纳米电子学和基因工程两个领域进行验证。

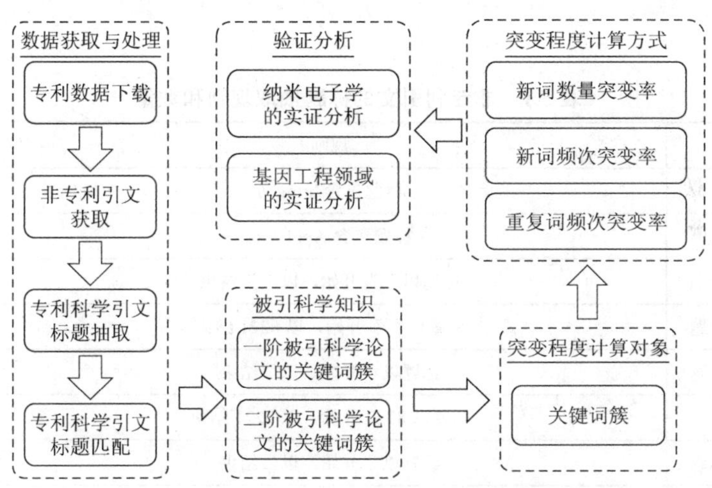

图 5.5 关键词簇突变的技术路线图

5.4 纳米电子学领域的实证分析

通过计算纳米电子学领域每一年突破性创新产生的概率，由此识别可能产生突破性创新的时间，概率越大，表明该年度产生突破性创新的可能性越大。分别对一阶被引科学知识和二阶被引科学知识中的关键词簇突变程度进行计算，对代表性的年度中突变率高的关键词进行分析，发现突破性创新产生的时间、领域和主题。在此基础上，对一阶和二阶关键词簇突变的计算结果进行对比，发现二阶被引科学知识是一阶被引科学知识的基础和补充，一阶被引科学知识是二阶被引科学知识的延续；同时分析该方法是否可以提前对突破性创新进行预警。

5.4.1 非专利引文数据获取

本书选择的检索范围为 DWPI（Derwent World Patents Index），检索条件为欧专局专利分类号中（European Classification，ECLA）与纳米电子学相关的分类号，即 ECLA 为 B82Y001000（替换之前的 Y01N4[153, 163]）的专利数据。

（1）专利数据检索与获取：在 DWPI 中通过专利分类号检索与纳米电子学相关的专利数据，申请日期范围为 1995.1.1～2005.12.31，专利文献类型识别代码为 A1、A2、A9、B1、B2、E、H，检索到的专利总数为 9359 条。相应的专利检索表达式为“EC=（(B82Y001000)）AND ADB＞=（19950101）AND ADB＜=（20051231）AND KI=（A1 or A2 or A9 or B1 or B2 or E or H）AND AC=（us)”。根据非专利引文的标题抽取规则，得到不同规则下非专利引文的数量，如表 5.1 所示。

表 5.1 非专利引文的标题抽取规则和数量

类型	规则	数量
网页	标题包含 http：//	788
专利申请	标题包含 Appl. No.	1188
非专利引文标题	标题以” ” 开始，以” ” 结束	16608
非专利引文标题	标题以” ” 开始，以 8221 结束	2252
非专利引文标题	标题以“开始，以”结束	4361
非专利引文标题	标题以 8220 开始，以 8221 结束	281
非专利引文标题	标题以‘开始，以’结束	801
非专利引文标题	标题以“、‘、‘、8220 中的任一个开始，以’、″、”、8221 中的任一个结束	34
非专利引文标题	标题以 et al.，开始，以;，.中的任一个结束	2498
非专利引文标题	标题以 et al.；开始，以;，.中的任一个结束	105
非专利引文标题	标题以 et al.开始，以;，.中的任一个结束	182
非专利引文标题	标题以.，.；中的任一个开始，以;，.中的任一个结束	427
非专利引文标题	标题以;，.中的任一个开始，以;，.中的任一个结束	1806
非专利引文标题	无法识别	3246

（2）非专利引文的标题抽取：首先剔除掉不包含非专利引文的专利，9359 条专利中包含非专利引文的专利数目为 4723 条，占专利总数的 50%（4723/9359），对应的非专利引文数量为 34577 条，去除网页、专利申请以及无法识别的非专利引文后其数目为 32601 条；接着识别非专利引文的标题，通过标题匹配的多种规则从 32601 条非专利引文中成功识别出 29355 条包含标题的非专利引文，标题的具体匹配规则和相应规则下识别出的标题数量如表 5.2 所示，匹配时按照表 5.1 的抽取类型顺序进行。

（3）被引科学知识的表示：去掉标题长度为 1 的非专利引文后其数目为 29054，通过非专利引文的标题到 SCI 库中进行匹配得到 15525 条专利科学引文数据，匹配成功率为 53.4%，这些专利科学引文的关键词和学科分类及其相互关系被用来表示被引科学知识。

表 5.2 非专利引文的处理与匹配结果

类型	数量
专利总数	9359
包含非专利引文的专利数目	4723（50.0%）
非专利引文总数	34577
去除网页、专利申请后的非专利引文数目	32601
包含标题的非专利引文数目	29355（90.0%）
去掉标题长度等于 1 的非专利引文数目	29054
匹配成功的专利科学引文	15525（53.4%）

5.4.2 基于关键词簇中的新关键词计算突变程度

根据一阶和二阶被引科学知识计算新词数量突变率、新词频次突变率，分别计算各年的突破性创新产生概率，如图 5.6 和图 5.7 所示。

总体来看，依据一阶被引科学知识计算突变程度的两条曲线，它们的总体趋势基本保持一致，新词的频次突变率代表了新词的频次总和在整个年度所有关键词频次中所占的比例，其值越大，表示当年新词起的作用越大；依据二阶被引科学知识计算突变程度的两条曲线，它们的总体趋势同样也基本保持一致。

依据一阶被引科学知识计算的突变程度，不同时间段的峰值发生在 1998 年，两项指标计算的突变程度一致；依据二阶被引科学知识计算的突变程度，不同时间段的峰值发生在 1998 年、2001 年，两项指标计算的突变程度一致。1998 年的二阶被引科学知识是一阶被引科学知识的基础，2001 年的二阶被引科学知识则是一阶被引科学知识的补充，可能识别出潜在的突破性创新；1998 年和 2001 年均能提前识别突破性创新，有较强的预警作用。下面将选取 1997 年、1998 年、2001 年和 2004 年四个年度进行详细分析。

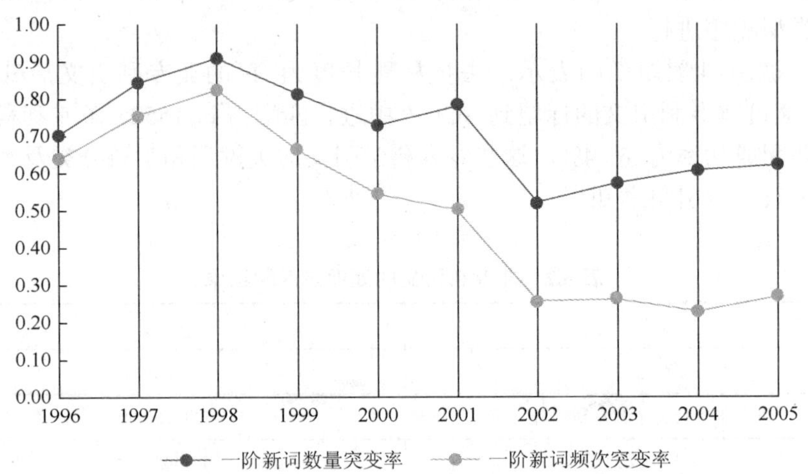

图 5.6 基于新词差异的一阶被引科学论文关键词簇的突变率变化

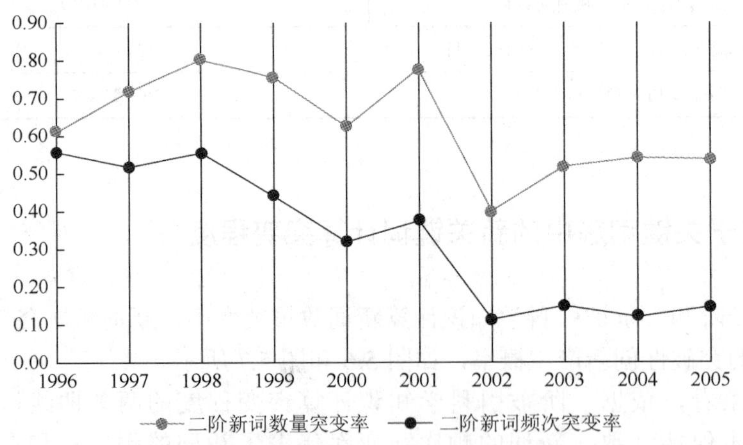

图 5.7 基于新词差异的二阶被引科学论文关键词簇的突变率变化

由于是依据新关键词计算突变程度，所以，在做详细分析时，只列出了各年份排名前 20 的一阶和二阶被引科学论文的新关键词及其频次。在结果展示中，该领域意义较为宽泛的关键词也偶尔出现在列表中，它们再次以高频次出现，可能意味着新的含义，特别是在综合考虑其上下文语境的情况下，即与该词紧密关联的其他新词的共同作用下。该问题需要在下一步工作中进行完善。

1. 1997 年与突破性创新相关的新关键词

1997 年排名前 20 的一阶被引科学论文的新关键词及其频次见表 5.3，该年的关键词突变主要集中在磁电阻、多层膜、低饱和场方面，与纳米材料的性能相关。

磁电阻效应［Magnetoresistance（0，3），MR］是指某些金属或者半导体材料的电阻值在外加磁场作用下发生变化的一种现象。负磁阻［Negative Magnetoresistance（0，3）］现象表明，在外加磁场作用下，材料的电阻值降低，电导性［Conductivity（0，2）］增加。1988 年 Baibich 等在 Fe/Cr 金属多层膜中发现“巨磁电阻效应”（Giant Magneto Resistance Effect，GMR）），此后人们发现了大量的磁性金属多层膜［Metallic Multilayers（0，3）］系统具有这种效应。其中，铁/铜多层膜（Fe/Cu Multilayers）具有低饱和场［Low Saturation Fields（0，3）］，磁电阻［Magnetoresistance（0，3）］比率较高，具有较好的应用前景，是该领域的突破性创新的重要组成部分。

多层膜［Multilayers（0，4）］是由两种或几种材料相互交替沉积形成的人造层状微结构（Layered Synthetic Microstructure），它可以由金属—金属，金属—半导体，或其他材料堆积形成。通常的二元多层膜是由两种材料交替沉积形成的，每相邻两层形成一个“对层”（bilayer）即周期，每对层的厚度也称周期 λ。多层膜的周期性结构，使它显示出奇特的力学、电学、磁学、光学特性。各层的结构有晶体或非晶态，或超晶格。它们由不同的膜层材料、制备方法及工艺条件决定。由于各层之间的相互影响，使整个多层膜系统的物理性质不同于组成它的单种材料的特性。由于其特有的各种性质，所以多层膜具有广阔的应用领域，如磁—光多层膜、电—光特性多层膜等可应用到量子电子学器件中。

磁电阻效应（MR）是在磁性作用下，因磁性金属内部电子自旋方向发生改变而导致电阻改变的现象，是磁性材料中一种特殊的磁效应。按照产生的物理机制，磁阻效应可作如下分类：正常磁电阻效应、各向异性磁电阻效应、巨磁电阻效应、掺杂稀土锰氧化物的超巨磁电阻效应以及隧道磁电阻效应等。人们对磁电阻效应的研究主要在于近二十年间，继 1988 年 Biabich 等在磁性多层膜 Fe/Co 中发现了磁电阻效应后，1993 年 Helmolt 等在 $La_{2/3}Ba_{1/3}MnO_x$ 等镧锰氧化物薄膜材料中也发现了磁电阻效应。至此，掀起了人们对磁电阻研究的热潮。磁电阻效应在磁存储技术、磁性传感器等应用领域得到了广泛的应用。

各向异性磁电阻效应［Anisotropic Magnetoresistance（0，3），AMR］是自旋电子学中的一种非常重要的物理现象。通常情况下，AMR 是指铁磁材料的电阻率随自身磁化强度和电流方向夹角改变而变化的现象。它的微观机制是基于自旋轨道耦合作用诱导的态密度及自旋相关散射的各向异性。这一点也使得其有别于其他依靠自旋极化电子的注入和检测的磁电阻效应（如巨磁电阻 GMR、隧道磁电阻 TMR 等）。1857 年 William Thomson 在铁磁金属中发现了 AMR，直到 1971 年 Hunt 首次提出利用 AMR 效应来制造磁盘磁头后才得到重视和研究，并被应用到传感器等领域，而且在磁性传感器中占有的比重越来越大。

表 5.3 1997 年一阶被引科学论文的新关键词及其频次变化

新关键词（频次）	新关键词（频次）
Dependent Scattering（0，4）	Low Saturation Fields（0，3）
Multilayers（0，4）	Magnetoresistance（0，3）
Acid-Base Behavior（0，3）	Metallic Multilayers（0，3）
Conduction（0，3）	Negative Magnetoresistance（0，3）
Anisotropic Magnetoresistance（0，3）	Oxide（0，3）
Ar Acceleration Voltage（0，3）	Patterns（0，3）
Contact-Angle（0，3）	Thermal-Conductivity（0，3）
Fe/Cu Multilayers（0，3）	Arrays（0，2）
Functionality（0，3）	Conductivity（0，2）
Layered Magnetic-Structures（0，3）	Electroluminescence（0，2）

新出现的二阶被引科学论文的关键词是一阶被引科学知识的基础，并对一阶被引科学知识进行了细化，1997 年排名前 20 的二阶被引科学论文的新关键词及其频次如表 5.4 所示。

二阶被引科学知识中涉及的散射［Scattering（0，8）］、电磁和磁输运现象［Galvanomagnetic and Other Magnetotransport Effects（0，4）］分别对一阶被引科学知识中涉及的相关散射（Dependent Scattering）、磁阻（Magnetoresistance）进行补充和细化；束外延生长［Beam Epitaxial-Growth（0，4）］是制作发光二极管［Light-Emitting-Diodes（0，6）］等半导体材料和器件制造的重要工艺。聚对苯撑乙烯［Poly Para-Phenylene Vinylene（0，4），PPV］首次由 Kanbe 从锍盐单体中合成，但聚合度和纯度都很低，影响对它进一步研究。Burroughes 等在前人的实验基础上于 1990 年合成了具备较高电导率的 PPV，并发现了其电致发光性能，其应用研究领域主要有电致发光器件、电池和传感器件等。

发光二极管［Light-Emitting-Diodes（0，6），LED］是一种能将电能转化为光能的半导体电子元件。早在 1962 年由美国通用电气公司的 Holonyak 博士用化合物半导体材料磷砷化镓研制出第一批发光二极管。早期只能发出低光度的红光，之后发展出其他单色光的版本，时至今日能发出的光已遍及可见光、红外线及紫外线，光度也提高到相当的光度。LED 被称为第四代光源，具有节能、环保、安全、寿命长、低功耗、低热、高亮度、防水、微型、防震、易调光、光束集中、维护简便等特点，可以广泛应用于各种指示、显示、装饰、背光源、普通照明等领域。

为减少交换能的增加，相邻磁畴之间的原子磁矩，不是骤然转向的，而是经过一个磁矩方向逐渐变化的过渡区域，这种过渡的区域叫做畴壁。根据原子磁矩转变的方式，可将畴壁分为布洛赫壁［Bloch Walls（0，4）］和奈尔壁。布洛赫壁的结构是，在大块晶体中，当磁化矢量从一个磁畴内的方向过渡到相邻词畴内的方向时，转动的仅是平行于畴壁的分量，垂直于畴壁的分量保持不变，这就避免了在畴壁的两侧产生磁荷，防止了退磁能的产生。布洛赫壁的特点是畴壁内的磁矩转变时始终与畴壁平面平行。

共轭高分子［Conjugated Polymer（0，4）］是含有共轭双键的导电高分子，导电高分子材料具有密度小、易加工、可成膜以及电导率可调节等特点，具有极大的应用价值。由于形成共轭 π 键而引起的分子性质的改变，所以其可制成耐高温、导电、导磁或半导体材料，例如，苯乙炔能聚合成聚苯乙炔，聚丙烯腈经热处理和氧化去氢后，也变为具有共轭双键链。在不饱和的化合物中，有三个或三个以上互相平行的 P 轨道形成大 π 键，这种体系称为共轭化合物。共轭化合物由一种或几种结构单元通过共价键连接起来的形成分子量很高的化合物即为共轭聚合物。共轭聚合物在光学、电子学、光电、光子器件和传感等领域得到广泛应用。如发光二极管、薄膜晶体管、太阳能电池和塑料激光器等。

表 5.4　1997 年二阶被引科学论文的新关键词及其频次变化

新关键词（频次）	新关键词（频次）
Model（0，7）	Galvanomagnetic and Other Magnetotransport Effects（0，4）
Efficiency（0，6）	Interfacial Magnetic Properties（0，4）
Light-Emitting-Diodes（0，6）	Magnetism in Interface Structures（Inc Layer and Superlattice Structures）（0，4）
Scattering（0，6）	Mechanism（0，4）
Layer（0，5）	Ni（0，4）
Soft（0，5）	Poly（1，4-Phenylenevinylene）（0，4）
Beam Epitaxial-Growth（0，4）	Poly（Para-Phenylene Vinylene）（0，4）
Bloch Walls（0，4）	Poly（P-Phenylenevinylene）（0，4）
Conjugated Polymer（0，4）	Quantum（0，4）
Electronic-Properties（0，4）	Residual Resistivity（0，4）

2. 1998 年与突破性创新相关的新关键词

1998 年排名前 20 的一阶被引科学论文的新关键词及其频次见表 5.5，该年的关键词突变主要集中在微管、小管、原子力显微镜和碳纳米管方面，碳纳米管与纳米电路紧密相关，是该领域的突破性创新的重要组成部分。

微管［Microtubules（0，12）］普遍存在于真核细胞中，是构成细胞骨架的主要成分，呈管状、空心，由 13 条原纤丝纵向排列构成，每条原纤丝是由微管蛋白 α 和 β 形成的异二聚体组装成的多聚体。微管在保持细胞的形态、细胞的分裂增殖、细胞器的组成与运输及信号物质的传导等方面发挥重要作用。自 0.37nm 分辨率的微管蛋白异二聚体电子晶核图谱获得后，人们对微管的结构与功能有了更全面和深入的认识。利用微管聚合和解聚的动力学特性，可以进行抗微管化合物筛选以及以微管为靶点的药物作用机理研究。人们利用生物分子组装技术成功制备出纳米生物微管，并以纳米生物微管为模板，制备得到纳米金属微管。

碳纳米管［Carbon Nanotubes（0，3）］是单层或多层石墨片围绕中心轴按照一定螺旋角卷曲而成的中空无缝微型管，是一种纳米量级的石墨晶体，其径向为纳米级，轴向为微米级。其中，由单个碳原子层卷曲而成的叫单壁碳纳米管；由多个碳原子层卷曲而成的叫多壁碳纳米管。碳纳米管由日本科学家于 1991 年发现。常用的碳纳米管制备方法主要有电弧放电法、激光烧蚀法、化学气相沉积法（碳氢气体热解法）、固相热解法、辉光放电法、气体燃烧法以及聚合反应合成法等。碳纳米管具有独特的拓扑结构，这使得碳纳米管具有一系列特殊性质，具有较高的机械强度，良好的导电性能等众多优异而独特的光学、电学和力学性质，可用于制造微机械器件、纳米电子器件、生物传感器，也可作为某些材料的添加剂，提高材料的某种特殊性能等，具有广泛的应用前景。

原子力显微镜［Atomic-Force Microscope（0，3），AFM］，也称扫描力显微镜（Scanning Force Microscopy，SFM），是一种纳米级高分辨的扫描探针显微镜，1000 倍优于光学衍射极限[164]。原子力显微镜的前身是扫描隧道显微镜，是由 IBM 苏黎世研究实验室的海因里希 · 罗雷尔（Heinrich Rohrer）和格尔德 · 宾宁（Gerd Binnig）在 20 世纪 80 年代早期发明的，导致了显微领域中的一场革命，他们也因此获得了 1986 年的诺贝尔物理学奖。扫描探针纳米加工技术是纳米科技的核心技术之一，其基本的原理是利用 SPM 的探针和样品纳米可控定位和运动及其相互作用对样品进行纳米级加工操纵，常用的纳米加工技术包括机械刻蚀、电致/场致刻蚀、浸润笔（Dip-Pen Nano-lithography，DNP）等。

薄膜［Thin-Films（0，4）］是一种薄而软的透明薄片。用塑料、胶黏剂、橡胶或其他材料制成。聚酯薄膜科学上的解释为：由原子、分子或离子沉积在基片表面形成的二维材料，如光学薄膜、复合薄膜、超导薄膜、聚酯薄膜、尼龙薄膜、塑料薄膜等。薄膜被广泛用于电子电器、机械、印刷等行业。薄膜材料是指厚度介于单原子到几毫米间的薄金属或有机物层。电子半导体功能器件和光学镀膜是薄膜技术的主要应用。

表 5.5　1998 年一阶被引科学论文的新关键词及其频次变化

新关键词（频次）	新关键词（频次）
Microtubules（0，12）	Electrodes（0，4）
Silicon（0，7）	Logic（0，4）
Error-Correcting Codes（0，6）	Logic Gate（0，4）
Tubules（0，6）	Thin-Films（0，4）
Computation（0，5）	Algorithm（0，3）
Computer（0，5）	Analog（0，3）
Microscopy（0，5）	Atomic-Force Microscope（0，3）
Particles（0，5）	Carbon Nanotubes（0，3）
Resonance（0，5）	Defects（0，3）
Universal（0，5）	Dependence（0，3）

新出现的二阶被引科学论文的关键词是一阶被引科学知识的基础，并对一阶被引科学知识进行了细化，如表 5.6 所示。二阶被引科学知识中涉及的石墨烯小管［Graphene Tubules（0，8）］、金属微管［Metal Microtubules（0，9）］分别对一阶被引科学知识中涉及的小管（Tubules）、微管（Microtubules）进行补充和细化；同样，Mechanical Computers（0，8）、Turing-Machines（0，8）对计算机（Computer）进行补充和细化，此时主要是利用计算机的强大计算和分析能力。

扫描隧道显微镜［Scanning-Tunneling-Microscope（0，8）］，一种基于隧道效应的探针式显微镜。将原子长度大小的极细针尖和被研究物质的表面作为两个电极，当二者的距离非常接近时（通常小于 1nm），在外加电场作用下，电子会穿过两电极之间的绝缘层，流向另一电极，此即隧道效应（tunnelling effect）。隧道电流强度对针尖与样品表面之间的距离非常敏感。因此控制隧道电流恒定，记录针尖在样品表面扫描时的运动轨迹就得到了样品表面的 STM 像。STM 具有原子级分辨率，水平和纵向分辨率可达 0.1nm 和 0.01nm，是 nm～μm 尺寸范围的表面构型研究的重要手段，也是分辨率达亚纳米级的表面研究中的仪器分析方法之一。被广泛用于金属表面、半金属表面、半导体表面、生物工艺学、电极表面、纳米（毫微米）结构以及表面化学的原子分辨等研究领域。

氧化铝膜［Aluminum-Oxide Films（0，9）］，具有如下特点：①耐高温，热

稳定性好。氧化铝膜在 400～1000℃的高温下使用时，仍能保持其性能不变，这使得采用膜分离技术进行高温气体的净化具有实用性。②强度高。氧化铝膜是在高温烧结的支撑体上镀膜，再经热处理而成，因此能在很大压力梯度下操作，不会被压缩或产生蠕变，因而其力学性能好。③化学性质稳定，能耐强酸强碱溶液、有机溶剂和氯化物腐蚀，并且不被微生物降解。④可反复使用，易清洁。氧化铝膜被堵塞后，可采用高压反冲清洗、蒸汽灭菌等手段再生，不会出现老化现象。⑤制备时孔径大小和孔径尺寸分布容易控制。氧化铝膜的这些优异特性使得其在过滤、分离甚至催化反应领域都有着极大的应用前景。

表 5.6　1998 年二阶被引科学论文的新关键词及其频次变化

新关键词（频次）	新关键词（频次）
Form（0，11）	Mechanical Computers（0，8）
Fluorescence（0，10）	Models（0，8）
Alkanethiol Monolayers（0，9）	Molecular Assemblies（0，8）
Aluminum-Oxide Films（0，9）	Physics（0，8）
Metal Microtubules（0，9）	Principle（0，8）
Arrays（0，8）	Reversibility（0，8）
Dissipation（0，8）	Scanning-Tunneling-Microscope（0，8）
Electronics（0，8）	Turing-Machines（0，8）
Energy-Transfer（0，8）	Energy Helium Diffraction（0，7）
Graphene Tubules（0，8）	Gas-Phase Adsorption（0，7）

3. 2001 年与突破性创新相关的新关键词

2001 年排名前 20 的一阶被引科学论文的新关键词及其频次见表 5.7，该年的关键词突变主要集中在高温超导体、纳米电方面，碳纳米管、纳米电路与突破性创新对应。

从关键词可以看到，High-Temperature Superconductors（0，17）更多的与学科分类 Chemistry，Inorganic & Nuclear（0，8）相关，是当前的热点研究领域，可能带来突破性创新的发生，2008 年的“年度十大突破”中排名第四位的为高温超导体。科学家为提高超导体的临界温度已经做了几十年的努力，但他们都把目光集中在了铜氧材料上，日本和中国科学家的发现激起了超导领域的波澜：铁氧材料也能达到 26K（镧-铁-砷-氧材料）和 55K（镨/钐-铁-砷-氧材料）的超导临界温度。虽然与 138K 的记录相去甚远，但铁氧高温超导材料将是解释超导理论的突破口。纳米技术开始与高温超导体材料领域结合并产生应用。

超导现象指的是当温度降温到一定程度，金属的电阻会突然消失变为零的现象。高温超导体［High-Temperature Superconductors（0，17）］指临界温度得到提高的材料，并不是意义上的高温，只是相对于最初发现的超导材料其临界温度提高了很多，所以称为高温超导材料。现已发现的临界转变温度高于 30K 的超导材料包括铜基超导材料、二硼化镁和铁基超导材料。然而，总体上说高温超导仍是以铜氧化物为主，能够在液氮温区工作，因此人们习惯于将能在液氮温度（77 K）条件下工作的超导材料称为高温超导材料。自超导现象于 1911 年首次被发现以来，在超导物理一百年的发展过程中，超导材料因其具有的奇特物理性质（即零电阻、反磁性和量子隧道效应）而受到众多研究者的关注。但由于超导材料的临界转变温度都太低（最高纪录为 23.2K），需要在液氦环境中工作，而液氦的制备成本昂贵且非常复杂，这极大地限制了传统超导材料应用的发展。直到 1986 年，科学家才制备出了临界温度为 35K 的多相镧钡铜氧化物（La-Ba-Cu-O）超导体，打破了这一温度壁垒，两位学者也因为他们的开创性工作而荣获了 1987 年度诺贝尔物理学奖。此后数年间，超导材料临界温度不断提高。高温超导材料在输电电缆、变压器、电机、磁共振成像仪和磁悬浮列车等项目中具有极大的应用价值。

LB 膜［Langmuir-Blodgett-Films（0，16）］是用特殊的装置将不溶物膜按一定的排列方式转移到固体支持体上组成的单分子层膜。是 20 世纪二三十年代由美国科学家 Langmuir 及其学生 Blodgett 建立的一种单分子膜，在适当的条件下，不溶物单分子层可以通过特定的方法转移到固体基底上，并且基本保持其定向排列的分子层结构，根据首创者的姓名将此技术称为 LB 膜技术。习惯上将漂浮在水面上的单分子层膜叫做 Langmuir 膜，而将转移沉积到基底上的膜叫做 Langmuir-Blodgett 膜，简称为 LB 膜。LB 膜的研究提供了在分子水平上依照一定要求控制分子排布的方式和手段，对研制新型电子器件及仿生元件等有广泛的应用前景。在微电子技术中可应用它生产高性能的集成电路器件。

表 5.7　2001 年一阶被引科学论文的新关键词及其频次变化

新关键词（频次）	新关键词（频次）
Circuits（0，38）	High-Temperature Superconductors（0，17）
Nanotubes（0，29）	Localization（0，17）
Error-Correcting Codes（0，23）	Physics（0，17）
Pyrolysis（0，23）	Sensor（0，17）
Walled Carbon Nanotubes（0，21）	Localization（0，17）
Cobalt（0，20）	Adsorption（0，16）

续表

新关键词（频次）	新关键词（频次）
Directed Growth（0，20）	Langmuir-Blodgett-Films（0，16）
Catalytic Growth（0，18）	Copolymers（0，15）
Large-Scale（0，18）	Electrodes（0，15）
Communication（0，17）	Entanglement（0，15）

2001 年的突破性创新是通过二阶被引科学知识突变识别出来的，新出现的二阶被引科学论文的关键词是对一阶被引科学知识的有益补充，一阶和二阶被引科学知识涉及的内容是基本相同的，如表 5.8 所示。

激光烧蚀［Laser-Ablation（0，65）］是激光破坏的重要方式，即激光束照射不透明靶材，随着激光能量的沉积，靶材表面局部区域受热温升、熔化和汽化、汽化物质高速喷出及等离子体产生等物理阶段，使得材料表面质量发生迁移的现象。激光烧蚀技术是通过飞秒-纳秒量级的脉冲激光来将材料表面烧蚀，已经被广泛应用于微加工、外科手术、X 射线激光、生物分子质谱以及一些艺术品修复和清洁等领域；对激光烧蚀产生的等离子体的光学/光谱诊断是研究等离子体动力学的主要方法之一。激光烧蚀技术根据材料的制备环境，可以分为气相烧蚀和液相烧蚀。液相烧蚀技术和气相烧蚀技术在激光与物质的相互作用机理上是类似的，唯一不同的是激光与材料相互作用时所处的反应环境。在气相烧蚀技术中，主要利用激光烧蚀技术来制备微纳米颗粒、微纳米线和薄膜、纳米管、纳米壁等，还可对相同或不同的多种材料进行激光加工或焊接。在液相中激光烧蚀主要用来对材料的表面进行改造，或进行微纳米颗粒的制备。

约瑟夫森结［Josephson-Junctions（0，64）］是一种电子电路，当操作在接近零开的温度下，它能够以非常快的速度进行交换。约瑟夫森结是以设计它的英国物理学家的名字来命名的，它利用了超导电的现象，超导电性是某种金属能够以几乎零电阻来传导电流的能力。约瑟夫森结用于某些专门的器具，如高敏感性的微波探测器、磁力计，以及 SQUID。约瑟夫森结由两个超导体构成，它们被一个非常薄的非超导电层隔开，所以电子能够穿过绝缘层。当没有电压时超导体间的电流称作约瑟夫森电流（Josephson current），而电子通过障碍物的运动称作约瑟夫森隧道（Josephson tunneling）。通过超导路径连接在一起的两个或多个结就构成了所谓的约瑟夫森干涉仪（Josephson interferometer）。电子能通过两块超导体之间薄绝缘层的量子隧道效应。1962 年由 B.D 约瑟夫森首先在理论上预言，在不到一年的时间内，P.W.安德森和 J.M.罗厄耳等从实验上证实了约瑟夫森的预言。约瑟夫森效应的物理内容很快得到充实和完善，应用也快速发展，逐渐形成一门新兴学科——超导电子学。

偶联反应［Coupling Reactions（0，40）］，也作偶连反应、耦联反应、氧化偶联，是由两个有机化学单位（molecules）进行某种化学反应而得到一个有机分子的过程。这里的化学反应包括格氏试剂与亲电体的反应（grinard）、锂试剂与亲电体反应、芳环上亲电和亲核反应（Diazo，Addition-Elimination），还有钠存在下的 Wutz 反应，由于偶联反应含义太宽，一般前面应该加定语，而且这是一个非专业化的名词。狭义的偶联反应是涉及有机金属催化剂的碳-碳键生成反应，根据类型的不同，又可分为交叉偶联和自身偶联反应。进行偶联反应时，介质酸碱性是很重要的。一般重氮盐与酚类偶联反应，是在弱碱性介质中进行的。在此条件下，酚形成了苯氧负离子，使芳环电子云密度增加，有利于偶联反应进行。重氮盐与芳胺偶联反应，是在中性或弱酸性介质里进行的。在此条件下，芳胺是以游离胺形式存在，使芳环电子云密度增加，有利于偶联反应进行。如果溶液酸性过强，胺变成铵盐，使芳环电子云密度降低，就不利于偶联反应，如果从重氮盐的性质来看，强碱性介质会使重氮盐转变成不能进行偶联反应的其他化合物。偶氮化合物是一类有颜色化合物，有些可直接作染料或指示剂。在有机分析中，常利用偶联反应产生颜色来鉴定具有苯酚或芳胺结构的药物。

表 5.8　2001 年二阶被引科学论文的新关键词及其频次变化

新关键词（频次）	新关键词（频次）
Oxides（0，151）	Constrictions（0，55）
Catalytic Growth（0，106）	Mesoporous Silica（0，49）
Benzene（0，75）	Single-Crystal（0，46）
Gas Sensors（0，70）	High-Temperature（0，45）
Interference（0，69）	Controlled Growth（0，44）
Disproportionation（0，68）	Carbon-Monoxide（0，43）
Laser-Ablation（0，65）	Coupling Reactions（0，40）
Josephson-Junctions（0，64）	Calibration（0，39）
High-Temperature Superconductors（0，61）	D-Wave Superconductors（0，38）
Vapor-Phase（0，59）	Excitations（0，37）

4. 2004 年与突破性创新相关的新关键词

2004 年排名前 20 的一阶被引科学论文的新关键词及其频次见表 5.9，该年的关键词突变主要集中在量子阱、电致发光器件，与纳米电子器件有关，并与突破性创新对应。

光电探测器［Photodetectors（0，14）］，其原理是由辐射引起被照射材料电导率发生改变。光电探测器在军事和国民经济的各个领域有广泛用途。在可见光或近红外波段主要用于射线测量和探测、工业自动控制、光度计量等；在红外波段主要用于导弹制导、红外热成像、红外遥感等方面。光电导体的另一应用是用它做摄像管靶面。为了避免光生载流子扩散引起图像模糊，连续薄膜靶面都用高阻多晶材料，如 PbS-PbO、Sb_2S_3 等。其他材料可采取镶嵌靶面的方法，整个靶面由约 10 万个单独探测器组成。

量子阱［Quantum Well（0，14）］是指与电子的德布罗意波长可比的微观尺度上的势阱。量子阱中电子（或空穴）沿外延生长方向的运动受到限制，可形成一系列分立的量子能级，电子（空穴）的波函数主要局域在量子阱中，称为量子限制效应。另外，在平行于量子阱界面的平面内，电子仍作准二维的自由运动。量子限制效应使半导体量子阱呈现各种独特且具有广泛应用前景的电子学和光子学特性，并可通过改变材料结构、薄层厚度、掺杂和组分对这些特性实行调控。最主要的特性有：双势垒量子阱结构中的共振隧穿效应，激子二维特性和室温激光发射。利用量子效应而构成的全新量子结构体系是实现纳米电子器件及其集成电路的另一种方式。

表 5.9　2004 年一阶被引科学论文的新关键词及其频次变化

新关键词（频次）	新关键词（频次）
Efficiency Limits（0，23）	Statistics（0，15）
Absorption-Spectroscopy（0，18）	Defect Structures（0，14）
Carbon-Nanotube（0，18）	Electroluminescent Devices（0，14）
Glucose-Oxidase（0，18）	Energy-Loss Spectrometry（0，14）
Impact Ionization（0，16）	Monoxide（0，14）
Compression（0，15）	Photodetectors（0，14）
Glucose Oxidase（0，15）	Plastic Solar-Cells（0，14）
Phonons（0，15）	Quantum Well（0，14）
Quantum Conductance（0，15）	Bootstrapping（0，13）
Quantum Wells（0，15）	Electronic Nanotechnology（0，13）

2004 年新出现的二阶被引科学论文的关键词是对一阶被引科学知识的有益补充，共形场［Conformal Field-Theory（0，20）］是量子场论的一支，一阶和二阶被引科学知识涉及的内容是基本相同的，如表 5.10 所示。

硫酸［H_2SO_4（0，20）］，硫的最重要的含氧酸。无水硫酸为无色油状液体，10.36℃时结晶，通常使用的是它的各种不同浓度的水溶液，用塔式法和接触法制取。前者所得为粗制稀硫酸，质量分数一般在75%左右；后者可得质量分数98.3%的纯浓硫酸，沸点338℃，相对密度1.84。硫酸是一种最活泼的二元无机强酸，能和许多金属发生反应。高浓度的硫酸有强烈吸水性，可用作脱水剂，碳化木材、纸张、棉麻织物及生物皮肉等含碳水化合物的物质。与水混合时，亦会放出大量热能。其具有强烈的腐蚀性和氧化性，故需谨慎使用。是一种重要的工业原料，可用于制造肥料、药物、炸药、颜料、洗涤剂、蓄电池等，也广泛应用于净化石油、金属冶炼以及染料等工业中。常用作化学试剂，在有机合成中可用作脱水剂和磺化剂。

液氧（O_2，Liquid Oxygen），又称液态氧。天蓝色透明而易流动的液体，密度1.14（在沸点−183℃和常压）。在−227℃可固化成固氧（固态氧），淡青色六角形晶体，遇易燃物质，如矿物油、动植物油、棉花、羊毛等，会发生自燃，甚至发生爆炸。储于耐压钢瓶中。用于制液氧炸药。可用空气分离设备在深度冷冻情况下制得。

表5.10 2004年二阶被引科学论文的新关键词及其频次变化

新关键词（频次）	新关键词（频次）
Ruthenium（Ii）Complex（0，31）	H_2SO_4（0，20）
Gauge-Theories（0，26）	Lamellar Compounds（0，20）
Modulators（0，25）	Nodal Liquid（0，20）
Molecular-Beam（0，22）	O_2（0，20）
Device Performance（0，21）	Algebra（0，19）
Link Polynomials（0，21）	Catalytic Mechanism（0，19）
Conformal Field-Theory（0，20）	Energy-Loss Rates（0，19）
Derivation（0，20）	Local Observables（0，19）
Donor-Acceptor-Heterojunctions（0，20）	N-Vinylcarbazole（0，19）
Energy Conversion Efficiency（0，20）	Particle Statistics（0，19）

5.4.3 基于关键词簇中的重复关键词计算突变程度

根据一阶被引科学知识计算的重复词频次突变率如图5.8所示，根据二阶被引科学知识计算的重复词频次突变率如图5.9所示。

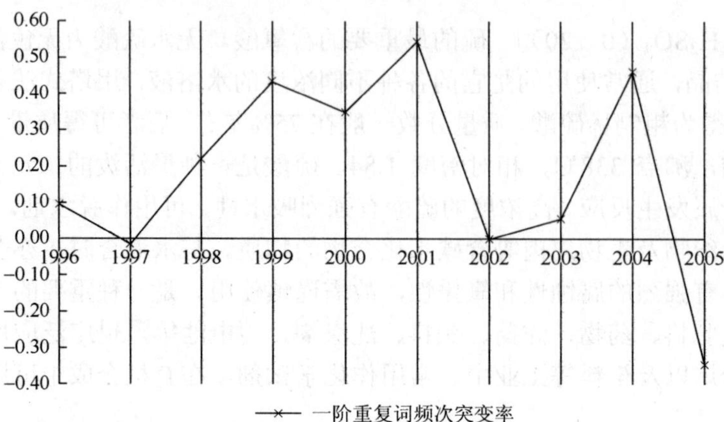

图 5.8　基于重复词差异的一阶被引科学论文关键词簇的突变率变化

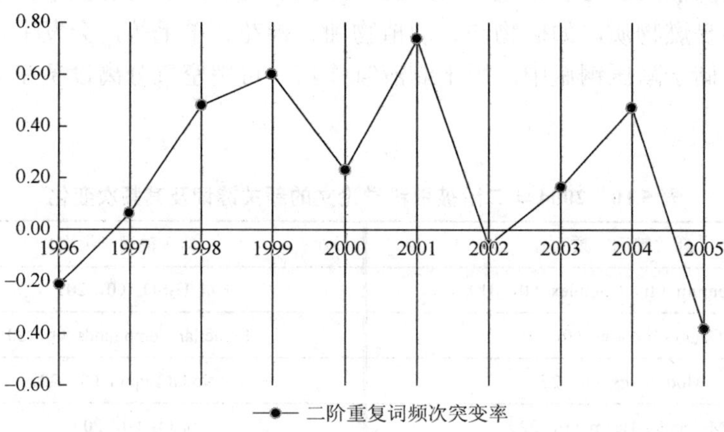

图 5.9　基于重复词差异的二阶被引科学论文关键词簇的突变率变化

依据一阶被引科学知识计算的突变程度，不同时间段的峰值发生在 2001 年和 2004 年；依据二阶被引科学知识计算的突变程度，不同时间段的峰值也发生在 2001 年和 2004 年。2001 年、2004 年的二阶被引科学知识均是一阶被引科学知识的基础；2001 年与突破性创新的实际产生时间一致，有一定的预警作用，但是相对较弱。下面将选取 1999 年、2000 年、2001 年和 2004 年四个年度进行详细分析。

因为依据的是重复关键词计算的突变程度，所以在做详细分析时，只列出了各年排名前 20 的一阶和二阶被引科学论文的重复关键词及其频次。代表性的重复关键词是通过两个时间段的关键词频次差进行提取的，频次差值越大，排序越靠前。然而，该领域中意义较为宽泛的关键词也会出现在列表中，需要通过该领域的通用词表进行剔除，该问题需要在下一步工作中进行完善。

1. 1999 年与突破性创新相关的重复关键词

1999 年重复的一阶被引科学论文的关键词见表 5.11。从关键词可以看到，计算（Computation）、磁电阻（Magnetoresistance）、自组装单分子膜（Self-Assembled Monolayers）的突变程度较高，该年的研究主要围绕纳米电子学的基础理论。

库仑阻塞［Coulomb-Blockade（1，9）］效应，两个金属微粒之间转移电子可以等效于在平行板电容器中电子从一极板隧道穿过介质进入另一极板，如果极板电荷增加，它将导致电容器静电能增加。对于宏观平行板电容器来说，在一般情况下，电子隧穿产生的电压变化对总电压没有什么影响。但是，如果当极板尺度减小至亚微米量级，电子隧穿导致增加的静电能超过电子的热能时，静电能就会阻止电子从一个极板隧穿到另一极板，这一现象就称为库仑阻塞效应。电子从一极板通过介质隧穿到另一极板，中间介质相当于有一个等效电阻。对于纳米级结点而言，发生库仑阻塞现象要具备两个条件：第一个条件是热涨落的影响要小，即相当于要求温度足够低，电容足够小，库仑静电能才能起关键作用；第二个条件是量子涨落能量要小。库仑阻塞效应可用来制作单电子的晶体管和单电子存储器，它们是构筑纳米电子学的基础。

光刻［Lithography（1，8）］是通过一系列生产步骤，将晶圆表面薄膜的特定部分除去的工艺。在此之后，晶圆表面会留下带有微图形结构的薄膜。通过光刻工艺过程，最终在晶圆上保留的是特征图形部分。在晶圆的制造过程中，晶体三极管、二极管、电容、电阻和金属层的各种物理部件在晶圆表面或表层内构成。这些部件是每次在一个掩膜层上生成的，并且结合生成薄膜及去除特定部分，通过光刻工艺过程，最终在晶圆上保留特征图形的部分。光刻生产的目标是根据电路设计的要求，生成尺寸精确的特征图形，并且在晶圆表面的位置正确且与其他部件（parts）的关联正确。光刻是所有四个基本工艺中最关键的。光刻确定了器件的关键尺寸。光刻过程中的错误可造成图形歪曲或套准不好，最终可转化为对器件的电特性产生影响。图形的错位也会导致类似的不良结果。光刻工艺中的另一个问题是缺陷。光刻是高科技版本的照相术，只不过是在难以置信的微小尺寸下完成。在制程中的污染物会造成缺陷。事实上由于光刻在晶圆生产过程中要完成 5 层至 20 层或更多，所以污染问题将会放大。

超晶格［Superlattices（2，8）］是 1970 年美国 IBM 实验室的江崎和朱兆祥提出的概念。他们设想如果用两种晶格匹配很好的材料交替地生长周期性结构，每层材料的厚度在 100nm 以下，则电子沿生长方向的运动将会产生振荡，可用于制造微波器件。这个设想两年以后在一种分子束外延设备上得以实现。可见，超晶格材料是两种不同组元以几纳米到几十纳米的薄层交替生长并保持严格周期性的多层膜，事实上就是特定形式的层状精细复合材料。

表 5.11 1999 年一阶被引科学论文的重复关键词及其频次变化

新关键词（频次）	新关键词（频次）
Computation（5，23）	Self-Assembled Monolayers（2，10）
Transport（1，18）	Coulomb-Blockade（1，9）
Growth（6，21）	Lithography（1，8）
Computers（1，16）	Surface（1，8）
Dynamics（3，16）	Superlattices（2，8）
Logic（4，15）	Atomic-Force Microscopy（1，7）
States（1，11）	Conductance（1，7）
Carbon Nanotubes（3，12）	Field-Emission（1，7）
Magnetoresistance（1，10）	Spectroscopy（4，9）
Films（9，17）	Giant Magnetoresistance（3，8）

1999 年重复出现的二阶被引科学论文的关键词是一阶被引科学知识的基础，是对一阶被引科学知识的补充，都围绕纳米电子学的基础理论进行，如表 5.12 所示。

散射［Scattering（10，61）］是粒子、光子或光波与其所穿过的媒介物的粒子在互相接近时，由于发生相互作用，从而发生方向、能量改变的现象。从能量损失的角度分为弹性散射和非弹性散射。其中弹性散射设计极微小的能量转移，主要有瑞利散射和米氏散射，非弹性散射包括布里渊散射、拉曼散射以及康普顿散射等。

光谱法［Spectroscopy（34，85）］是基于物质与辐射能作用时，测量由物质内部发生量子化的能级之间的跃迁而产生的发射、吸收或散射辐射的波长和强度进行分析的方法。光谱法可分为原子光谱法和分子光谱法。原子光谱法是由原子外层或内层电子能级的变化产生的，它的表现形式为线光谱。属于这类分析方法的有原子发射光谱法（AES）、原子吸收光谱法（AAS）、原子荧光光谱法（AFS）以及 X 射线荧光光谱法（XFS）等。分子光谱法是由分子中电子能级、振动和转动能级的变化产生的，表现形式为带光谱。属于这类分析方法的有：紫外-可见分光光度法（UV-Vis）、红外光谱法（IR）、分子荧光光谱法（MFS）和分子磷光光谱法（MPS）等。光谱分析法开创了化学和分析化学的新纪元，已广泛地用于地质、冶金、石油、化工、农业、医药、生物化学、环境保护等许多方面。光谱分析法是常用的灵敏、快速、准确的近代仪器分析方法之一，其中荧光分析是近年来发展迅速的痕量分析方法，该方法操作简单、快速、灵敏度高、精密度和准确度好，并且线形范围宽，检出限低。

表 5.12 1999 年二阶被引科学论文的重复关键词及其频次变化

新关键词（频次）	新关键词（频次）
States（17，108）	Scattering（10，61）
Systems（26，97）	Logic（9，59）
Dynamics（19，89）	System（10，59）
Films（56，124）	Growth（34，79）
Junctions（5，70）	Transport（12，57）
State（4，64）	Particles（12，56）
Model（18，75）	Universal（3，47）
Computer（10，62）	Conductance（1，44）
Spectroscopy（34，85）	Surface（28，70）
Computation（10，61）	Field（11，50）

2. 2000 年与突破性创新相关的重复关键词

2000 年重复的一阶被引科学论文的关键词见表 5.13，从关键词可以看到，该年的关键词突变是表面效应、纳米晶、光刻技术等。

纳米晶［Nanocrystals（2，14）］是一类特殊的纳米粒子，由大量的随机取向的超微粒组成的具有规整原子排列的纳米粒子，是单个粒子特征维度尺寸在 1～100nm 的晶体材料，每个粒子都是结构完整的小晶粒。纳米晶是介于分子和凝聚态物质之间的一座桥梁。纳米晶内部结构高度均一，并且其处于纳米级别的尺度，使之具有小尺寸效应、表面效应、量子尺寸效应、隧道效应等一些特殊的物理效应。纳米晶材料是一种非平衡态的结构，其中存在大量的晶体缺陷。纳米晶体由于晶界数量增加，使材料的强度、硬度以及塑性韧性等性能大为改善。因此，纳米晶体材料得到了世界各国材料科学家的普遍重视，被誉为“21 世纪的新材料”。纳米晶体材料的应用研究尚处于探索阶段，各国研究者对纳米材料的应用抱有极大的兴趣。目前纳米尺寸微粉（金属、陶瓷）已在工业上开始得到应用，如作为化工催化材料、敏感（气、光）材料、吸波材料、阻热涂层材料、耐磨涂层材料、陶瓷的扩散连接材料等，纳米晶体材料具有广泛的应用前景。

分子束外延［Molecular-Beam Epitaxy（2，13）］技术是指在超高真空条件下，一种或几种组分的热原子束或分子束喷射到加热的衬底表面，与衬底表面反应，沉积生成薄膜单晶的外延工艺。到达衬底表面的组分元素与衬底表面不但要发生物理变化（迁移、吸附和脱附等），还要发生化学变化（分解、化合等），最后利用化学性能与衬底结合成为致密的化合物。分子束外延的晶体生长速度慢（约

1μm/h），生长温度低，束流强度易于精确控制，可随意改变外延层的组分和进行掺杂，可在原子尺度范围内精确地控制外延层的厚度、异质结界面的平整度和掺杂分布，目前已发展到能一个原子层接一个原子层精确地控制生长的水平。用这种技术已能制备薄到几十个原子层的单晶薄膜，以及交替生长不同组分、不同掺杂的薄膜而形成的超薄层量子显微结构材料。分子束外延是制备半导体多层单晶薄膜的外延技术，现在已扩展到金属、绝缘介质等多种材料体系，成为现代外延生长技术的重要组成部分。分子束外延技术是目前生长半导体晶体、半导体超晶格的关键设备，结合其他工艺，还可制备一维和零维的纳米材料（量子线、量子点等）。

毛细管电泳［Capillary Electrophoresis（1，11）］是以毛细管为分离通道，以高压直流电场为驱动力，依据样品中各组分之间淌度和分配行为上的差异而实现分离的电泳分离分析方法。毛细管电泳实际上包含电泳、色谱及其交叉内容，它使分析化学得以从微升水平进入纳升水平，并使单细胞分析，乃至单分子分析成为可能。长期困扰我们的生物大分子如蛋白质的分离分析也因此有了新的转机。由于毛细管能抑制溶液对流，具有良好的散热性，允许在很高的电场下（可达400V/cm）进行电泳，分离效率（理论塔板数）可达 10^6/m。常用熔融石英制作毛细管，内径是 20～75μm，外径 350～400μm，最长不超过 1m。毛细管电泳通常用到的检测方法有吸收光谱、荧光光谱、热镜、拉曼光谱、质谱和电化学方法。毛细管区带电泳是最简单、应用最广的一种操作模式，是指溶质在毛细管内的背景电解质溶液中以不同速率迁移而形成一个一个独立溶质带的电泳模式。在生命科学、材料科学、临床医学和药物分析等方面有广泛应用。例如，鉴别蛋白质、药物等。

砷化镓［GaAs（1，11），gallium arsenide］，化学式 GaAs。它是Ⅲ-Ⅴ族元素化合的化合物，黑灰色固体，熔点 1238℃。它在 600℃以下，能在空气中稳定存在，并且不被非氧化性的酸侵蚀。砷化镓可作半导体材料，用其制成的半导体器件具有高频、高温、低温性能好、噪声小、抗辐射能力强等优点。砷化镓可以制成电阻率比硅、锗高三个数量级以上的半绝缘高阻材料，用来制作集成电路衬底、红外探测器等。由于其电子迁移率比硅大 5～6 倍，所以在制作微波器件和高速数字电路方面得到重要应用。

表 5.13　2000 年一阶被引科学论文的重复关键词及其频次变化

新关键词（频次）	新关键词（频次）
Systems（5，35）	Molecular-Beam Epitaxy（2，13）
Technology（2，32）	Design（3，13）
Surfaces（5，31）	Capillary Electrophoresis（1，11）

续表

新关键词（频次）	新关键词（频次）
Hybridization（6，31）	GaAs（1，11）
Silicon（9，28）	Dna（5，14）
Lithography（8，22）	Monolayers（5，14）
Performance（3，16）	Microscopy（3，12）
Room-Temperature（3，15）	Artificial Atoms（1，10）
Nanocrystals（2，14）	Transport（18，26）
Growth（21，32）	Giant Magnetoresistance（8，16）

2000 年重复的二阶被引科学论文的关键词见表 5.14，是对一阶被引科学知识的补充和细化，如区带电泳［Zone Electrophoresis（2，51）］是一阶引用知识中毛细管电泳的一种应用模式。

硅（Silicon，Si），原子序数 14，是构成自然界矿物的主体元素，主要以氧化物和硅酸盐的形式存在，有晶体和无定形体两种形式。晶态硅呈银灰色，具有金刚石晶格，高熔点、高硬度，晶态硅的电导率不及金属，且随温度升高而增加，具有明显的半导体性质。无定形硅是一种灰黑色粉末，实际是微晶体。超纯的单晶硅可作半导体材料。粗的单晶硅及其金属互化物组成的合金，常被用来增强铝、镁、铜等金属的强度。有机硅则兼备了无机材料与有机材料的性能，具有耐高低温、电气绝缘、耐氧化稳定性、耐候性、难燃、憎水、耐腐蚀、无毒无味以及生理惰性等优异特性，广泛应用于航空航天、电子电气、建筑、运输、化工、纺织、食品、轻工、医疗等行业。纳米硅粉具有纯度高、粒径小、比表面积大、高表面活性和无毒无味等特点，是新一代光电半导体材料，具有较宽的间隙能半导体，也是高功率光源材料。

硅晶片［Silicon-Wafer（1，41）］，又称晶圆片，是由硅锭加工而成的，通过专门的工艺可以在硅晶片上刻蚀出数以百万计的晶体管，被广泛应用于集成电路的制造。元素硅是一种灰色、易碎、四价的非金属化学元素。地壳成分中 27.8% 是硅元素构成的，仅次于氧元素含量排行第二，硅是自然界中比较富的元素。在石英、玛瑙、燧石和普通的滩石中就可以发现硅元素。硅属于半导体材料，其自身的导电性并不是很好。然而，可以通过添加适当的掺杂剂来精确控制它的电阻率。制造半导体前，必须将硅转换为晶圆片（Wafer）。这要从硅锭的生长开始。单晶硅是原子以三维空间模式周期形成的固体，这种模式贯穿整个材料。多晶硅是很多具有不同晶向的小单晶体单独形成的，不能用来做半导体电路。多晶硅必须融化成单晶体，才能加工成半导体应用中使用的晶圆片。加工硅晶片生成一个硅锭要花一周到一个月的时间，这取决于很多因素，包括大小、质量和终端用户要求。超过 75%的单晶硅晶圆片都是通过 Czochralski（CZ，也叫提拉法）方法生长的。

激光诱导荧光［Laser-Induced Fluorescence（2，40)］是一种可视化的、非接触式的激光测量方法，是检测激光照射样品后的荧光发射的方法。当紫外光或波长较短的可见光照射到某些物质时，这些物质会发射出各种颜色和不同强度的可见光，而当光源停止照射时，这种光线随之消失。这种在激发光诱导下产生的光称为荧光，能发出荧光的物质称为荧光物质。由荧光的发光原理可知，分子荧光光谱与激发光源的波长无关，只与荧光物质本身的能级结构有关，因此，可以根据荧光谱线对荧光物质进行定性分析鉴别。照射光越强，被激发到激发态的分子数越多，因而产生的荧光强度越强，测量时灵敏度越高。一般由激光诱导荧光测量物质的特性比由一般光源诱导荧光所测的灵敏度提高 2～10 倍。通过对激光调频，可以选择激发跃迁的初始状态和终了状态，因此可以解析分子的十分复杂的谱带。

表 5.14　2000 年二阶被引科学论文的重复关键词及其频次变化

新关键词（频次）	新关键词（频次）
Silicon（56，157）	Glass（8，48）
Growth（79，141）	Separation（7，47）
Films（124，182）	Silicon-Wafer（1，41）
Si（20，76）	GaAs（27，66）
Surfaces（58，109）	Laser-Induced Fluorescence（2，40）
Zone Electrophoresis（2，51）	Particles（56，91）
Design（14，60）	Proteins（22，57）
Purification（10，52）	Sensors（11，45）
Technology（8，50）	Hybridization（19，52）
Arrays（39，79）	Resolution（29，61）

3. 2001 年与突破性创新相关的重复关键词

2001 年重复的一阶被引科学论文的关键词见表 5.15。从关键词可以看到，Quantum Wires（12，68)、Electronic-Structure（5，64)、Computation（8，54)、Junctions（8，53）均是量子计算机的相关技术，也是当前的热点研究领域，可能带来突破性创新。碳纳米管、单层碳纳米管等相关技术的出现与纳米电子学领域的突破性创新对应。

单壁［Single-Wall（1，61）］碳纳米管可以看作由单层石墨片绕中心一定角度卷曲而成的无缝、中空纳米管，不同的卷曲方向和管径决定了不同种类的碳纳米管，根据卷曲方向可以将单壁碳纳米管分为非手性（对称）和手性（不对称）。单壁纳米管具有典型的一维结构，与多壁碳纳米管相比，其直径大小的分布范围小、缺陷少，具有较高的均匀一致性，其电容量更高，更适于研究和理解碳纳米管电子结构和输运现象。单壁碳纳米管具有很小的曲率半径使其顶端处局域电场强度增强，因此可以做成场电子发射体，应用于场电子发射源、场发射显示器、场发射器件等方面。

逻辑门［Logic（2，44）］是在集成电路（Integrated Circuit）上的基本组件。简单的逻辑门可由晶体管组成。这些晶体管的组合可以使代表两种信号的高低电平在通过它们之后产生高电平或者低电平的信号。高、低电平可以分别代表逻辑上的"真"与"假"或二进制当中的 1 和 0，从而实现逻辑运算。常见的逻辑门包括"与"门、"或"门、"非"门、"异或"门（Exclusive OR gate）等。逻辑门可以组合使用实现更为复杂的逻辑运算。

量子线［Quantum Wires（12，68）］是指导电性质受到量子效应影响的导线。当功能材料的尺寸减小到纳米（nm）量级时，载流子的输运呈现显著的量子力学特性，传统的理论和技术不再适用。纳米线的直径越小，这种量子效应就越加明显。

表 5.15 2001 年一阶被引科学论文的重复关键词及其频次变化

重复关键词（频次）	重复关键词（频次）
Growth（32，199）	Arrays（9，56）
Films（22，127）	Computation（8，54）
Carbon Nanotubes（10，107）	Junctions（8，53）
Surface（1，64）	Logic（2，44）
Particles（11，73）	Field-Emission（11，52）
Single-Wall（1，61）	Electronic-Properties（1，42）
Electronic-Structure（5，64）	Devices（8，48）
Quantum Wires（12，68）	Transport（26，65）
Spectroscopy（11，60）	Tubules（11，50）
Ropes（4，52）	Circuits（0，38）

2001 年重复出现的二阶被引科学论文的关键词是一阶被引科学知识的基础，

主要涉及的内容与一阶被引科学论文的关键词是基本相同的，并对一阶被引科学知识进行了细化，见表 5.16。

碳 60［C60（60，451）］又称为巴基球、富勒烯或足球烯，它是由 60 个碳原子结合形成的稳定分子。这 60 个 C 原子在空间进行排列时，形成一个化学键最稳定的空间排列位置，恰好与足球表面格的排列一致，是一个 32 面体，包括 20 个六边形，12 个五边形。由于这个结构的提出是受到建筑学家富勒（Buckminster Fuller）的启发，因此科学家把 C60 叫做足球烯，也叫做富勒烯（Fullerence）。富勒烯分子笼状结构具有向外开放的面，而内部却是空的，这就有可能将其他物质引入该球体内部，这样可以显著地改变富勒烯分子的物理和化学性质。例如，化学家已经尝试着往这些中空的物质中加进各种各样的金属，使之具有超导性，已发现 C60 和某些碱金属化合得到的超导体其临界温度高于近年研究过的各种超导体。由于 C60 独特的结构和优异的性能，如超导、强磁性、耐高压、抗化学腐蚀，得到了研究人员的重视，已广泛地影响到物理、化学、材料学、电子学、生物医药学等各个领域。C60 可用于增强金属，制造光学材料、高分子材料、生物活性材料等方面，C60 及其衍生物在电、磁、光学等领域具有巨大的潜在应用前景。

颗粒［Particles（91，586）］是指在一尺寸范围内具有特定形状的几何体。这里所说的一尺寸一般在毫米到纳米之间，最简单的颗粒形状是圆球。颗粒是物质存在的普遍形态，涉及固、液、气三相，通常指固体颗粒，如各种矿物粉体、面粉、药物粉、尘埃（气溶胶）、纳米颗粒等；有时也指液体颗粒，如水滴（雾）、油滴、雾化浆料等；也有气体颗粒，如气泡、空洞等。颗粒可以是自然产生的，也可以是人类的生产和生活活动制造出来或制造过程的中间品。颗粒物料的性质不仅与其物性有关，还与其尺寸有关，且某些性质非常强烈地依赖于颗粒尺寸，如纳米颗粒的光、电、磁、热等特性与较大尺度（微米级）的原物质相比都会发生极大的变化。人们逐渐总结归纳出了体系完整的颗粒学理论和技术，它是建立在现代数学、物理和化学等基础理论之上的，同时也借鉴了其他学科的理论和方法，最终形成颗粒学（particuology）这一门学科。这是研究颗粒的形成、形态、性能、运动和变化规律及其工程应用的科学，包括颗粒的表征与测量、颗粒的制备与处理、颗粒的流态化、超微颗粒、气溶胶以及颗粒技术在各领域中的应用。

表 5.16　2001 年二阶被引科学论文的重复关键词及其频次变化

重复关键词（频次）	重复关键词（频次）
Growth（141，916）	Surfaces（109，474）
Films（182，762）	Transport（60，418）
Spectroscopy（109，662）	Systems（86，428）

续表

重复关键词（频次）	重复关键词（频次）
Tubules（62，563）	Microscopy（70，403）
Particles（91，586）	Filaments（32，364）
Carbon Nanotubes（53，531）	Ropes（5，333）
Surface（100，561）	States（49，371）
Microtubules（55，515）	Fibers（22，334）
Electronic-Structure（39，456）	Junctions（30，340）
C-60（60，451）	Carbon（51，350）

4. 2004 年与突破性创新相关的重复关键词

2004 年的结果与 2001 年的结果大致类似，可以认为是 2001 年的技术发展和延伸，重复出现的一阶被引科学论文的关键词见表 5.17。

由于量子点结构处于宏观周期性体相材料和微观原子、分子的中介状态，其电子结构［Electronic-Structure（57，188)］经历了从纯固体的连续能带到类原子、分子的准分裂能级。量子点的电子结构研究发展较为完善的是从固体能带理论出发向量子点结构的演变出发，主要有有效质量近似（EMA)、紧束缚近似（TBA)、赝势方法（PM）等，为量子点的应用提供了理论指导。

场致发射［Field-Emission（59，152)］是指依靠外加强电场来压抑物体的表面势垒，使表面势垒的高度降低、宽度变窄，这样物体内的电子由于隧道效应穿透过表面势垒而逸出。场致发射基于电子隧道效应，无需能量激发，没有时间延迟是一种非常有效的电子发射方式。场致发射可应用于场致发射显示器、微波器件及传感器方面。碳纳米管（CNT）具有优良的场致发射特性、工作电压低、发射电流大、使用寿命长、可靠性高，利用 CNT 作阴极可以避免复杂的尖锥加工工艺，是场致发射器件的理想阴极材料。

纳米棒一般是指长度较短、纵向形态较直的一维圆柱状（或其截面成多角状）实心纳米材料，其标准纵横比（纵向轴与横向轴长度之比）是 3∶5，可由金属或半导体材料合成，并且可以通过改变实验条件，调控纳米棒的纵横比。纳米棒对近红外光区的吸收和散射能力较强，可用于癌症的光热治疗。金纳米棒和氧化锌纳米棒是目前的研究热点，金纳米棒是一种尺度从几纳米到上百纳米的棒状金纳米颗粒。金是一种贵金属材料，化学性质非常稳定，金纳米颗粒沿袭了其体相材料的这个性质，因此相对稳定，但化学物理性质非常丰富。金纳米棒在化学传感器和成像方面具有明显的优势，它在电、光、生物化学传感和成像以及纳米材料组装等方面具有潜在的应用价值。ZnO 纳米棒及其阵列具有优异的光、电、磁、催化、能量转化等性质，在太阳能电池、微纳电子器件及微纳电源上具有广阔的应用前景。

多孔硅［Porous Silicon（19，84）］是在硅表面通过电化学腐蚀的方法形成的一种新型一维纳米光子晶体材料，具有以纳米硅原子簇为骨架的海绵状结构，孔隙度为 60%～90%。多孔硅的孔度越高，发射光的波长就越短，多孔硅具有良好电致发光特性，在光或电的激发下可产生电子和空穴，这些载流子可以复合发光，在电场的作用下进行定向移动，产生电信号，也可以储能。多孔硅在光学和电学方面的特性为全硅基光电子集成和开发开创了新道路，并迅速引起了国内外对多孔硅的研究热潮。由于多孔硅具有比表面大、易氧化的特点，因而被用作集成电路中的结构隔离层（silicon-on-insulator）。多孔硅的应用研究领域已经拓展到生物与化学传感器，光催化，能源、超级电容器，生物成像以及药物递送等领域。

表 5.17　2004 年一阶被引科学论文的重复关键词及其频次变化

重复关键词（频次）	重复关键词（频次）
Growth（145，486）	Field-Emission（59，152）
Single-Wall（66，250）	Wires（30，118）
Films（124，299）	Filaments（31，103）
Carbon Nanotubes（102，248）	Diameter（27，97）
Ropes（56，200）	Circuits（25，94）
Electronic-Structure（57，188）	Walled Carbon Nanotubes（20，89）
Transport（86，204）	Nanorods（19，88）
Room-Temperature（53，157）	Tubules（43，111）
Electronic-Properties（36，139）	Single（23，90）
Quantum Wires（47，147）	Porous Silicon（19，84）

2004 年重复出现的二阶被引科学论文的关键词是一阶被引科学知识的基础，主要涉及的内容与一阶被引科学论文的关键词是基本相同的，并对一阶被引科学知识进行了细化，见表 5.18。

通过研究分析材料的电子学性质［Electronic-Properties（353，1082）］，可以发挥材料在各领域的应用优势。材料的电学性能大致包括导电性、超导电性、介电性、热电性、压电性、铁电性、光电性、磁电性等。描述材料导电性的基本物理量有电阻、电阻率和电导率。电阻率和电导率是评价材料导电性的基本参数，根据其大小，可以将材料分为导体、半导体和绝缘体。超导电性是指超导体的零电阻现象，具有完全的导电性、完全抗磁性。超导材料可以应用于发电、输电和储能。热电性是指电介质的极化强度随温度变化而改变，从而在其表面发生电荷的释放和吸收的性质。热电材料主要应用于红外温度探测器和热电摄像管等方面。光电效应指在光照照射后释放电子的效应，是光与材料的核外电子之间的相互作用。光电材料可应用于太阳能电池、显示器件等方面。

表 5.18　2004 年二阶被引科学论文的重复关键词及其频次变化

重复关键词（频次）	重复关键词（频次）
Growth（1053，2592）	Electronic-Properties（353，1082）
Carbon Nanotubes（562，1700）	Fibers（302，1005）
Tubules（566，1673）	Transport（532，1234）
Electronic-Structure（493，1539）	Filaments（286，979）
Films（968，1944）	Particles（613，1298）
Ropes（342，1232）	Wires（299，970）
Microtubules（492，1363）	Devices（426，1050）
Surface（696，1509）	Single（261，854）
Spectroscopy（721，1516）	Single-Wall（250，840）
C-60（430，1196）	Surfaces（725，1307）

5.5　基因工程领域的实证分析

通过计算基因工程领域每一年突破性创新产生的概率，由此识别可能产生突破性创新的时间，概率越大，表明该年度产生突破性创新的可能性越大。分别对一阶被引科学知识和二阶被引科学知识中的关键词簇突变程度进行计算，对代表性的年度中突变率高的关键词进行分析，发现突破性创新产生的时间、领域和主题。在此基础上，对一阶和二阶关键词簇突变的计算结果进行对比，发现二阶被引科学知识是一阶被引科学知识的基础和补充，一阶被引科学知识是二阶被引科学知识的延续；同时分析该方法是否可以提前对突破性创新进行预警。

5.5.1　非专利引文数据获取

本书选择的检索范围为 DWPI，检索条件为国际专利分类号（International Patent Classification，IPC）中与基因工程相关的分类号，即 IPC 为 C12N001500[30]。

（1）专利数据检索与获取：在 DWPI 中通过专利分类号检索与纳米电子学相关的专利数据，申请日期范围为 1995.1.1～2005.12.31，专利文献类型识别代码为

A1、A2、A9、B1、B2、E、H，检索到的专利总数为 11114 条，与纳米电子学领域的专利数量相当。相应的专利检索表达式为“IC=（(C12N001500)）AND ADB＞=（19950101）AND ADB＜=（20051231）AND KI=（A1 or A2 or A9 or B1 or B2 or E or H）and AC=（us）”。根据非专利引文的标题抽取规则，得到不同规则下非专利引文的数量，如表 5.19 所示。

表 5.19　非专利引文的标题抽取规则和数量

类型	规则	数量
网页	标题包含 http：//	249
专利申请	标题包含 Appl. No.	583
非专利引文标题	标题以” ” 开始，以” ” 结束	37237
非专利引文标题	标题以” ” 开始，以 8221 结束	741
非专利引文标题	标题以“开始，以”结束	7744
非专利引文标题	标题以 8220 开始，以 8221 结束	118
非专利引文标题	标题以‘开始，以’结束	8851
非专利引文标题	标题以“、“、’、8220 中的任一个开始，以’、″、”、8221 中的任一个结束	32
非专利引文标题	标题以 et al.，开始，以;，.中的任一个结束	6452
非专利引文标题	标题以 et al.；开始，以;，.中的任一个结束	58
非专利引文标题	标题以 et al.开始，以;，.中的任一个结束	1568
非专利引文标题	标题以.，.；中的任一个开始，以;，.中的任一个结束	924
非专利引文标题	标题以;，.中的任一个开始，以;，.中的任一个结束	4360
非专利引文标题	无法识别	11581

（2）非专利引文的标题抽取：首先剔除掉不包含非专利引文的专利，11114 条专利中包含非专利引文的专利数目为 9400 条，占专利总数的 84.6%（9400/11114），9400 条专利引用的非专利引文数目为 80498 条，去除网页、专利申请后以及无法识别的非专利引文后总数为 79666（80498−249−583）条；接着识别非专利引文的标题，通过标题匹配的多种规则从 80498 条非专利引文中成功识别出 68085 条包含标题的非专利引文，标题的具体匹配规则和相应规则下识别出的标题数量如表 5.20 所示，匹配时按照表 5.19 的抽取类型顺序进行，结果如表 5.20 所示。

(3)被引科学知识的表示：去掉标题长度为 1 的非专利引文后其数目为 66126，通过非专利引文的标题到 SCI 库中进行匹配得到 28699 条专利科学引文数据，匹配成功率为 43.4%，这些专利科学引文的关键词和学科分类及其相互关系被用来表示被引科学知识，结果如表 5.20 所示。

表 5.20　非专利引文的处理与匹配结果

类型	数量
专利总数	11114
包含非专利引文的专利数目	9400（84.6%）
非专利引文总数	80498
去除网页、专利申请后的非专利引文数目	79666
包含标题的非专利引文数目	68085（85.5%）
去掉标题长度等于 1 的非专利引文数目	66126
匹配成功的专利科学引文	28699（43.4%）

5.5.2　基于关键词簇中的新关键词计算突变程度

根据一阶被引科学知识计算新词数量突变率、新词频次突变率，计算各年突破性创新产生的概率，如图 5.10 所示。根据二阶被引科学知识计算新词数量突变率、新词频次突变率，计算各年突破性创新产生的概率，如图 5.11 所示。

总体来看，依据一阶被引科学知识计算突变程度的两条曲线，它们的总体趋势基本保持一致，新词的频次突变率代表了新关键词频次总和在整个年度所有关键词中的比例，其值越大，表示当年新词起的作用越大；依据二阶被引科学知识计算突变程度的两条曲线，它们的总体趋势同样也基本保持一致。

依据一阶被引科学知识计算的突变程度，不同时间段的峰值发生在 1997 年和 2001 年，两项指标计算的突变程度一致；依据二阶被引科学知识计算的突变程度，不同时间段的峰值发生在 2004 年，两项指标计算的突变程度基本保持一致。1997 年和 2001 年的二阶被引科学知识是一阶被引科学知识的基础，2004 年的二阶被引科学知识则是一阶被引科学知识的补充，可能识别出潜在的突破性创新；1997 年和 2001 年均能提前识别突破性创新，有较强的预警作用。下面将选取 1997 年、2001 年、2004 年三个年度进行详细分析。

由于是依据新关键词或学科分类计算突变程度，所以，在做详细分析时，只列出了 1997 年、2001 年和 2004 年排名前 20 的一阶和二阶被引科学论文的新关键词及其频次。

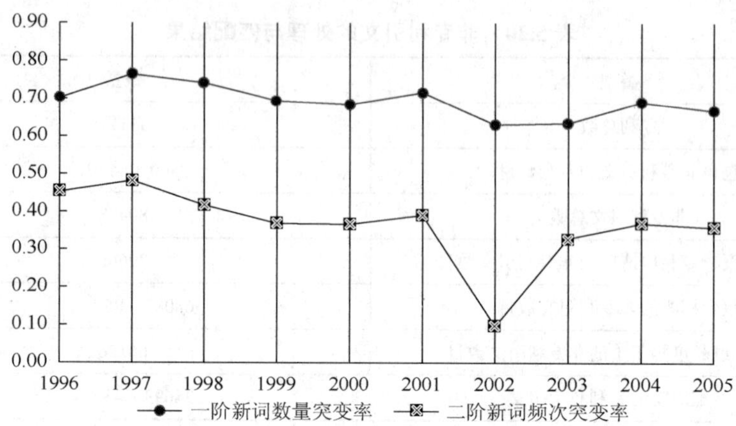

图 5.10　基于新词差异的一阶被引科学论文关键词簇的突变率变化

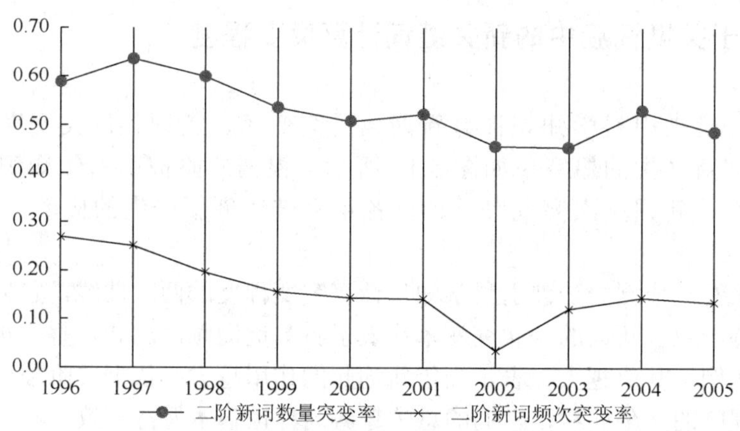

图 5.11　基于新词差异的二阶被引科学论文关键词簇的突变率变化

1. 1997 年与突破性创新相关的新关键词

1997 年排名前 20 的一阶被引科学论文的新关键词及其频次见表 5.21，该年的关键词突变主要集中在胚胎研究方面，与克隆技术具有密切的关系，与克隆技术的突破性创新密切相关，而正是在 1997 年，第一只克隆羊多莉出现，并排名当年的“年度十大突破”之首。

Hedgehog 分子是一种分节极性基因，因突变的果蝇胚胎呈多毛团状，酷似受惊刺猬而得名。已知该基因编码为一种高度保存的分泌型糖蛋白，对于调节果蝇胚胎发育中细胞定向分化有重要作用。Hedgehog 分子信号途径在胚胎发育中扮演着根本性的作用，也对髓母细胞瘤的发展起着促进作用。

阿拉伯芥（arabidopsis thaliana），又名鼠耳芥、拟南芥、阿拉伯草。这种有花植物，是植物科学，包括遗传学和植物发育研究中的模式生物之一。其在农业科学中所扮演的角色正仿佛小鼠和果蝇在人类生物学中的一样。尽管拟南芥在农业上并无多少直接的贡献，但其特点使之成为研究有花植物的遗传、细胞、分子生物学的典型。拟南芥基因组较小有利于基因定位和测序，其基因组大约为 12500 万碱基对和 5 对染色体，在植物中算是小的。在 2000 年，拟南芥成为第一个基因组被完整测序的植物，在探明至今已发现的 25500 个基因的功能上已作出了非常大的贡献。

细胞通信[Cell-Cell Communication（0，8）]指细胞发出的信号（主要是化学信号，如蛋白质或其他化学物质），传递给其他细胞产生相应响应的过程。多细胞生物即是通过细胞间的通信机制，以协调不同细胞的行为，如调节细胞代谢、实现细胞功能、调节细胞周期、控制细胞分化等，使之成为生命的统一整体对外界环境作出综合反应。

体节极性基因[Segment-Polarity Gene（0，7）]是一群多种多样的基因，它们的蛋白质产物和作用机制没有明显的相关性。这些基因发生突变时，往往使体节的前后极性颠倒，体节前部或后部发生镜像对映重复，故此称为体节极性基因，如 wingless 和 engrailed 基因。体节极性基因作用时，胚胎发生中的细胞化（cellularization）过程已经完成，所有的细胞都包有细胞质膜。因此，体节极性基因是在细胞中起作用，而不是在合胞体中起作用。进一步的发育模式则依赖于细胞间的信号传导。体节极性基因负责每一个体节内产生不同的细胞模式。体节极性基因也参与胚胎表皮突起（denticles，小齿）的发育模式，每一种突起都是由不同的对控基因和体节极性极性协同控制的。体节极性基因也参与决定副节的极性和体表小齿的方向，是确定体节和体节边界的关键基因。

表 5.21　1997 年一阶被引科学论文的新关键词及其频次变化

新关键词（频次）	新关键词（频次）
Thaliana（0，13）	Cell-Cell Communication（0，8）
Hedgehog（0，12）	Polarity（0，8）
Patched（0，11）	Polarizing Activity（0，8）
Embryo（0，9）	Wingless（0，8）
Enhancer（0，9）	Drosophila Segment（0，7）
Motor-Neuron Induction（0，9）	Gorlin Syndrome（0，7）
Protease（0，9）	Neurotrophic Factor（0，7）
Sonic-Hedgehog（0，9）	Pattern（0，7）
Terminal Cleavage Product（0，9）	Segment-Polarity Gene（0，7）
Budding Yeast（0，8）	Retrovirus（0，6）

1997 年新出现的二阶被引科学论文的关键词是一阶被引科学知识的基础，主要涉及的内容与一阶被引科学知识是基本相同的，并对一阶被引科学知识进行了细化，如 Sonic Hedgehog（0，28）、Segment Polarity（0，45）分别对 Hedgehog（0，12）、Polarity（0，8）进行了补充和细化，见表 5.22。

转化生长因子 β 家族[TGF-Beta Family（0，30），TGF-β]由一类结构、功能相关的多肽生长因子亚家族组成。这一家族除 TGF-β 外，还有活化素（activins）、抑制素（inhibins）、缪勒氏管抑制质（Mullerian inhibitor substance，MIS）和骨形成蛋白（bone morpho-genetic proteins，BMPs）等。TGF-β 的命名是根据这种细胞因子能使正常的成纤维细胞的表型发生转化，即在表皮生长因子（EGF）同时存在的条件下，改变成纤维细胞贴壁生长特性而获得在琼脂中生长的能力，并失去生长中密度信赖的抑制作用。1985 年 TGF-β 的基因克隆成功，并在大肠杆菌内得到表达。在哺乳动物至少发现有 TGF-β1、TGF-β2、TGF-β3、TGF-β1β2 四个亚型。在鸟类和两栖类动物还分别存在着 TGF-β4 和 TGF-β5。TGF-β 除了影响细胞的增殖、分化，还在胚胎发育、胞外基质形成、骨的形成和重建等方面起着重要作用。

音猬因子[Sonic Hedgehog（0，28），SHH]是 5 种刺猬（Hedgehog，HH）因子的一种，另外四种是沙漠刺猬因子（DHH）、印度刺猬因子（IHH）、Echidna Hedgehog（EHH）和 Tiggywinkle Hedgehog（TwHH）。刺猬因子是重要的信号传导途径，而音猬因子则是刺猬信号传导途径中研究最透彻的配体。当发现了更多类似刺猬因子（HH）的基因后，就分别以“刺猬”为基本去进行命名，“音猬因子”则是以一套相当有名的电玩超音鼠系列里面，主角刺猬索尼克（Sonic the Hedgehog）而进行命名的。这种因子作为重要的形态发生素（Morphogen），在调节脊椎动物器官发育中起关键作用，例如，它决定四肢以及脑脊髓正中线的形成，当音猬因子发生突变，会因腹侧正中线缺失而引起全前脑胞遗残症。音猬因子在成年个体中也很重要，它控制成年体细胞的分裂，而音猬因子在成年个体中的失调亦会导致癌症。

表 5.22　1997 年二阶被引科学论文的新关键词及其频次变化

新关键词（频次）	新关键词（频次）
Patched（0，46）	Sonic Hedgehog（0，28）
Segment Polarity（0，45）	Segment-Polarity（0，26）
Beta Family（0，38）	Drosophila Homolog（0，25）
Engrailed Expression（0，34）	Terminal Cleavage Product（0，25）
Specification（0，32）	Motor-Neuron Induction（0，24）
Posterior Compartments（0，31）	Wing Development（0，24）

续表

新关键词（频次）	新关键词（频次）
Shibire（0，31）	Wingless Transcription（0，24）
Larval（0，30）	Cell Pattern（0，23）
TGF-Beta Family（0，30）	Engrailed Regulation（0，23）
Drosophila Segment（0，29）	Fork-Head（0，23）

2. 2001 年与突破性创新相关的新关键词

2001 年排名前 20 的一阶被引科学论文的新关键词及其频次见表 5.23，该年的关键词突变主要集中在胚胎发育过程。2008 年的“年度十大突破”中胚胎发育过程排名第七，先进的激光技术和强大的计算机处理能力使记录整个胚胎的发展过程成为可能。德国科学家就用一台超级显微镜拍摄了拥有 16000 个细胞的斑马鱼胚胎的成长历程，从视频中甚至能分辨出某个组织来源于哪些胚胎细胞。研究者还希望，将来能有一个类似 YouTube 的网站来分享世界各地实验室的胚胎视频。

斑马鱼[Zebrafish（0，35）]是研究发育生物学的新兴模式动物。斑马鱼由于具有饲育容易、胚胎透明、体外受精、突变种多、遗传学工具成熟等诸多优点，近年来已成为研究脊椎动物发育与人类遗传疾病的新兴模式动物。与其他脊椎动物相比，斑马鱼最大的优点是具有多达 6000 多种的遗传突变种，这些突变种的建立大致上是利用 X 射线、ENU 或反转录病毒的感染造成的基因组突变，之后再经由多次的子代筛选所得。这些突变种的表征包含如胚层分化、器官发育、生理调适与行为表现等多方面，所以可提供研究人员极佳的正向遗传学材料来进行发育机制上的研究。另外在斑马鱼身体中也开发出阻断基因功能的工具，该工具可快速以逆向遗传学手法来验证基因的功能。正向遗传学与逆向遗传学的巧妙利用，可以正确地推导出斑马鱼遗传发育途径，这也是目前斑马鱼成为研究人类疾病新兴模式动物的主要原因。

细胞外三磷腺苷（Extracellular ATP）及其代谢产物作为生物活性物质参与调节众多生理、病理过程。三磷腺苷（ATP）是以次黄嘌呤核苷酸为底物，的一种高能磷酸化合物，是体内组织细胞一切生命活动所需能量的直接来源，被誉为细胞的能量“通货”，储存和传递化学能，蛋白质、脂肪、糖和核苷酸的合成都需它参与，可促使机体各种细胞的修复和再生，增强细胞代谢活性，对治疗各种疾病均有较强的针对性。在正常情况下细胞外 ATP 浓度极低，只有在一定生理或病理条件下，胞外 ATP 才会局部短暂地升高。细胞外 ATP 的生物学作用主要是作用于心血管系统引起血管舒张和低血压，作用于免疫系统调节免疫细胞功能，还可以作用于神经系统，调节神经递质的释放或调节它们的作用，近年来，有很多学者以大鼠为实验对象进行了细胞外 ATP 对神经或脊髓损伤后恢复的影响的研究。

表 5.23　2001 年一阶被引科学论文的新关键词及其频次变化

新关键词（频次）	新关键词（频次）
Zebrafish（0，35）	Cellulose（0，13）
Cellobiohydrolase-I（0，25）	Ii Collagen（0，13）
Cellulases（0，17）	In Situ Hybridization（0，13）
Trichoderma Reesei（0，16）	Chondroitin Sulfate Proteoglycans（0，12）
Aneuploidy（0，15）	Antibody Engineering（0，11）
Extracellular ATP（0，15）	Crd（0，11）
Mammalian Forebrain（0，15）	Apical Ectodermal Ridge（0，11）
Mouse Brain（0，15）	Bone Morphogenetic Protein-4（0，11）
Lambda（0，14）	Dentate Gyrus（0，11）
Spemann Organizer（0，14）	Human Articular Chondrocytes（0，11）

2001 年新出现的二阶被引科学论文的关键词是一阶被引科学知识的基础，主要涉及的内容与一阶被引科学知识是基本相同的，并对一阶被引科学知识进行了细化，见表 5.24。

端脑[Telencephalon（0，39）]由左、右大脑半球、基底核构成，连接两半球的是胼胝体。端脑是脊椎动物脑的高级神经系统的主要部分，由左右两半球组成，在人类为脑的最大部分，是控制运动、产生感觉及实现高级脑功能的高级神经中枢。脊椎动物的端脑在胚胎时是神经管头端薄壁的膨起部分，以后发展成大脑两半球，主要包括大脑皮质、大脑髓质和基底核等三个部分。其中，大脑皮质机能区包括躯体感觉区、躯体运动区、视区、听区和语言中枢。基底核是包埋于大脑髓质中的灰质团块，位于大脑基底部。主要包括屏状核、尾状核、豆状核、杏仁体等。大脑髓质主要包括联络纤维、联合纤维（即胼胝体）和投射纤维等。

免疫球蛋白轻链[Immunoglobulin Light Chain（0，23）]大约由 214 个氨基酸残基组成，通常不含碳水化合物，分子量约为 24kD。免疫球蛋白（immunoglobulin）是具有抗体活性的动物蛋白，是一种糖蛋白。主要存在于血浆中，也见于其他体液、组织和一些分泌液中。免疫球蛋白的分子结构分为重链和轻链两部分，分子量为 2.5 万的肽链，称轻链，分子量为 5 万的肽链，称重链。轻链与重链之间通过二硫键（—S—S—）相连接。免疫球蛋白（Ig）轻链分为 κ（kappa）和 λ（lambda）两个型别，每个 Ig 分子上只有一个型别的轻链，不同种属生物体内两型轻链的比例不同，正常人血清免疫球蛋白 κ 链和 λ 链的比例约为 2∶1，而在小鼠的比例为

20∶1。轻链为能自由通过肾小球基底膜的小分子蛋白质，在肾小管被重吸收回到血循环中，所以正常人尿中只有少量轻链存在。当代谢失调和多发性骨髓瘤时，血中出现大量游离轻链，并由尿中排出，即为 Bence-Jones 蛋白（本周蛋白）。

FasL[Fas-Ligand（0，19）]是 Fas 分子的配体。它与受体 Fas 结合后启动死亡信号转导，使表达 Fas 的细胞发生凋亡。Fas 广泛表达在 B 细胞、活化的 T 细胞、肝细胞、单核细胞等多种类型的细胞上。FasL 属 II 型细胞膜表面糖蛋白，称为死亡因子。FasL 通过与 Fas 交联而介导表达 Fas 的细胞发生凋亡，故称 Fas 为死亡分子或死亡受体。FasL 分布于活化的 T 淋巴细胞、NK 细胞、单核巨噬细胞等表面，主要作用是促使活化的 T 淋巴细胞凋亡。Fas 及其配体 FasL 是近年来研究得最为深入的有关细胞凋亡的膜表面分子，阐明它们在凋亡中作用机制，对深入了解细胞凋亡的机理产生了深远的影响。

表 5.24 2001 年二阶被引科学论文的新关键词及其频次变化

新关键词（频次）	新关键词（频次）
Telencephalon（0，39）	Newly Generated Neurons（0，23）
Toll（0，38）	Snail（0，23）
Generated Neurons（0，29）	One-Eyed Pinhead（0，22）
Brachyury T（0，28）	Injected Xwnt-8（0，21）
Gliogenesis（0，25）	Surface Salt Bridges（0，21）
Subependyma（0，24）	Young-Rats（0，21）
Two-Dimensional Polyacrylamide Gel Electrophoresis（0，24）	2 Cellobiohydrolases（0，20）
Earliest Generated Cells（0，23）	Dynamin（0，20）
Immunoglobulin Light Chain（0，23）	Reesei（0，20）
Mouse T-Gene（0，23）	Fas-Ligand（0，19）

3. 2004 年与突破性创新相关的新关键词

2004 年排名前 20 的一阶被引科学论文的新关键词及其频次见表 5.25，该年的关键词突变主要集中在肌肉萎缩症的基因疗法，可能是未来的突破性创新。

李斯特菌[Listeria Monocytogenes（0，17）]，又名单核球增多性李斯特菌、李氏菌，是一种兼性厌氧细菌，为李斯特菌症的病原体。它主要以食物为传染媒介，是最致命的食源性病原体之一，造成二至三成的感染者死亡。李斯特菌在美国每年引起约 2500 份病例、500 人死亡，其中李斯特菌症是导致死亡的主要病因，其致死率甚至高过沙门氏菌及肉毒杆菌。研究显示，约一成的人类消化系统内滋长有李斯特菌。李斯特菌具有相当的致病性，能经由妇女的阴部感染腹中胎儿并引发脑膜炎，因此怀孕妇女通常不建议食用未经低温杀菌的软质奶酪，如布利奶酪、卡门培尔奶酪、菲达奶酪、克索布兰可奶酪等。近期，李斯特菌则在疾病生物科技领域被用作模式生物来解释相关学说。

馨氏肌肉营养不良症[Duchenne Muscular-Dystrophy（0，12）]，又称杜显氏肌肉萎缩症、杜氏肌肉萎缩症，是一种性联隐性遗传病，又名为假性肥大型肌肉萎缩症，为症状最严重的肌肉萎缩症。由于基因突变缺陷导致肌肉细胞不能正常产生一种称为 Dystrophin 的蛋白质，会使钙离子渗入细胞，引发瀑布反应，导致患者全身肌肉无力，又因肌肉细胞内缺少 Dystrophin，导致细胞组织肌肉纤维变得无力且脆弱，经长期的伸展后该缺失肌肉细胞组织将产生机械性伤害等因素而被破坏，最终导致肌肉细胞死亡。大约 65%的病例是经由性染色体隐性遗传而来；35%的病例则由于基因突变而来。另一种病情较轻的肌肉萎缩症称为贝克氏肌肉萎缩症，是属于 DMD 的亚型，被视为该领域的一项待突破的难题，基因疗法可能为此提供新的方法，从而成为未来的突破性创新。

基因疫苗接种[Genetic Vaccination（0，12）]是一种新型的免疫接种策略，其作用机理是将含有可表达的病原微生物的抗原基因整合到某种适宜的质粒 DNA 中，然后将这种质粒 DNA 直接注射到动物体内，使抗原基因利用动物细胞进行内源性表达，从而诱发机体产生特异性免疫反应，形成针对病原微生物的免疫保护作用。基因疫苗接种可解决病毒快速变异等问题，还可以作用于有潜在致癌性或有免疫病理作用的病原，基因疫苗也因此受到研究者的关注，跻身到基因工程技术应用的新领域中。

表 5.25　2004 年一阶被引科学论文的新关键词及其频次变化

新关键词（频次）	新关键词（频次）
Mouse Muscle（0，18）	Mhc Class-I（0，11）
Listeria Monocytogenes（0，17）	Protein Sequence Alignment（0，11）
3-Dimensional Structures（0，12）	Scop（0，11）
Duchenne Muscular-Dystrophy（0，12）	Sequence Space Hopping（0，11）
Genetic Vaccination（0，12）	Structural Classification（0，11）
Alignment Quality Analysis（0，11）	23s RNA（0，10）
Epidermal Langerhans Cells（0，11）	2-Iminothiolane（0，10）
Evolutionary Conservation（0，11）	A-Site（0，10）
Gene Medicine（0，11）	Curcumin（0，10）
Immune Modulator Genes（0，11）	Escherichia-Coli Ribosomes（0，10）

2004 年的突破性创新是通过二阶被引科学知识突变识别出来的，新出现的二阶被引科学论文的关键词是对一阶被引科学知识的有益补充，一阶和二阶被引科学知识涉及的内容是基本相同的，见表 5.26。

单核细胞增生李斯特氏菌（Listeria monocytogenes，Lm）简称单增李斯特菌，是一种人畜共患病的病原菌。单增李斯特菌是典型的胞内寄生菌，可侵入到吞噬细胞和非吞噬细胞的细胞质内，引起人畜共患的李斯特菌病（listeriosis）。人类李斯特菌病感染对象主要是孕妇及其胎儿或老年人等免疫机能低下或缺陷者，感染后主要表现为败血症、脑膜炎和单核细胞增多等，发病死亡率可达 20%～70%。它是革兰阳性球杆菌，兼性厌氧，营养要求不高，最适在含有二氧化碳的微需氧环境中生长。它广泛存在于自然界中，该菌在 4℃的环境中仍可生长繁殖，是冷藏食品威胁人类健康的主要病原菌之一，它对各种抗生素大多敏感，其中氨苄西林和青霉素是治疗李斯特菌病的首选药物。人们利用分子生物学技术改造重组 Lm 的基因结构，使其毒性减弱或丧失。它常在宿主细胞内生长和繁殖，很容易携带外源基因进入宿主细胞，可激发机体产生有效的免疫应答，因而 Lm 是一种具有潜在应用前景的疫苗载体。

肌纤维[Myofibers（0，26）]呈圆形或多角形，细胞核位于纤维的边缘。由于肌细胞的形状细长，呈纤维状，所以肌细胞通常称为肌纤维。在其细胞浆中含有大量的肌丝，肌纤维的功能特点是能够进行收缩和舒张活动。因外观不同，肌纤维分红肌纤维与白肌纤维。红肌纤维也叫 I 型纤维、慢缩肌纤维、慢氧化纤维。白肌纤为又称 II 型纤维、快缩肌纤维或快解醣纤维。人的红白肌纤维大概维持各 50%的比率。肌肉是由快肌纤维与慢肌纤维组成，两种肌纤维在运动中扮演着不同的角色。慢肌纤维在力量与爆发力方面逊色于快肌纤维，但其拥有很好的耐力。由于其含有氧气、线粒体和肌红蛋白，所以颜色较深。鸟类主要由慢肌纤维组成，因此可以做长时间的飞行。

继发感染[Secondary Infection（0，25）]又称次发性感染，是指动物感染了一种病原微生物之后，在机体抵抗力减弱的情况下，又由新侵入的或原来存在于体内的另一种病原微生物引起的感染。如猪瘟病毒是引起猪瘟的主要病原体，但慢性猪瘟常出现由多杀性巴氏杆菌或猪霍乱沙门氏菌引起的继发性感染。继发性是针对于原发性和转移性而言的。某种疾病最先发生于某个组织或者器官，对于该组织或者器官来说，该疾病就是原发的。例如，原发性肝细胞癌，就是肝细胞首先出现癌变，而继发性肝癌，则是其他部位的癌症，随血流或者淋巴途径，转移到肝脏，原发部位在其他组织或者器官，而不是肝脏。

菌落杂交[DNA-Colony Hybridization（0，17）]是指使用原位杂交来确定携带一个特定同源序列的插入 DNA 片段载体的技术。菌落杂交法是以质粒为载体进行 DNA 克隆繁殖所用的方法，即从多数寄主菌的菌落中，将含特定的碱基排列顺序的 DNA，通过与其碱基排列顺序互补的 RNA 或 DNA 杂交而进行检出和选择的方法。一般是使在琼胶培养基上形成含有质粒的菌落后，在其上面压附一层硝酸纤维素薄膜，将菌落移于薄膜上。用碱处理同时引起溶菌和 DNA 变性后，在薄膜上各个群落的位置上分别将变性的 DNA 固定起来，然后与用放射性同位素标记的特定的 RNA 或 DNA 片断杂交，再用放射自显影法来鉴别含有所希望的 DNA 排列顺序的寄主菌的菌落，最后从原来的琼胶培养基上的菌落中选出其相应的材料。

表 5.26　2004 年二阶被引科学论文的新关键词及其频次变化

新关键词（频次）	新关键词（频次）
Epidemic Listeriosis（0，32）	Prfa（0，18）
Myofibers（0，26）	Prostaglandin-H Synthase（0，18）
Secondary Infection（0，25）	Recombinant Listeria-Monocytogenes（0，18）
Acute Otitis-Media（0，19）	Theta-Toxin（0，18）
Complement Receptor Type-3（0，19）	Acceptor（0，17）
Own Cytoskeleton（0，19）	Contaminated Raw-Milk（0，17）
Oxygen Activation（0，19）	DNA-Colony Hybridization（0，17）
Single-Source Outbreak（0，19）	Epidemic Perinatal Listeriosis（0，17）
2.2-A Resolution（0，18）	Extracellular Antigens（0，17）
Lipolytic Antigens（0，18）	Lexa Repressor（0，17）

5.5.3 基于关键词簇中的重复关键词计算突变程度

根据一阶被引科学知识计算的重复词频次突变率如图 5.12 所示，根据二阶被引科学知识计算的重复词频次突变率如图 5.13 所示。

依据一阶被引科学知识计算的突变程度，不同时间段的峰值发生在 1998 年和 2002 年；依据二阶被引科学知识计算的突变程度，不同时间段的峰值也发生在 1998 年、2002 年。1998 年和 2002 年的二阶被引科学知识均是一阶被引科学知识的基础；1998 年和 2002 年均能提前识别突破性创新，有较强的预警作用。下面将选取 1998 年、2002 年两个年度进行详细分析。

因为依据的是重复关键词或学科分类计算的突变程度，所以在做详细分析时，只列出了 1998 年、2002 年的排名前 20 的一阶和二阶被引科学论文的重复关键词及其频次。

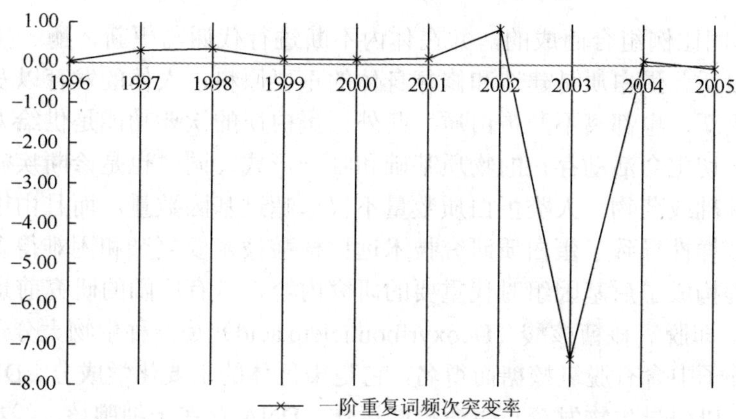

图 5.12 基于重复词差异的一阶被引科学论文关键词簇的突变率变化

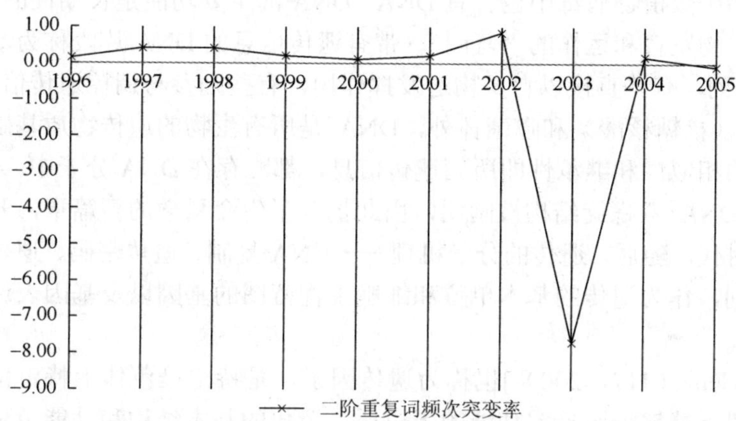

图 5.13 基于重复词差异的二阶被引科学论文关键词簇的突变率变化

1. 1998 年与突破性创新相关的重复关键词

1998 年排名前 20 的一阶被引科学论文的重复关键词及其频次见表 5.27，该年度的关键词突变主要集中生物学基础知识词汇，如蛋白质、DNA 和基因等，该年度研究与克隆、基因工程技术等方面有关。

蛋白质[Protein（108，174）]是由许多氨基酸（amino acids）通过肽键相连形成的高分子含氮化合物。蛋白质是细胞、组织和器官的重要组成部分，是生命活动的主要承担者。氨基酸是蛋白质的基本组成单位，蛋白质分子上氨基酸的序列和由此形成的立体结构构成了蛋白质结构的多样性。机体中的每一个细胞和所有重要组成部分都有蛋白质参与，它是与生命以及各种形式的生命活动紧密联系在一起的物质。一般来说，蛋白质占人体全部质量的 16%～20%。人体内蛋白质的种类很多，每种蛋白质都具有特定的性质和功能，但都是由 20 多种氨基酸（Amino acid）按不同比例组合而成的，并在体内不断进行代谢与更新，酶、抗体和激素等都是蛋白质。蛋白质是建造和修复身体的重要原料，人体的发育以及受损细胞的修复和更新，也都离不开蛋白质。此外，蛋白质的次要功能是供给人体能量。蛋白质是一切生命活动存在的物质基础和唯一形式，同时也是诊断疾病、治疗疾病的物质基础或药物。人类蛋白质数量不仅远超过基因数量，而且由于蛋白质的可变性和多样性导致了蛋白质研究技术远比核酸技术要复杂和困难得多。因此，蛋白质工程构成了后基因组时代重要的研究内容，具有广阔的研究前景。

DNA，即脱氧核糖核酸（Deoxyribonucleic acid）是一种生物大分子，核酸的一类，因分子中含有脱氧核糖而得名，它是染色体的主要化学成分。DNA 可组成遗传指令，以引导生物发育与生命机能运作。DNA 存在于细胞核、线粒体、叶绿体中，也可以以游离状态存在于某些细胞的细胞质中。大多数已知噬菌体、部分动物病毒和少数植物病毒中也含有 DNA。DNA 的主要功能是长期性的资讯储存，可比喻为生物发育和运作的"蓝图"。带有遗传信息的 DNA 片段称为基因，其他的 DNA 序列，有些直接以自身构造发挥作用，有些则参与调控遗传信息的表现。除了 RNA（核糖核酸）和噬菌体外，DNA 是所有生物的遗传物质基础。生物体亲子之间的相似性和继承性即所谓遗传信息，都贮存在 DNA 分子中。自 20 世纪 50 年代，DNA 双螺旋结构被阐明，由此揭开了生命科学的新篇章，开创了科学技术的新时代。随后，遗传的分子机理——DNA 复制、遗传密码、遗传信息传递的中心法则，作为遗传的基本单位和细胞工程蓝图的基因以及基因表达的调控相继被认识。

基因[Gene（117，200）]也称为遗传因子，是特定染色体上特定位置的一段核苷酸片段，能够编码特定功能的蛋白质，遗传的基本结构和功能单位。除某些病毒的基因由 RNA（核糖核酸）构成以外，多数生物的基因由 DNA（脱氧核糖核酸）构成，并在染色体上作线状排列。基因一词通常指染色体基因。基因通过指导蛋白质的合成来表达自己所携带的遗传信息，从而控制生物个体的性状表现。一般来说，生物体中的每个细胞都含有相同的基因，但并不是每个细胞中的每个基因所携带的遗传信息都会被表达出来。细胞类型的不同只是由于基因表达不同而已。基因有两个特点：一是能忠实地复制自己，以保持生物的基本特征；二是基因能够"突变"，突变绝大多数会导致疾病，另外的一小部分是非致病突变。非致病突变给自然选择带来了原始材料，使生物可以在自然选择中被选择出最适合自然的个体。人们对生物的基因的结构、功能和表达等过程的深入了解，能更准确、更全面地揭示生物遗传变异的客观规律，并在实际中得以应用。如把基因的分离、提取和人工合成的成功经验应用于基因工程，生产人类需要的蛋白质药物或培育动植物新品种；在医学上制备基因探针，进行基因诊断，对一些遗传病进行基因治疗。

磷酸化[Phosphorylation（13，49）]或磷酸化作用，是将磷酸基团加在中间代谢产物上或加在蛋白质上的过程，是生物体内一种普通的调节方式。磷酸化在细胞信号转导的过程中起重要作用，此作用在生物化学中占有重要地位，磷酸基团的添加或除去（去磷酸化）对许多反应起着生物“开/关”作用。磷酸基团的添加或除去能使酶活化或失活，控制诸如细胞分裂这样的过程。蛋白质磷酸化可发生在许多种类的氨基酸（蛋白质的主要单位）上，其中以丝氨酸为多，接着是苏氨酸。而酪氨酸则相对较少磷酸化的发生，不过由于经过磷酸化之后的酪氨酸较容易利用抗体来纯化，所以酪氨酸的磷酸化作用位置也较广为了解。除了蛋白质以外，部分核苷酸，如三磷腺苷（ATP）或三磷酸鸟苷（GTP）的形成，也是经由二磷酸腺苷和二磷酸鸟苷的磷酸化而来，此过程称为氧化磷酸化。另外在许多糖类的生化反应中（如糖解作用），也有一些步骤存在氧化磷酸化作用。

表 5.27　1998 年一阶被引科学论文的重复关键词及其频次变化

重复关键词（频次）	重复关键词（频次）
Expression（199，378）	Receptor（36，74）
Gene（117，200）	Phosphorylation（13，49）
Cells（83，159）	Gene-Expression（41，76）
Identification（81，152）	Messenger-RNA（33，68）
Protein（108，174）	Binding（32，65）
DNA（72，137）	Family（24，56）
Cloning（65，128）	Transgenic Mice（17，47）
Escherichia-Coli（76，121）	Brain（11，41）
Activation（42，83）	Sequence（69，97）
Molecular-Cloning（44，82）	Region（7，34）

1998 年重复出现的二阶被引科学论文的关键词是一阶被引科学知识的基础，主要涉及的内容与一阶被引科学论文的关键词是基本相同的，并对一阶被引科学知识进行了细化，见表 5.28。

大肠埃希氏菌[Escherichia-Coli（381，656）]通常被称为大肠杆菌，约占肠道菌中的 1%，是一种两端钝圆、能运动、无芽孢的革兰氏阴性短杆菌。大肠杆菌是 Escherich 在 1885 年发现的，是一种普通的原核生物，具有由肽聚糖组成的细胞壁，只含有核糖体简单的细胞器。大肠杆菌能发酵多种糖类产酸、产气，是人和动物肠道中的正常栖居菌。婴儿出生后即随哺乳进入肠道，与人终身相伴，其代谢活动能抑制肠道内分解蛋白质的微生物生长，减少蛋白质分解产物对人体的危害，还能合成维生素 B 和 K，以及有杀菌作用的大肠杆菌素。正常栖居条件下不致病。但若进入胆囊、膀胱等处可引起炎症。大肠菌群数（或大肠菌值）常作为饮水和食物（或药物）的卫生学标准。此外，大肠杆菌繁殖迅速，培养容易，变异容易被检出，因此是生物学上的重要实验材料。大肠杆菌对于分子遗传学的建立和发展以及生物工程的兴起发挥了重要作用，如局限性转导就是1954年在大肠杆菌K12菌株中发现的。用大肠杆菌生产人的生长激素释放抑制因子已经取得了成功。人的生长激素释放抑制因子是从人脑、肠、胰腺中分泌出来的一种神经激素，具有抑制胰岛素和胰高血糖素的分泌，对肢端肥大症、急性胰腺炎和糖尿病等患者有治疗作用。现在人们通过遗传工程，把人的生长激素释放抑制因子的基因，引入大肠杆菌，使大肠杆菌按照人们的意愿生产生长激素的生产效率大为提高。通过遗传工程，许多哺乳动物的遗传基因，都可在大肠杆菌上得到表达。这为人类改造生物开辟了新的途径。

表 5.28　1998 年二阶被引科学论文的重复关键词及其频次变化

重复关键词（频次）	重复关键词（频次）
Expression（733，1321）	Activation（347，664）
Gene（634，1164）	Molecular-Cloning（352，664）
Cells（536，1003）	Receptor（299，606）
Protein（614，1079）	Sequences（293，587）
Identification（523，983）	Messenger-RNA（381，671）
Sequence（533，972）	Purification（329，605）
DNA（515，923）	Escherichia-Coli（381，656）
Cloning（452，852）	Family（243，506）
Proteins（369，752）	Invitro（318，560）
Binding（370，722）	Domain（157，394）

2. 2002 年与突破性创新相关的重复关键词

2002年排名前20的一阶被引科学论文的重复关键词及其频次见表5.29，该年的关键词突变主要集中在癌症的基因疗法和克隆技术。

癌症[Cancer（74，3521）]，与2008年“年度十大突破”中排名第三的是癌症的基因疗法相对应，众所周知，癌细胞之所以疯狂地分化，是由部分基因的异常所致。两年前一项叫做癌症基因计划的项目启动，旨在找出助长癌细胞繁殖的元凶基因。科学家已经发现了十余种致癌基因突变，这为癌症疗法指明了一个方向：只针对某个基因的疗法是行不通的。

克隆[Cloning（201，1303）]，与2004年“年度十大突破”中排名第三的人类胚胎克隆技术相对应，虽然此前已克隆了很多动物，但该研究成果首次显示出克隆技术可应用于人类细胞，还成功提取并培育了人类胚胎干细胞，有望为治愈不治之症取得重大突破。

突变[Mutations（79，842）]是指细胞中的遗传基因发生永久的改变。它包括单个碱基改变所引起的点突变，或多个碱基的缺失、重复和插入。突变的原因可以是细胞分裂时遗传基因的复制发生错误，或受化学物质、辐射或病毒的影响。突变通常会导致细胞运作不正常或细胞死亡，甚至可以在较高等生物中引发癌症。但同时，突变也被视为物种进化的推动力，不理想的突变会经自然选择过程被淘汰，而对物种有利的突变则会累积下去。中性的突变对物种没有影响而逐渐累积，导致间断平衡。

表 5.29　2002 年一阶被引科学论文的重复关键词及其频次变化

重复关键词（频次）	重复关键词（频次）
Expression（574，4566）	Activation（134，1225）
Gene-Expression（149，3683）	Induction（66，1125）
Cancer（74，3521）	Necrosis-Factor-Alpha（15，1021）
Messenger-RNA（132，3293）	Growth-Factor（65，1036）
Gene（311，2911）	Carcinoma（13，976）
Identification（207，1967）	Localization（48，935）
Protein（254，1949）	Tumor-Necrosis-Factor（44，931）
Immunohistochemistry（13，1259）	Cells（233，1116）
In-Vivo（119，1262）	In-Situ Hybridization（9，865）
Cloning（201，1303）	Mutations（79，842）

2002 年重复出现的二阶被引科学论文的关键词是一阶被引科学知识的基础，主要涉及的内容与一阶被引科学论文的关键词是基本相同的，并对一阶被引科学知识进行了细化，见表 5.30。

受体[Receptor（1203，10681）]在细胞生物学中是一个很泛的概念，指任何能够同激素、神经递质、药物或细胞内的信号分子结合并能引起细胞功能变化的生物大分子。受体多为糖蛋白，存在于细胞膜、胞浆或细胞核内。与受体结合的生物活性物质统称为配体，配体唯一的功能就是通知细胞在环境中存在一种特殊信号或刺激因素，它不能参加代谢产生有用产物，也不直接诱导任何细胞活性，更无酶的特点。受体与配体结合即发生分子构象变化，从而引起细胞反应，如介导细胞间信号转导、细胞间黏合、胞吞等过程。据靶细胞上受体存在的部位，可将受体分为细胞内受体（Intracellular Receptor）和细胞表面受体（Cell Surface

Receptor）。通常受体具有两个功能，其一是识别特异的信号物质——配体，识别的表现在于两者结合。配体与受体的结合是一种分子识别过程，同一配体可能有两种或两种以上的不同受体，例如，乙酰胆碱有烟碱型和毒蕈型两种受体，同一配体与不同类型受体结合会产生不同的细胞反应。如 Ach 可以使骨骼肌兴奋，但对心肌则是抑制的。其二是把识别和接收的信号准确无误地放大并传递到细胞内部。从而启动一系列胞内生化反应，最后导致特定的细胞反应，使得胞间信号转换为胞内信号。细胞内受体介导亲脂性信号分子的信息传递，如胞内的甾体类激素受体。细胞表面受体介导亲水性信号分子的信息传递，可分为离子通道型受体、G 蛋白耦联型受体和酶耦联型受体。

表 5.30　2002 年二阶被引科学论文的重复关键词及其频次变化

重复关键词（频次）	重复关键词（频次）
Expression（2555，20758）	Cancer（509，9718）
Messenger-RNA（1303，15929）	Localization（926，9954）
Gene（2232，16484）	Binding（1482，10066）
Cells（1954，16151）	Proteins（1435，9672）
Gene-Expression（1161，15098）	Molecular-Cloning（1188，9033）
Protein（2148，15433）	DNA（1709，9528）
Identification（1911，14523）	Sequence（1761，9101）
Activation（1166，10848）	Carcinoma（298，7637）
Cloning（1540，11177）	Rat（626，7933）
Receptor（1203，10681）	Induction（841，8082）

5.6　结　　论

本章对如何利用关键词的突变程度识别突破性创新进行了详细陈述，计算方式主要包括基于新关键词计算突变程度、基于重复关键词计算突变程度，计算对象是关键词簇，并分别以纳米电子学和基因工程领域的数据对基于关键词簇突变的突破性创新识别方法进行了验证。

（1）以特定时间段的被引科学论文的关键词簇整体为分析对象，计算不同时间段关键词簇间的突变程度，以这种突变程度表示特定时间段产生突破性创新的概率，从而间接地对产生突破性创新的时间进行识别。

（2）对纳米电子学领域可能产生突破性创新的时间进行识别：基于新出现的

关键词计算的突变程度表明，1998 年和 2001 年产生突破性创新的可能性最大；基于重复出现的关键词计算的突变程度表明，2001 年和 2004 年产生突破性创新的可能性最大。1998 年、2001 年和 2004 年的关键词里均涉及纳米电路的相关研究内容，同时，量子计算、原子力显微镜、高温超导体等代表性技术也被识别出来。

（3）对基因工程领域可能产生突破性创新的时间进行识别：基于新出现的关键词计算的突变程度表明，1997 年、2001 年和 2004 年产生突破性创新的可能性最大；基于重复出现的关键词计算的突变程度表明，1998 年和 2002 年产生突破性创新的可能性最大。其中，2004 年的突破性创新是通过二阶被引科学论文中新出现的关键词识别出来的，二阶被引科学知识是一阶被引科学知识的补充，降低了科学知识向技术创新传递过程中的阻滞因素影响。1997 年和 2001 年的二阶被引科学知识是一阶被引科学知识的基础，对一阶被引科学知识进行了细化。新出现或重复出现的关键词均能够提前或同时识别出该领域的突破性创新，预警功能较强，这与基因工程对科学知识的依赖程度更高有关。

6 基于关键词主题突变的突破性创新识别

根据关键词主题及其突变程度计算方法，形成本章的技术路线，如图 6.1 所示。经过数据获取和处理步骤得到一阶和二阶被引科学知识，对一阶被引科学知识中的关键词簇进行共现关系，形成不同的研究主题。然后，根据突变程度的三种计算方式对突变程度进行计算。最后，为了验证该方法的准确性和有效性，在纳米电子学和基因工程两个领域进行实证分析，并与基于关键词簇识别突破性创新的结论进行对比验证。

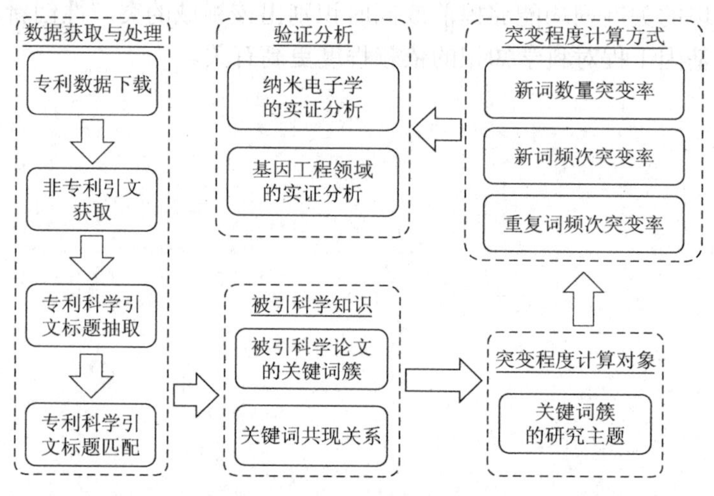

图 6.1　关键词簇形成的研究主题突变程度计算方法

6.1　研究主题的突变程度计算方法

通过不同时间段关键词簇间的突变程度可以识别不同时间段产生突破性创新的可能性，同时，高频的新关键词或频次变化较大的重复关键词在一定程度上代表了突破性创新所依据的科学知识。然而，由于很多关键词过于宽泛，在没有语境的情况下很难对其真实涵义进行区分，无法了解突破性创新所依据的科学知识细节。所以，有必要在识别产生突破性创新的时间的基础上，通过对关键词簇进行聚类分析，计算关键词形成的不同研究主题的突变程度，识别哪个研究主题最有可能产生突破性创新。

随着文献标引的关键词的范围扩大，两个或两个以上关键词在同一篇文献中同时出现称为关键词共现。某些关键词的频繁共现，说明这些关键词反映的学术领域正良好发展，并且关键词之间存在着一定的联系。关键词共现分析是文献计量学中常用的一种重要的量化研究方法，以文本的关键词为基础，从关键词的共同出现为切入点，采用量化矩阵的方法，通过描述关键词与关键词之间的关联和结合，揭示某一领域学术研究内容的内在相关性和学科领域的微观结构，进而了解学科的发展动态以及趋势。

不同时间段，引用文献关键词簇通过共现关系形成不同的研究主题，这些研究主题的突变程度是不同的，研究主题的突变程度代表了以此研究主题为基础的技术创新产生突破性的可能性，对可能产生突破性创新的研究主题进行识别。包含两种计算方式，即基于新关键词计算突变程度和基于重复关键词计算突变程度，如图 6.2 所示。

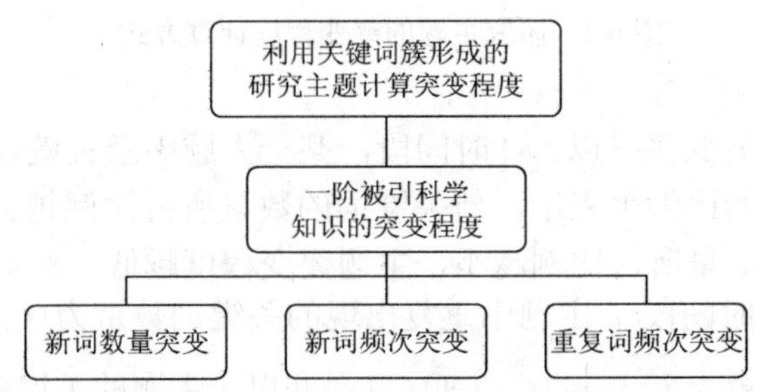

图 6.2　研究主题的突变程度计算方法

6.1.1　基于新关键词计算主题突变程度

通过对关键词共现网络进行聚类，得到某一技术领域的多个关键词主题，对这些主题的突变程度进行计算，遴选突变程度高的主题作为可能产生突破性创新的技术主题，对突破性创新进行识别。由于是专利所依据的被引科学知识突变，所以，关键词共现不是指关键词在同一专利科学引文中出现，而是指在同一专利的所有专利科学引文中出现。主题识别应用 Louvain 社团结构划分算法[165]对关键词共现网络进行聚类，下面主要对以关键词表示的主题突变程度计算方法进行说明，包含基于新关键词的主题突变程度计算和基于重复关键词的主题突变程度计算。

相对于前一时间段，当前时间段某一被引科学知识主题中包含的新关键词越多，该主题的突变程度越高，表明引用该主题的技术创新的新颖性越高，与该主题相关的技术更有可能产生突破性创新。如图 6.3 所示，在 t 和 $t+1$ 时间段，C_t 和

C_{t+1} 分别表示每个时间段的所有关键词，$C_{(t+1)i}$ 表示 $t+1$ 时间段中聚类得到的 i 主题的关键词集合，下面以 $C_{(t+1)i}$ 为对象说明其突变程度的计算方式。新关键词的出现频次同样会对突变程度计算产生影响，频次表示出现该关键词的专利科学引文数目，分别以 $w_t(k)$和$w_{t+1}(k)$ 表示关键词 k 在 t 和 $t+1$ 时间段的出现频次。t 时间段的关键词以圆形表示，$t+1$ 时间段的关键词以三角形表示。

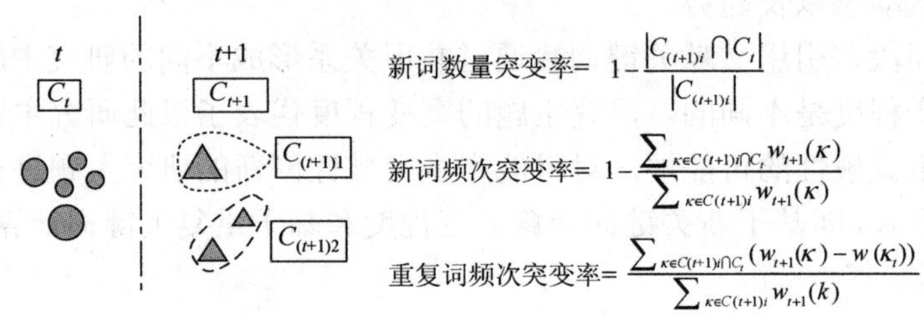

图 6.3 研究主题的突变程度计算方式

（1）新词数量突变率：以 $t+1$ 时间段，某一主题中新关键词的数量占该主题中所有关键词数量的比例来表示。新关键词的数量所占比例越大，主题突变程度越高；新关键词的数量所占比例越小，主题突变程度越低。相对于 t 时间段的所有关键词 C_t，$t+1$ 时间段 i 主题中重复出现的关键词数量为 $|C_{(t+1)i}\cap C_t|$，因此 i 主题新关键词的数量为 $|C_{(t+1)i}|-|C_{(t+1)i}\cap C_t|$，并以 i 主题的关键词总数 $|C_{(t+1)i}|$ 进行归一化，得到新词的数量突变率为 $(|C_{(t+1)i}|-|C_{(t+1)i}\cap C_t|)/|C_{(t+1)i}|$，即新词数量突变率=$1-|C_{(t+1)i}\cap C_t|/|C_{(t+1)i}|$

（2）新词频次突变率：频次突变是在数量突变的基础上，考虑主题中每个新关键词的出现频次对突变程度的影响。主题中新关键词的频次总和所占比例越大，突变程度越高；新关键词的频次总和所占比例越小，突变程度越低。相对于 t 时间段的所有关键词 C_t，t+1 时间段 i 主题中重复出现的关键词频次之和为 $\sum_{k\in C_{(t+1)i}\cap C_t} w_{t+1}(k)$，因此 i 主题新关键词的频次之和为 $\sum_{k\in C_{(t+1)i}} w_{t+1}(k)-\sum_{k\in C_{(t+1)i}\cap C_t} w_{t+1}(k)$，并以 i 主题的关键词频次总和 $\sum_{k\in C_{(t+1)i}} w_{t+1}(k)$ 进行归一化，得到新词的频次突变率为 $\left(\sum_{k\in C_{(t+1)i}} w_{t+1}(k)-\sum_{k\in C_{(t+1)i}\cap C_t} w_{t+1}(k)\right)/\sum_{k\in C_{(t+1)i}} w_{t+1}(k)$，即新词频次突变率 $=1-\sum_{k\in C_{(t+1)i}\cap C_t} w_{t+1}(k)/\sum_{k\in C_{(t+1)i}} w_{t+1}(k)$。

6.1.2 基于重复关键词计算主题突变程度

相对于前一时间段，当前时间段某一被引科学知识主题中包含的重复关键词的频次变化越大，该主题的突变程度越高，表明引用该主题的技术创新可能取得突破性进展，与该主题相关的技术更有可能产生突破性创新。

重复关键词的主题突变程度通过重复词频次突变率来计算，主题中重复词的频次变化越大，突变程度越高；重复词的频次变化越小，突变程度越低。如图 6.3 所示，相对于 t 时间段的所有关键词 C_t，$t+1$ 时间段 i 主题中重复词频次变化为 $\sum_{k\in C_{(t+1)i}\cap C_t}(w_{t+1}(k)-w_t(k))$，并以 $t+1$ 时间段 i 主题的关键词频次总和 $\sum_{k\in C_{(t+1)i}} w_{t+1}(k)$ 进行归一化。此处若以 $t+1$ 时间段 i 主题中的重复词频次总和 $\sum_{k\in C_{(t+1)i}\cap C_t} w_{t+1}(k)$ 进行归一化，则可能造成包含少量频次变化较大的重复关键词的主题突变程度过高，如 i 主题共包含 100 个关键词，仅有 1 个重复关键词并且其频次从 t 时间段的 1 增加到 $t+1$ 时间段的 100，此时该主题的频次突变率为（100–1）/100，可能与实际情况不相符。最终得到重复词的频次突变率为 $\left(\sum_{k\in C_{(t+1)i}\cap C_t}(w_{t+1}(k)-w_t(k))\right)$ $/\sum_{k\in C_{(t+1)i}} w_{t+1}(k)$

6.2 纳米电子学领域的实证分析

通过分析发现，基于新词或重复词和基于新学科分类或重复学科分类计算可能产生突破性创新产生的时间里，重合的年份为 2001 年，同时，纳米电路在 2001 年被评为十大突破性创新之首。因此，本书选择 2001 年被引科学论文的关键词及其共现关系为例，对其进行聚类得到研究主题，并计算每个研究主题可能产生突破性创新的可能性，进而分析突变程度较高的主题。

根据 2001 年的关键词簇聚类得到的研究主题数目为 105 个，选择关键词数目较多且突变程度最高的研究主题进行说明。

6.2.1 基于主题中的新关键词计算突变程度

第 21 个研究主题的新词数量突变率为 0.96，新词频次突变率为 0.92，重复词频次突变率为 0.63，包含 113 个关键词，其中新词为 109 个，突变程度高的前 20 个关键词及其频次如表 6.1 所示。可以看到，该主题体现了化学、光学与纳米电子学的多学科交叉融合，使纳米电路的工业化应用成为可能。其中，“超分子系统”（Supramolecular Systems）可以实现“光诱导电子转移”（Photoinduced Electron-Transfer），从而使分子内电子转移和能量传递成为可能，为纳米电路的工业化应用提供基础条件。“富勒烯”（Fullerene）和“二氧化硅”则是碳纳米管的重要材料和来源，碳纳米管是非常小的中空管，在电子工业有巨大的潜在应用价值，是一种新结构“富勒烯”。利用“有机化学”（Organic-Chemistry）中的“还原氧化性”（Reduction-Oxidation Properties），首先在碳纳米管的内部填充金属、氧化物等物质，如“高度还原的有机金属配合物”（Highly Reduced Organometallics）“有机过渡金属配合物”（Organotransition-Metal Complexes）和“有机亲电试剂”（Organic Electrophiles），再把碳层腐蚀掉，就可以制备出最细的纳米尺度导线或者全新的一维材料，在未来的分子电子学器件或纳米电子学器件中得到应用。而有些碳纳米管本身还可以作为纳米尺度的导线，这样利用碳纳米管或者相关技术制备的微型导线可以置于硅芯片上，用来生产更加复杂的电路。

光诱导电子转移（Photoinduced Electron-Transfer，PET）是光电转换体系中发生的一个简单而重要的过程，即在受到光激发时，电子受体或者电子给体被激发，在电子受体和处于激发态的电子给体之间发生的电子转移效应。典型的光诱导电子转移体系是由包含电子给体的受体部分 R（receptor），通过间隔基和荧光团相连而构成的。其中荧光团部分是能吸收光和发射荧光的场所，受体部分则用来结合客体，这两部分被间隔基隔开，又靠间隔基相连而成一个分子，构成了一个在选择性识别客体的同时又给出光信号变化的超分子体系。利用客体对 PET 过程的控制可以实现对体系荧光发射状态的调控。近年来，光诱导电子转移反应在有机合成中的应用引起了人们的广泛关注。

自组装单层膜（Self-Assembled Monolayers，SAM）是表面活性物质在基片上形成一层排列致密有序的自组装膜，是近年来发展起来的一种新型有机超薄膜。分子自组装是在平衡的条件下，通过共价键或非共价键相互作用，自发地缔合形成稳定的、结构完美的二维或三维超分子的过程。自组装单层膜具有原位自发形成、热力学稳定、覆盖度高、缺陷少、分子有序排列和简单易得等特点。此外，可人为设计分子结构和表面结构以获得预期的界面物理及化学性质。由于自组装单层膜所具有的独特结构和性能，所以其应用受到了研究人员的密切关注。例如，自组装膜在电分析化学领域可应用于化合物电化学性质研究、制作生物传感器以及电子转移研究等。

表 6.1 2001 年第 21 个研究主题的关键词及其频次变化

关键词（频次）	关键词（频次）	关键词（频次）	关键词（频次）
Photoinduced Electron-Transfer（0，3）	R=H（0，6）	Highly Reduced Organometallics（0，6）	Bridged Systems（0，6）
Electron-Transfer Reactions（0，3）	Reduction-Oxidation Properties（0，6）	Organotransition-Metal Complexes（0，6）	Supramolecular Systems（0，6）
Ray Crystal-Structure（0，3）	Organic-Chemistry（0，6）	Charge-Transfer Complexes（0，6）	Photophysical Properties（0，6）
Fluorescence（2，6）	Cation Radicals（0，6）	Fullerene（0，6）	Organic Electrophiles（0，6）
Energy-Transfer（2，6）	Molecular-Structure（0，6）	Silica（0，6）	Spontaneous Emission（0，6）

第 5 个主题的新词数量突变率为 0.93，新词频次突变率为 0.88，重复词频次突变率为 0.18，包含 190 个关键词，其中新词为 177 个，突变程度高的前 20 个关键词及其频次如表 6.2 所示。可以看到，该主题体现了化学、生物学与纳米电子学的多学科交叉融合，使纳米尺度操作材料成为可能并在生物学上进行应用，也为纳米电路组成部分之一的分子晶体管研究提供了基础。其中，“化学力显微镜”和“原子力显微镜”是能够代表该主题的核心内容，原子力显微镜是一种纳米级高分辨率的扫描探针显微镜，优于光学衍射极限 1000 倍，其关键是“探针”的尖端曲率半径处于纳米量级，提供真正的“三维”表面图，是在纳米尺度操作材料及其成像和测量最重要的工具。它可以用来研究生物宏观分子，甚至活的生物组织，在“生物分子”和“结构生物学”中进行应用。同时，“化学力显微镜”（Chemical Force Microscopy）则可以进行分子功能的设计，两种显微镜的“仪器标准化”（Instrument Standardization）和“设备校准”（Standardization）是其面临的关键问题，结果生成后，还需利用多种分析技术，如“化学计量学”（Chemometrics）“多变量校正”（Multivariate Calibration）和“偏最小二乘回归”（Partial Least-Squares）等方法对结果进行分析。纳米电路同样需要原子力显微镜和化学力显微镜等仪器进行纳米级操作，为纳米电路相关的材料操作和分子电路研究打下基础（如分子晶体管）。

表 6.2 2001 年第 5 个研究主题的关键词及其频次变化

关键词（频次）	关键词（频次）	关键词（频次）	关键词（频次）
Tips（2，12）	Chemical Force Microscopy（0，12）	Atomic Force Microscopy（0，12）	Structural Biology（0，12）
Multivariate Calibration（0，12）	Calibration Transfer（0，12）	Partial Least-Squares（0，12）	Blood（0，12）
Aqueous-Solutions（0，12）	Instrument Standardization（0，12）	3-Dimensional Structure（0，12）	Reflectance（0，12）

续表

关键词（频次）	关键词（频次）	关键词（频次）	关键词（频次）
Near-Infrared Spectroscopy（0，12）	NMR（0，12）	Chemometrics（0，12）	Standardization（0，12）
Biomolecules（0，12）	Blood-Glucose（0，12）	Multivariate Instrument Standardization（0，12）	Calibration（0，12）

第 12 个研究主题的新词数量突变率为 0.90，新词频次突变率为 0.77，重复词频次突变率为 0.64，包含 269 个关键词，其中新词为 243 个，主要研究内容为高温超导体，其关键词及其频次如表 6.3 所示。

超导体临界温度（Tc Superconductors）是指超导体从正常态转变为超导态（零电阻）时的温度，实际上也就是把 Cooper 电子对解体开的温度。正常态和超导态的转变有时是在一定温度范围内发生的，将电阻 R 开始偏离线性所对应的温度叫做“起始转变温度”；将 R 下降到开始转变前正常态电阻值的一半时所对应的温度称为“中点转变温度”；电阻降至零时的温度叫做“零电阻温度”。由于临界温度的不断提高，人们将这些材料称为高温超导体，但是此处的“高温”并不是大多数人认为的几百几千摄氏度的高温，只是相对原来超导所需的超低温高许多的温度，不过也有–200℃左右。临界温度很低的原因是，在常温下，导体原子之间存在空隙，电子在原子之间运动时，要穿越这些空隙，对原子产生碰撞，使原子振动发热形成电阻；而在极低温度下，导体原子之间几乎没有空隙，电子可以不对原子产生碰撞而自由通过。人们一直在进行着探索临界温度更高的超导体的工作。

d 波超导体（D-Wave Superconductors）就是相对轨道角动量为 2 的两个电子配对形成的超导体，是非常规超导体（也称为非 s 波超导体）的一种。根据超导配对波函数的轨道部分角动量进行分类，角动量为 0，1，2 的分别对应 s 波、p 波和 d 波超导体。金属超导体一般是 s 波电子配对，s 波超导体的能隙在整个费米面上都不为零，低能激发是热能激发型的。而高温超导电子配对具有 d 波电子配对，d 波超导体的能隙在费米面的某些点上为零，低能激发是非热激活型的。

超导量子干涉器件（Superconducting Quantum Interference Device，SQUID）是由超导回路和约瑟夫森结（Josephson Junction）构成的器件，是超导电子学件的重要基元。SQUID 工作的物理基础是超导量子效应，主要有直流量子干涉器件（de SQUID）和射频量子干涉器件（rf SQUID）两大类型。前者在超导回路中插入两个约瑟夫森结构成。其最大超导电流随回路所包围的磁通作周期性变化，周期为磁通量子。这种现象的物理本质是超导体系的波函数的干涉效应。因此它直接表现了这种宏观体系的量子特性。在外加直流偏置条件下，其输出电压随外磁场周期性变化。这个特性使之可以被制成最灵敏的磁强计。其单位带宽分辨率可

达 10^{-15} Tesla（相当于地磁场的几百亿分之一）。它可以应用于矿产资源勘探、地质构造研究、无损探伤和超导数字电路等方面。射频 SQUID 由超导回路中插入一个约瑟夫森结构成，通常在射频或微波偏置下使用，具有与前者类似的特性与用途。

电导量子化（Conductance Quantization）是指电导大小不再随导体宽度线性变化，而是出现间隔相等的台阶。根据欧姆定律，电阻正比于导体的长度，反比于导体的横截面积。电子的平均运动自由程远小于导体长度时，电子在导体中是以扩散的方式传输的。但是当导体的长度和宽度向着纳米尺度缩小，电子的平均运动自由程大于或接近原子尺寸时，电子就会在导体中以弹道方式传输，此时电导就不依赖于电导的宏观尺寸，呈现量子化。

表 6.3　2001 年第 12 个研究主题的关键词及其频次变化

关键词（频次）	关键词（频次）	关键词（频次）	关键词（频次）
Junctions（8，53）	Conductance Quantization（0，27）	Steps（0，27）	Dependence（2，10）
Scanning-Tunneling-Microscopy（4，27）	Josephson Junction（0，27）	Energy（0，27）	Mechanical-Properties（0，10）
High-Temperature Superconductors（0，27）	Surface-States（0，27）	Behavior（1，10）	Multiterminal（0，10）
Tc Superconductors（0，27）	Symmetry（0，27）	Constrictions（0，10）	Atomic-Size Contacts（0，10）
D-Wave Superconductors（0，27）	SQUID（0，27）	Time-Reversal Symmetry（0，10）	4-Terminal SQUID（0，10）

6.2.2　基于主题中的重复关键词计算突变程度

第 22 个研究主题的新词数量突变率为 0.77，新词频次突变率为 0.47，重复词频次突变率为 0.78，包含 111 个关键词，其中新词为 86 个，研究主题的主要内容为原子力显微镜的相关技术，其关键词及其频次如表 6.4 所示。

化学气相沉积（Chemical-Vapor-Deposition，CVD）是一种制备材料的气相生长方法，它是把一种或几种含有构成薄膜元素的化合物、单质气体通入放置有基材的反应室，借助空间气相化学反应在基体表面上沉积固态薄膜的工艺技术。化学气相沉积包括常压化学气相沉积、等离子体辅助化学沉积、激光辅助化学沉积、金属有机化合物沉积等。它是半导体工业中应用最为广泛的用来沉积多种材料的技术，包括大范围的绝缘材料、大多数金属材料和金属合金材料。特别是在半导体材料的生产方面，化学气相沉积的外延生长显示出与其他外延方法（如分子束外延、液相外延）相比无与伦比的优越性，即使在化学性质完全不同的衬底上，利用化学气相沉积也能产生出晶格常数与衬底匹配良好的外延薄膜。此外，利用化学气相沉积还可生产耐磨、耐蚀、抗氧化、抗冲蚀等功能涂层。在超大规模集成电路中很多薄膜都是采用 CVD 方法制备。经过 CVD 处理后，表面处理膜密着性约提高 30%，防止高强力钢的弯曲，拉伸等成形时产生的刮痕。

扫描探针显微镜（Scanning Probe Microscope，SPM）是扫描隧道显微镜（STM）及在扫描隧道显微镜的基础上发展起来的各种新型探针显微镜（原子力显微镜 AFM，激光力显微镜 LFM，磁力显微镜 MFM 等）的统称，是国际上近年发展起来的表面分析仪器。是综合运用光电子技术、激光技术、微弱信号检测技术、精密机械设计和加工、自动控制技术、数字信号处理技术、应用光学技术、计算机高速采集和控制及高分辨图形处理技术等现代科技成果的光、机、电一体化的高科技产品。与光学显微镜和电子显微镜完全不同，SPM 不采用任何光学或电子透镜来成像，而是利用尖锐探针在表面上方扫描来检测样品的一些性质。不同类型 SPM 之间的区别在于它们的针尖特性及其相应的针尖-样品相互作用方式的不同，主要包括扫描隧道显微镜和扫描力显微镜两大类。SPM 作为新型的显微工具与以往的各种显微镜和分析仪器相比有着其明显的优势：首先，SPM 具有其他显微镜难以达到的高分辨率；其次，SPM 得到的是实时的、真实的样品表面的高分辨率图像，而不同于某些分析仪器是通过间接的或计算的方法来推算样品的表面结构；最后，SPM 的使用环境宽松，适用于各种工作环境下的科学实验。

表 6.4　2001 年第 22 个研究主题的关键词及其频次变化

关键词（频次）	关键词（频次）	关键词（频次）	关键词（频次）
Self-Assembled Monolayers（3，33）	Materials Science（1，16）	Nanofabrication（2，12）	Scanning Probe Microscopy（1，10）
Gold（12，38）	Atomic-Force Microscope（5，18）	Multiporphyrin Arrays（1，11）	Alkanethiol Monolayers（0，10）
Chemical-Vapor-Deposition（9，35）	Single-Walled Nanotubes（2，13）	Organic-Surfaces（0，11）	Pattern Transfer（0，10）
Atomic-Force Microscopy（5，25）	Quartz-Crystal Microbalance（0，13）	Supramolecular Chemistry（1，10）	Microfabrication（6，14）
Silicon Dioxide（0，25）	Optical Lithography（3，13）	Nanolithography（1，10）	Chain-Length Dependence（0，14）

第 20 个研究主题的新词数量突变率为 0.69，新词频次突变率为 0.31，重复词频次突变率为 0.74，包含 413 个关键词，其中新词为 287 个，研究主题的主要内容为碳纳米管、量子线等纳米电路相关技术，均在其他的主题或关键词簇进行过解释和说明，其关键词及其频次如表 6.5 所示。

表 6.5 2001 年第 20 个研究主题的关键词及其频次变化

关键词（频次）	关键词（频次）	关键词（频次）	关键词（频次）
Growth（32，199）	Electronic-Structure（5，64）	Field-Emission（11，52）	Wires（1，36）
Films（22，127）	Quantum Wires（12，68）	Electronic-Properties（1，42）	Filaments（3，36）
Carbon Nanotubes（10，107）	Ropes（4，52）	Transport（26，65）	Scattering（2，32）
Surface（1，64）	Arrays（9，56）	Tubules（11，50）	Nanotubes（0，32）
Single-Wall（1，61）	Logic（2，44）	Circuits（0，50）	Microtubules（10，38）

6.3 基因工程领域的实证分析

在前面基于新关键词和重复词进行突破性创新识别计算时，基因工程可能产生突破性创新的年份分别为 1997 年、2001 年、2004 年和 1998 年、2002 年。因此，本节选取相应年份的被引科学论文的关键词及其共现关系为例，对其进行聚类得到研究主题，并计算每个研究主题可能产生突破性创新的可能性，进而分析突变程度较高的主题。

6.3.1 基于主题中的新关键词计算突变程度

和基于关键词簇识别出的突破性创新发生的时间对应，选取 1997 年、2001 年、2004 年三个年度进行详细分析。

1. 1997 年与突破性创新相关的研究主题

第 19 个研究主题的新词数量突变率为 0.94，新词频次突变率为 0.89，包含 34 个关键词，其中新词为 32 个，该研究主题的主要内容为遗传病（Genetic-Diseases），突变程度高的前 20 个关键词及其频次如表 6.6 所示。遗传病是指由遗传物质发生改变而引起的或者是由致病基因所控制的疾病，如显性小脑共济失调[Dominant Cerebellar-Ataxia（0，2）]症，亨廷顿病[Huntington's-Disease（0，3），又称神经性舞蹈病]，肌肉萎缩[Muscular-Atrophy（0，1）]等，其相关关键词为 CAG 重复[CAG Repeat（0，3）]、CAG 三核苷酸重复[Trinucleotide Cag Repeat（0，1）]等。基因工程学使得对遗传病的诊断、修复和治疗成为可能。

表 6.6 1997 年第 19 个研究主题的关键词及其频次变化

关键词（频次）	关键词（频次）	关键词（频次）	关键词（频次）
Huntington's-Disease（0，3）	Chromosome 3P12-P21.1（0，2）	Genetic-Diseases（0，1）	Mandibular Condyles（0，1）
CAG Repeat（0，3）	ADCA Type-I（0，1）	Glass Supports（0，1）	Mesenchymal Stem-Cells（0，1）
Instability（0，2）	Immobilization（0，1）	Trinucleotide（0，1）	Microtiter Wells（0，1）
Probes（0，2）	Secondary Cartilage（0，1）	Anticipation（0，1）	Muscular-Atrophy（0，1）
Dominant Cerebellar-Ataxia（0，2）	Clinical-Features（0，1）	Trinucleotide Cag Repeat（0，1）	Amplified Dna（0，1）

2. 2001 年与突破性创新相关的研究主题

第 17 个研究主题的新词数量突变率为 0.80，新词频次突变率为 0.67，重复词频次突变率为 0.53，包含 276 个关键词，其中新词为 221 个，突变程度高的前 20 个关键词及其频次如表 6.7 所示。可以看到，该主题体现了分子生物学与基因工程学的交叉融合，分子生物技术的发展使得基因工程技术具有更广泛的实际应用前景。酶[Enzymes（12，38）]，纤维素酶[Cellulases（0，17）]和里氏木霉（Trichoderma Reesei）是该主题的主要内容。纤维素酶是酶的一种，是能降解纤维素产生葡萄糖的一组酶的总称，β-葡糖苷酶[Beta-Glucosidase（0，9）]就是纤维素酶类的一种。随着基因工程技术的发展，人们应用基因克隆、基因表达、纤维素酶蛋白分子的改造和设计等手段对原始菌株[如里氏木霉（Trichoderma Reesei（0，16））]进行遗传改造从而获得人们所期望的高产纤维素酶，加快纤维素酶广泛应用于工农业生产的进程。

表 6.7 2001 年第 17 个研究主题的关键词及其频次变化

关键词（频次）	关键词（频次）	关键词（频次）	关键词（频次）
Enzymes（12，38）	Cellulose（0，13）	Limited Proteolysis（0，9）	Reesei Cellobiohydrolase-I（0，8）
Hydrolysis（4，26）	Adsorption（2，13）	Beta-Glucosidase（0，9）	Finishing（0，8）
Cellulases（0，17）	Nuclear-Magnetic-Resonance（4，13）	Cellulase（1，9）	Enzymatic-Hydrolysis（0，8）
Trichoderma Reesei（0，16）	Crystalline Cellulose（0，9）	Ethanol（1，9）	Leaves（0，8）
Trichoderma-Reesei（4，19）	Zymomonas-Mobilis（0，9）	Soil（0，8）	Tryptophan Residues（1，8）

第 22 个研究主题的新词数量突变率为 0.76，新词频次突变率为 0.50，重复词频次突变率为 0.05，包含 642 个关键词，其中新词为 488 个，突变程度高的前 20

个关键词及其频次如表 6.8 所示。其中，“斯佩曼组织者”[Spemann Organizer（0，14）]，果蝇胚胎[Drosophila Embryo（1，14）]等与胚胎发育有关。“斯佩曼组织者”是指胚胎发育中，引导细胞如何发育的胚胎区域。可以看出，该研究主题围绕胚胎发育展开，与 2001 年关键词簇得到的结论一致。

原位杂交（In Situ Hybridization）是指将标记的核酸探针与细胞或组织中的核酸进行杂交的技术。原位杂交是在研究 DNA 分子复制原理的基础上发展起来的一种技术，其基本原理是两条核苷酸单链片段在适宜的条件下，通过氢键结合，形成 DNA-DNA、DNA-RNA 或 RNA-RNA 双键分子，将带有标记的 DNA 或 RNA 片段作为核酸探针，与组织切片或细胞内待测核酸（RNA 或 DNA）片段进行杂交，然后可用放射自显影等方法予以显示，在光镜或电镜下观察目的 mRNA 或 DNA 的存在与定位。使用原位杂交术，可在原位研究细胞合成某种多肽或蛋白质的基因表达。此方法有很高的敏感性和特异性，可进一步从分子水来探讨细胞的功能表达及其调节机制，已成为当今细胞生物学、分子生物学研究的重要手段。

骨形态发生蛋白（bone morphogenetic protein，BMP）是美国的 Marshall R.Urist 教授于 1963 年发现的，是一种由两个单体以一个二硫键结合而成的二聚体分子。它是一种酸性糖蛋白，具有扩散性，且富含谷氨酸，与羟基磷灰石有较高的亲和力。骨形态发生蛋白是与胚胎骨骼形成有关的蛋白质，在骨形成的数个阶段均起作用，由形态发生的早期阶段开始，并延续至出生后。在中枢神经的发生中也起着关键作用。骨形态发生蛋白能够诱导动物或人体间充质细胞分化为骨、软骨、韧带、肌腱和神经组织。BMPs 为 TGF-β 超家族中一个较大的亚族，目前已有 20 多种 BMP 被分离并克隆出来，除了 BMP-1 不属于 TGF-β 超家族成员之外，其余均属于 TGF-β 超家族。BMPs 信号通路控制着发育中及成人组织中的一些细胞的生成。此外，骨形态发生蛋白在临床的价值不可限量，基于骨形态发生蛋白的安全性和高效诱导成骨活性被越来越多的实验所证实，主要应用于新鲜骨折、骨缺损、骨不连、脊柱融合以及股骨头缺血性坏死等临床治疗。BMP-4 作为 BMPs 家族成员之一，在空间结构上与 BMPs 大体结构有一致性，只有在成熟区序列方面有其特异性。

原肠胚形成[Gastrulation（0，8）]是指囊胚细胞通过非常有序而复杂的细胞迁移与重排，形成中胚层及出现三胚层结构，是胚胎发育过程中的一个重要的形态发生过程。原肠胚形成期的胚胎即为原肠胚（gastrula）。原肠胚由外胚层（ectoderm）、中胚层（mesoderm）和内胚层（endoderm）构成。其中，中胚层的发生引起了动物身体结构上一系列组织、器官和系统的分化，为动物身体结构的发展和器官功能的进化创造了条件。原肠胚形成过程中，细胞迁移到特定部位，建成躯体雏形，胚体未来器官的区域已基本确定。胚胎发育到原肠胚时期后，就不能再进行胚胎分割技术的处理，否则有可能导致胚胎死亡。

表 6.8　2001 年第 22 个研究主题的关键词及其频次变化

关键词（频次）	关键词（频次）	关键词（频次）	关键词（频次）
Zebrafish（0，35）	Drosophila Embryo（1，14）	Targeted Disruption（6，15）	Neural Induction（0，8）
Floor Plate（2，18）	In Situ Hybridization（0，13）	Mesoderm（0，9）	Division（2，9）
Induction（52，66）	Bone Morphogenetic Protein-4（0，11）	Danio-Rerio（1，9）	Signals（0，7）
Spemann Organizer（0，14）	Embryo（6，16）	Xenopus（1，9）	Organizer（1，7）
Development（1，14）	Heart（4，14）	Gastrulation（0，8）	Polarizing Activity（0，6）

3. 2004 年与突破性创新相关的研究主题

第 29 个研究主题的新词数量突变率为 0.94，新词频次突变率为 0.93，包含 53 个关键词，其中新词为 50 个，突变程度高的前 20 个关键词及其频次如表 6.9 所示。其中，铜绿假单胞菌[Pseudomonas（0，4），或称绿脓杆菌]是一类感染病原菌，极易产生耐药性，是最普遍的耐药菌[Resistant Bacterium（0，1）]之一，对极大部分抗生素均不敏感，一旦感染，临床治疗十分困难。主动外排[Active Efflux（1，3）]系统是细菌存在耐药性并发生获得性多重耐药[Multiple-Antibiotic-Resistance（0，2）]的基本机制，随着分子生物学技术的应用，新的药物外排系统不断被发现，MexA-MexB-OprM 即是铜绿假单胞菌的主动外排系统，而且随着分子生物学技术的应用对该领域的研究也更加深入。耐药基因经过传代、转移、扩散以及不断变异可通过多种机制及其相互作用形成复杂的耐药性，而对耐药菌采取的一般控制原则为，严格控制抗菌药的使用。因此，我国规定于 2004 年开始需持处方购买并合理使用抗生素。

表 6.9　2004 年第 29 个研究主题的关键词及其频次变化

关键词（频次）	关键词（频次）	关键词（频次）	关键词（频次）
Pseudomonas（0，4）	Aromatic-Hydrocarbons（0，2）	Multidrug Efflux System（0，1）	Pseudomonas-Putida Dot-T1E（0，1）
Organic-Solvents（0，4）	Alpha-Amino-Acids（0，2）	Norfloxacin（0，1）	Cis/Trans Isomerization（0，1）
MexA-MexB-OprM（0，3）	Aeruginosa（0，2）	Resistant Bacterium（0，1）	Mediated Iron Uptake（0，1）
Active Efflux（1，3）	Heme（0，2）	Glycine Residues（0，1）	Pyoverdine Siderophore（0，1）
Multiple-Antibiotic-Resistance（0，2）	Toluene（0，2）	Siderophore（0，1）	Apolar Phase（0，1）

第 8 个研究主题的新词数量突变率为 0.82，新词频次突变率为 0.66，重复词频次突变率为 0.37，包含 291 个关键词，其中新词为 239 个，突变程度高的前 20 个关键词及其频次如表 6.10 所示。该主题主要体现的内容是感染性疾病以及病原微生物。肺炎链球菌[Streptococcus-Pneumoniae（3，16）]是一种球状的革兰氏阳性菌，主要的致病物质是肺炎球菌溶血素及荚膜。荚膜具有抗原性，是肺炎链球菌分型的依据。肺炎链球菌是引起社区获得性肺炎[Community-Acquired Pneumonia（0，5）]、急性中耳炎[Acute Otitis-Media（0，6），简称 AOM]、菌血症及儿童脑膜炎的主要致病菌，发展中国家每年有超过 500 万例的 5 岁以下儿童死于肺炎链球菌感染。目前控制肺炎链球菌感染的手段是进行疫苗接种和抗生素治疗。然而，抗生素耐药性[Antibiotic-Resistance（2，7）]变得日益严重，成为医学界的一大难题。抗生素耐药性指原来对某抗生素敏感的生物（尤为病原微生物），经突变后，变成对其高度耐受的特性，这对传染病的防治危害极大。总的来说，该主题与主题 29 的研究内容相似，与基于关键词簇得出的 2004 年研究热点相吻合，研究基因工程在疾病防控和治疗方面的应用。

表 6.10　2004 年第 8 个研究主题的关键词及其频次变化

关键词（频次）	关键词（频次）	关键词（频次）	关键词（频次）
Streptococcus-Pneumoniae（3，16）	Nuclear-Magnetic-Resonance（0，7）	Proteolytic Cleavage（0，5）	Guidelines（0，5）
Amino-Acid-Sequences（3，15）	Coiled-Coil（1，7）	Protekt Us（0，5）	Antimicrobial Susceptibility（0，5）
Neuraminidase（0，10）	Acute Otitis-Media（0，6）	B Virus（0，5）	Sendai Virus（0，5）
Amino-Acid（3，12）	Antibiotic-Resistance（2，7）	Community-Acquired Pneumonia（0，5）	Sindbis Virus（0，4）
A Virus（1，8）	Management（1，6）	Respiratory-Tract Infections（0，5）	A H5N1 Virus（0，4）

6.3.2　基于主题中的重复关键词计算突变程度

和基于重复关键词簇识别出的突破性创新发生的时间对应，选取 1998 年和 2002 年两个年度进行详细分析。

1. 1998 年可能产生突破性创新的研究主题

1998 年的关键词所形成的研究主题中，第 9 个研究主题的重复词频次突变率为 0.55，由 236 个关键词组成，其中有 187 个新关键词。研究主题的关键词及其频次见表 6.11，可以看到，该研究主题的内容与克隆、基因技术以及免疫学相关。

其相关关键词为转基因小鼠[Transgenic Mice（17，47）]、聚合酶链反应[Polymerase Chain-Reaction（6，20），PCR]和单克隆抗体（Monoclonal-Antibodies）等。单克隆抗体是指由单一B细胞经过克隆，形成基因型相同的细胞群，这一细胞群所产生的高度均一、仅针对某一特定抗原表位的抗体。单克隆抗体可以作为诊断试剂，准确识别抗原物质，此外还可用于疾病治疗，主要是与病原体或肿瘤的特异抗原结合后发挥作用进行癌症治疗。聚合酶链反应又称无细胞克隆技术，是一种对特定的 DNA 片段在体外进行快速扩增的新方法。在分子生物学基础研究上，PCR 被广泛地用于基因克隆和制造突变。在临床医学上，PCR 被用于鉴别遗传疾病和快速检测病毒、病菌感染。用 PCR，即可以迅速判断人体细胞（如血液细胞）中是否存在病毒、病菌的DNA（如 HIV 的 DNA）而确诊。

表 6.11 1998 年第 9 个研究主题的关键词及其频次变化

关键词（频次）	关键词（频次）	关键词（频次）	关键词（频次）
Binding（32，65）	Polymerase Chain-Reaction（6，20）	Resolution（6，13）	3-Dimensional Structure（4，9）
Transgenic Mice（17，47）	Monoclonal-Antibody（6，19）	Affinity（2，9）	Phage Display（1，6）
Monoclonal-Antibodies（14，36）	Binding-Site（2，11）	Fragments（8，14）	Phage（1，5）
Antigen（9，27）	Immunodeficiency-Virus Type-1（6，14）	Immunogenicity（0，6）	Single-Chain Fv（0，4）
Crystal-Structure（4，22）	Human-Immunodeficiency-Virus（10，17）	Growth-Factor Receptor（7，12）	Immunoglobulin Variable Domains（0，4）

1998 年的关键词所形成的研究主题中，第 20 个研究主题的重复词频次突变率为 0.45，由 276 个关键词组成，其中有 204 个新关键词。研究主题的关键词及其频次见表 6.12，其主要内容体现了克隆、基因工程技术与遗传学的交叉融合，相关关键词为克隆[Clones（4，19）]、基因文库（Gene Library）、功能性表达[Functional Expression（10，19）]等。该研究主题的关键词中，秀丽隐杆线虫[Caenorhabditis-Elegans（7，23）]是一种无毒无害、可以独立生存的线虫，因其结构简单、通体透明、生活史短、易于培养、遗传可操作性强等特点，成为现代发育生物学、分子生物学、遗传学和基因组学研究的重要模式材料。将含有某种生物不同基因的许多 DNA 片段，导入受体菌的群体中储存，各个受体菌分别含有这种生物的不同的基因，称为基因文库。如果这个文库包含了某种生物的所有基因，那么，这种基因文库叫做基因组文库。基因文库的建立和使用是分离基因，特别是分离高等真核生物基因的有效手段，是 20 世纪 70 年代早期重组 DNA 技术的一个发展，并显示了其在解决分子遗传学和遗传工程中的实际

问题上的巨大潜力。

表 6.12　1998 年第 20 个研究主题的关键词及其频次变化

关键词（频次）	关键词（频次）	关键词（频次）	关键词（频次）
Identification（81，152）	PCR（2，12）	Diversity（0，9）	Libraries（4，10）
Caenorhabditis-Elegans（7，23）	Human Brain（1，11）	Inventory（0，9）	C-Myc（4，9）
Clones（4，19）	Tags（0，10）	Suppression（4，12）	Fragment（2，7）
Hybridization（4，18）	Functional Expression（10，19）	Human Interleukin-8 Receptor（5，12）	Strategy（0，4）
Library（2，13）	Algorithm（1，10）	Domains（8，14）	Precursor Protein Gene（0，4）

1998 年的关键词所形成的研究主题中，第 22 个研究主题的重复词频次突变率为 0.46，由 147 个关键词组成，其中有 112 个新关键词，研究主题的关键词及其频次见表 6.13。其中，干扰素[Interferon（3，6）]是由病毒和其他种类的干扰素诱导剂，刺激网状内皮系统（人体免疫系统的一种）、巨噬细胞、淋巴细胞以及体细胞所产生的活性蛋白，主要是糖蛋白[Glycoprotein（5，15）]。共分为三类，α-（白细胞）型、β-（成纤维细胞）型，γ-（淋巴细胞）型，这种蛋白具有多种生物活性，包括抗增殖、免疫调节、抗病毒和诱导分化作用。干扰素具有广谱性，因其具有的重大临床医疗价值，干扰素基因工程的研究也受到重视，已有基因工程干扰素产品应用到肝炎的临床治疗中。cDNA 克隆[cDNA Cloning（2，5）]是从基因的转录产物（如 mRNA）开始，反转录合成互补 DNA（cDNA），然后重组入载体，经过复制，筛选得到单一种 cDNA 分子的技术。cDNA 的应用在于，用真核生物细胞中的 mRNA 为模板，经反转录为 cDNA 后，就能去除 DNA 中原本具有的并不表达蛋白质的内含子，此后再经 PCR 扩增，可以获得大量的目的基因。

表 6.13　1998 年第 22 个研究主题的关键词及其频次变化

关键词（频次）	关键词（频次）	关键词（频次）	关键词（频次）
Glycoprotein（5，15）	Cytoplasmic Domain（1，5）	Guanylate Kinases（0，3）	Non-B-Hepatitis（1，3）
Binding Protein（3，11）	Receptors（4，7）	Major Histocompatibility Complex（5，7）	Autophosphorylation（1，3）
Simplex Virus Type-1（2，7）	Interferon（3，6）	Polymerase Chain Reaction（4，6）	Immunoglobulin Superfamily（1，3）
Pathogenicity（1，5）	cDNA Cloning（2，5）	Mutational Analysis（3，5）	Viral-Infections（0，2）
Non-A（1，5）	Langerhans Cells（1，4）	Receptor Tyrosine Kinases（2，4）	C Virus（0，2）

2. 2002 年可能产生突破性创新的研究主题

2002 年的关键词所形成的研究主题中，第 9、11、18 个研究主题的重复词频次突变率均为 0.97，分别由 205、225 和 124 个关键词组成，其中，新关键词的数目分别为 97、89 和 49 个。三个研究主题的内容均与肿瘤、癌症有关。三个研究主题的关键词及其频次分别见表 6.14、表 6.15 和表 6.16。第 6 个研究主题的重复词频次突变率为 0.93，由 384 个关键词组成，其中，新关键词数目为 237 个。该研究主题的内容与克隆有关。该研究主题的关键词及其频次如表 6.17 所示。

第 9 个研究主题中，与肿瘤、癌症相关的关键词包括：Squamous-Cell Carcinoma（6，719）、Breast-Cancer（14，448）、Tumor（7，204）和 K-Ras Oncogene（1，203）等，如表 6.14 所示。

鳞状细胞癌（Squamous-Cell Carcinoma）简称鳞癌，是发生于表皮或附属器细胞的一种恶性肿瘤，癌细胞有不同程度的角化。多见于有鳞状上皮覆盖的部位，如皮肤、口腔、唇、食管、子宫颈、阴道等处，皮肤与结膜交界处更易发生。此外，有些部位如支气管、膀胱、肾盂等处虽无鳞状上皮覆盖，但可通过鳞状上皮化生而形成鳞状细胞癌。此类癌肿恶性程度较高，发展较快，破坏也较大。既可破坏眼部组织，侵入鼻旁窦或颅内，又可以通过淋巴管转移至耳前或颌下淋巴结，甚至引起全身性转移。确诊该病需要取病变处组织做病理学检查，根据癌细胞的分化程度分为高、中、低分化。高分化的鳞状细胞癌恶性程度低，而低分化的鳞状细胞癌恶性程度高。治疗以手术切除为主，早期根治性切除就可，中晚期以手术、放疗和化疗综合治疗为好。

二十碳五烯酸（Eicosapentaenoic Acid，EPA）是鱼油的主要成分，属于 ω-3 系列多不饱和脂肪酸，是人体不可缺少的重要营养素。虽然亚麻酸在人体内可以转化为 EPA，但此反应在人体中的速度很慢且转化量很少，远不能满足人体对 EPA 的需要，因此必须从食物中直接补充。在日常饮食中，Ω-3 脂肪酸的主要来源是冷水鱼（如野生鲑鱼），鱼油补充剂也可以提高身体中 EPA 的浓缩度。EPA 具有帮助降低胆固醇和甘油三酯的含量，促进体内饱和脂肪酸代谢的作用，从而降低血液黏稠度，增进血液循环，提高组织供氧而消除疲劳，防止脂肪在血管壁的沉积。增加 EPA 的吸收已经证实对治疗冠状动脉心脏病、高血压和炎症（如风湿性关节炎）有效。此外，EPA 对癌症有抑制作用，其相关机理引起了科研人员的关注。

血管内皮生长因子（Vascular Endothelial Growth Factor，VEGF），早期亦称作血管通透因子（Vascular Permeability Factor，VPF），是血管内皮细胞特异性的肝素结合生长因子（Heparin-Binding Growth Factor）。其功能是刺激血管内皮细胞发生有丝分裂和血管生成，增加血管通透性，促进淋巴内皮细胞生成，增加组织因子产生等。VEGF 在胚胎组织中有广泛表达，血管形成后，正常生理状态下关闭。因此，在正常成人组织中呈低水平表达。由于癌细胞的生长、转移依赖新生血管的形成，所以以 VEGF 及其受体 VEGFR 为靶点对癌症进行抑制和治疗是药物研究的热点。2004 年，获得 FDA 批准的美国罗氏生产的阿瓦斯汀就是以抑制 VEGF 为作用机制的肿瘤治疗药物。

表 6.14　2002 年第 9 个研究主题的关键词及其频次变化

关键词（频次）	关键词（频次）	关键词（频次）	关键词（频次）
In-Vivo（119，1143）	Endothelial Growth-Factor（12，383）	Prognostic Value（2，360）	Adenocarcinoma（2，257）
Activation（134，1091）	Messenger-RNA Levels（3，381）	Real-Time Quantitative Rt-Pcr（2，355）	Molecular Classification（8，248）
Squamous-Cell Carcinoma（6，719）	Eicosapentaenoic Acid（4，365）	Factor VEGF（2，347）	Tumor（7，204）
Up-Regulation（3，538）	Cachectic Factor（2，364）	VEGF（6，338）	Prognostic Factors（2，203）
Breast-Cancer（14，448）	Protein-Degradation（3，363）	Brain（49，327）	K-Ras Oncogene（1，203）

第 11 个研究主题中，与肿瘤、癌症相关的关键词包括：Immunohistochemistry（13，1246）、Tumors（15，750）和 Lung（6，710）等，如表 6.15 所示。

该主题中预后意义[Prognostic-Significance（4，694）]频次突变程度较高。预后（prognosis）是指对创伤或疾病可能造成的后果的预测，是诊断的一部分。它既包括判断疾病的特定后果，如康复，某种症状、体征和并发症等其他异常的出现或消失及死亡；也包括提供时间线索，如预测某段时间内发生某种结局的可能性。医学上对一种疾病的了解，除了其病因、病理、临床表现、化验及影像学特点、治疗方法等方面，疾病的近期和远期恢复或进展的程度也很重要。同一种疾病，由于患者的年龄、体质、合并的疾病、接受治疗的早晚等诸多因素不同，所以即使接受了同样的治疗，预后也可以有很大的差别。同样，预后与伤病的种类、患者的身体状况、有无适当的治疗措施及措施采取是否及时有关。例如，冠心病急性心肌梗死，如果患者较年轻，不伴有糖尿病或其他严重疾病，或治疗及时，使闭塞的血管开通，或严格按照医生的建议改变生活习惯，按时服药、定期复诊，则发生再次梗死、心衰、恶性心律失常、心源性猝死的概率就会大大降低，这就是预后较好，反之则为预后较差。在上述因素中，有些是不可改变的，如年龄、基础情况等；有些则是可以改善的，如正视疾病、积极配合治疗，都有利于预后向好的方向发展。判断预后时，应考虑痊愈的预后、关于劳动能力的预后和关于生命的预后等各个方面。

生长抑素受体[Somatostatin Receptors（3，520），SSTR]是一类介导生长抑素及其类似物，属于一类 G 蛋白偶联的受体家族，其生理功能和作用机制长期以来倍受关注。SSTR 分布广泛，内分泌细胞、淋巴细胞和肿瘤细胞均能表达 SSTR。SSTR 基因存在着 5 种不同的分子亚型，即 SSTR1、SSTR2、SSTR3、SSTR4 和 SSTR5，其中 SSTR2 有两种独立的异构型，SSTR2A 和 SSTR2B。不同的受体介导发挥不同的作用，受体后作用机制也不尽相同。例如，SSTR2 和 SSTR5 均参与生长激素细胞腺癌的生长激素（Growth Hormone，GH）分泌调节，而在泌乳素瘤中只有 SSTR5 参与调节泌乳素的分泌。除了调控 GH 分泌，SSTR 在诱导细胞凋亡、抑制肿瘤细胞增生、抑制胰岛素作用和抑制细胞生长等生物学过程中也发挥重要作用。

表 6.15 2002 年第 11 个研究主题的关键词及其频次变化

关键词（频次）	关键词（频次）	关键词（频次）	关键词（频次）
Gene-Expression（149，3534）	Tumors（15，750）	Cell-Lines（20，618）	Real-Time Rt-Pcr（3，507）
Messenger-RNA（132，3161）	Lung（6，710）	Progression（14，607）	Transcription（49，409）
Immunohistochemistry（13，1246）	Prognostic-Significance（4，694）	Patterns（17，543）	Amplification（28，398）
Localization（48，887）	Polymerase Chain-Reaction（53，679）	Synovial Sarcoma（3，521）	Protein Expression（6，396）
In-Situ Hybridization（9，856）	Molecular-Cloning（112，677）	Somatostatin Receptors（3，520）	Rt-Pcr（4，378）

第 18 个研究主题中，与肿瘤、癌症相关的关键词包括：p53 基因突变（p53 基因突变）、Tumor-Formation（1，183）和 Neck-Cancer（2，182）等，见表 6.16。

p53 基因突变（P53 Gene-Mutations）是 p53 基因正常功能丧失的最主要方式，在所有恶性肿瘤中，50%以上会出现该基因的突变。这是肿瘤中最常见的遗传学改变，说明该基因的改变很可能是人类肿瘤产生的主要发病因素。p53 是一种肿瘤抑制基因（tumor suppressor gene），像所有其他肿瘤抑制因子一样，p53 基因在正常情况下对细胞分裂起着减慢或监视的作用。p53 会判断 DNA 变异的程度，如果变异较小，这种基因就促使细胞自我修复，若 DNA 变异较大，p53 就诱导细胞凋亡。p53 基因是迄今发现与人类肿瘤相关性最高的基因，人们现已认识到，引起肿瘤形成或细胞转化的 p53 蛋白是 p53 基因突变的产物，是一种肿瘤促进因子，它可以消除正常 p53 的功能，而野生型 p53 基因是一种抑癌基因，它的失活对肿瘤形成起重要作用。p53 蛋白还分布于线粒体、核仁等结构，并且与细胞骨架有相互作用关系。p53 基因突变后，由于其空间构象发生改变，失去了对细胞生长、凋亡和 DNA 修复的调控作用，所以 p53 基因由抑癌基因转变为癌基因。

表 6.16 2002 年第 18 个研究主题的关键词及其频次变化

关键词（频次）	关键词（频次）	关键词（频次）	关键词（频次）
Growth-Factor（65，971）	E2a（4，306）	Reverse Transcription（1，185）	Real Time（1，183）
Quantification（4，362）	Loop-Helix Proteins（4，306）	P53 Gene-Mutations（1，184）	Formalin（1，183）
G（1）Progression（2，307）	PCR（24，203）	Protein-Coupled Receptors（4，183）	Camp（3，182）
Id2（2，307）	DNA-Binding Activity（2，188）	Cultured Human Keratinocytes（1，183）	C-Fos Gene（2，182）
Cell-Development（2，307）	Kinase-C（3，186）	Tumor-Formation（1，183）	Neck-Cancer（2，182）

第 6 个研究主题中，与克隆相关的关键词包括：Cloning（201，1102）、Human-Liver（6，364）和 Guinea-Pig（2，348）等；该主题同时也涉及肿瘤、癌症的相关关键词，如表 6.17 所示。

细胞凋亡[Apoptosis（61，386）]是指为维持内环境稳定，由基因控制的细胞自主的有序的死亡。它是机体的一种基本生理机制，并贯穿于机体整个生命活动过程。细胞凋亡不仅是一种特殊的细胞死亡类型，而且具有重要的生物学意义及复杂的分子生物学机制。它涉及一系列基因的激活、表达以及调控等的作用，是具有生理性和选择性的。由于细胞凋亡对胚胎发育及形态发生（Morphogenesis）、组织内正常细胞群的稳定、机体的防御和免疫反应、疾病或中毒时引起的细胞损伤、老化、肿瘤的发生进展起着重要作用，并具有潜在的治疗意义，所以至今仍是生物医学研究的热点。研究细胞凋亡的基本规律和基因调节，对于弄清肿瘤和感染性疾病的发病机制以及寻找新的防治方法具有重要意义。

药物代谢动力学[Pharmacokinetics（9，184）]又称药动学、药代动力学，是定量地描述与概括药物通过各种途径（如静脉注射、静脉滴注、口服给药等）进入生物体内的吸收、分布、代谢和消除，即吸收、分布、代谢、消除（ADME）过程的“量-时”变化或“血药浓度-时”变化的动态规律的一门科学。药物动力学研究各种体液、组织和排泄物中药物的代谢产物水平与时间关系的过程，并研究为提出解释这些数据的模型所需要的数学关系式。随着药物化学的发展及人类健康水平的不断提高，对药物的药代动力学性质的要求越来越高：判断一个药物的应用前景特别是市场前景，不单纯是疗效强，毒性作用小；更要具备良好的药代动力学性质。药物代谢动力学已成为生物药剂学、药理学、毒理学等学科的最主要和最密切的基础，推动着这些学科的蓬勃发展。它还与基础学科如数学、化学动力学、分析化学也有着紧密的联系。其研究成果已经对指导新药设计、优选给药方案、改进药物剂型、提供高效、速效、长效、低毒、低不良反应的药剂，发挥了重要作用。

表 6.17 2002 年第 6 个研究主题的关键词及其频次变化

关键词（频次）	关键词（频次）	关键词（频次）	关键词（频次）
Cloning（201，1102）	Human-Liver（6，364）	Caspase Activation（2，184）	Cytotoxic Lymphocytes（1，181）
Receptor（130，498）	Transport（20，350）	Follicular Lymphoma（1，184）	Assay（10，180）
Translocation（23，421）	Guinea-Pig（2，348）	Death（17，183）	Somatic Mutation（5，180）
Apoptosis（61，386）	Cyp3a43（1，187）	Neoplastic Lymphoid-Tissues（1，182）	Vesicles（2，180）
Secretion（19，380）	Pharmacokinetics（9，184）	Target-Cells（2，181）	Metabolic-Activation（1，180）

6.4 结　　论

本章提出关键词共现网络中的主题突变程度计算方法，对被引科学知识中的突变主题进行识别，并以此表示最有可能产生突破性创新的技术主题和技术领域。本章就如何利用关键词共现分析识别突破性创新进行了详细陈述，计算方式主要包括基于新关键词计算突变程度、基于重复关键词计算突变程度，计算对象是关键词簇形成的研究主题，并分别以纳米电子学和基因工程领域的数据对基于关键词主题突变的突破性创新识别方法进行了验证。

（1）以特定时间段被引科学论文的关键词簇通过共现关系形成的研究主题为分析对象，计算不同时间段每个研究主题的突变程度，以这种突变程度表示特定时间段每个研究主题产生突破性创新的概率，从而对产生突破性创新的研究主题进行识别。

（2）对纳米电子学领域可能产生突破性创新的主题进行识别。在识别突破性创新的产生时间里，已经对该年度出现的关键词进行分析，但是粒度较大。以突变程度最高的 2001 年的关键词簇为分析对象，对其聚类产生的研究主题突变程度进行计算，识别最可能产生突破性创新的研究主题。结果证明，突变程度高的被引科学知识主题发生在纳米导线、碳纳米管、可计算电路等与纳米电路材料和制备密切相关的技术主题中。

（3）对基因工程领域可能产生突破性创新的主题进行识别。以突变程度较高的 2002 年以及 1997 年、2001 年、2004 年和 1998 年的关键词簇为分析对象，对其聚类产生的研究主题突变程度进行计算，识别最可能产生突破性创新的研究主题。结果证明，基因工程的相关研究内容部分在研究主题中有所体现，如克隆技术和癌症的基因疗法。

（4）验证结果显示利用被引科学知识的主题突变识别突破性创新是可能和可行的，验证了所提方法的有效性，并可以在其他与科学知识密切相关的技术领域进行扩展和应用。

7 基于学科分类簇突变的突破性创新识别

学科分类簇由不同时间段被引科学论文的所有学科分类构成，如 2000 年，一阶被引科学论文的所有学科分类形成的学科分类簇；二阶被引科学论文的所有学科分类形成的学科分类簇。本章的技术路线如图 7.1 所示。首先，通过数据获取和处理步骤，得到一阶和二阶被引科学论文的学科分类；接着，由时间段得到学科分类簇，确定突变程度计算对象；最后，依据突变程度的三种计算方式，即新学科分类数量突变率、新学科分类频次突变率以及重复学科分类频次突变率，对学科分类簇的突变程度进行计算；最后，为了验证该方法的准确性和有效性，在纳米电子学和基因工程两个领域进行验证。

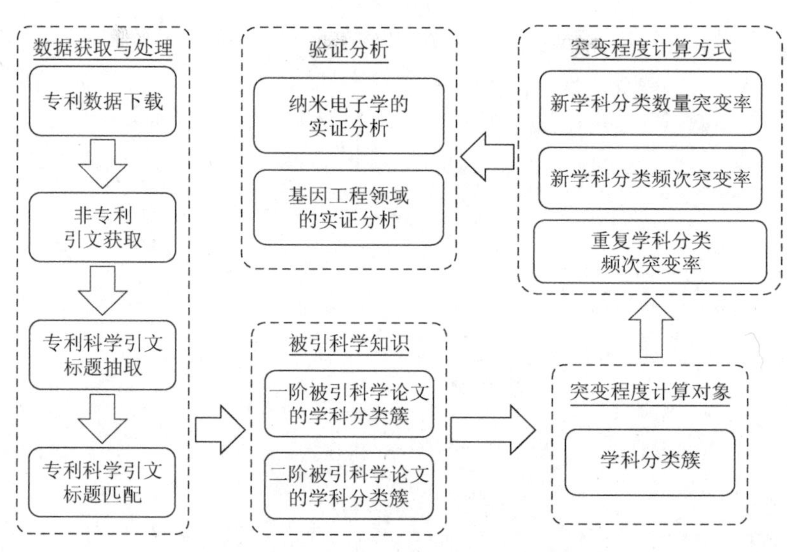

图 7.1 学科分类簇突变的技术路线图

7.1 学科分类簇的突变程度计算方法

参考文献的多学科性是被引科学知识的突变的特征之一。被引科学知识的突变主要通过不同时间段的被引科学知识的差异程度表示，差异程度越高，突变程度越高；差异程度越低，突变程度越低。该方法的基本思路是：不同时间段，被引科学论文的学科分类可能会发生巨大变化，这种巨大变化导致的巨大差异可能预示着被引科学知识的突变，因此，以不同时间段被引科学论文的学科分类的差异程度表示突变程度。差异程度的计算方式和计算对象共同构成了被引科学知识的突变程度计算方法，如图 7.2 所示。

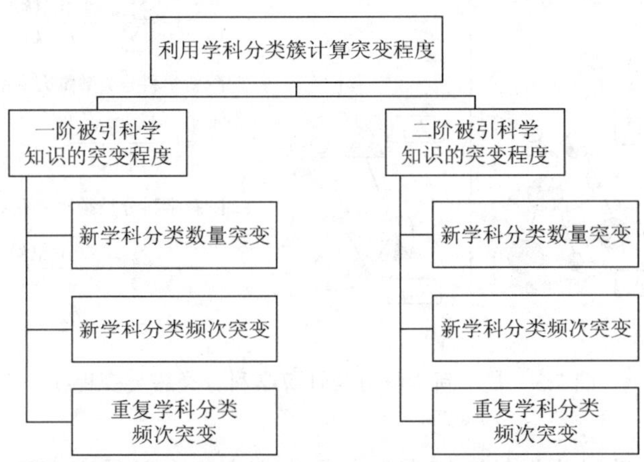

图 7.2　基于学科分类的突变程度计算方法

7.1.1　基于新学科分类计算学科分类簇突变程度

不同时间段，新学科分类的大量涌现可能预示着以此为代表的科学知识将要发生突变。这种突变可以通过该时间的新学科分类计算的差异程度来表示。分别以不同时间段的所有学科分类为研究对象，学科分类簇的差异程度表示该时间段产生突破性创新的可能性，间接表示了突破性创新产生的时间。

如图 7.3 所示，在 t 和 $t+1$ 时间段，一阶被引科学论文的学科分类簇表示该时间段的所有学科分类，分别以 C_t 和 C_{t+1} 表示；与此类似，二阶被引科学论文的学科分类簇分别以 N_t 和 N_{t+1} 表示。

学科分类的频次表示出现该学科分类的论文数目，分别以 $w_t(k)$和$w_{t+1}(k)$ 表示学科分类 k 在 t 和 $t+1$ 时间段的出现频次。t 时间段的学科分类以圆形表示，$t+1$ 时间段的学科分类以三角形表示。

（1）一阶新学科分类数量突变率：使用 $t+1$ 时间段新学科分类数量占该时间段的所有学科分类数量的比例来表示，新学科分类的数量所占比例越高，突变程度越大；新学科分类的数量所占比例越低，突变程度越小。在 t 和 $t+1$ 时间段，相同的学科分类的数量以 $|C_t \cap C_{t+1}|$ 表示，并使用 $t+1$ 时间段的学科分类簇的总数进归一化，以 $|C_{t+1}|$ 表示，最终，一阶新学科分类数量突变率表示为 $1-\frac{|C_t \cap C_{t+1}|}{|C_{t+1}|}$。

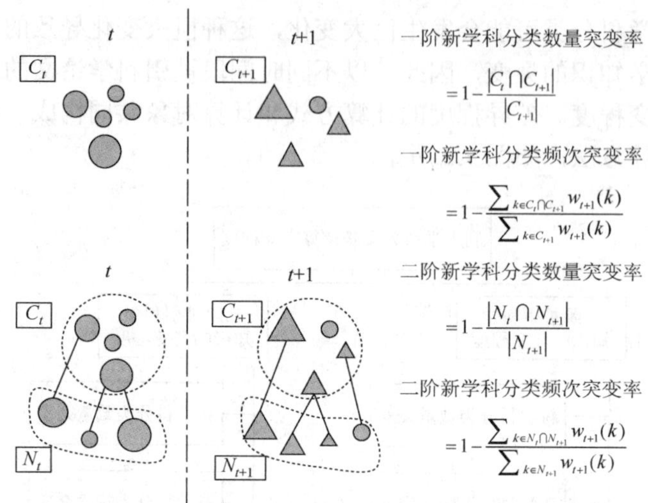

图 7.3　基于新学科分类计算学科分类簇突变程度

（2）一阶新学科分类频次突变率：频次突变率在数量突变率的计算基础上，考虑新学科分类的出现频次对突变程度的影响，与数量突变率的计算是类似的。新学科分类出现频次总和所占比例越高，突变程度越大；新学科分类出现频次总和所占比例越低，突变程度越小。在 $t+1$ 时间段，相同学科分类的出现频次之和以 $\sum_{k\in C_t\cap C_{t+1}} w_{t+1}(k)$ 表示，并使用 $t+1$ 时间段的学科分类簇的总出现频次进行归一化，以 $\sum_{k\in C_{t+1}} w_{t+1}(k)$ 表示，最终，一阶新学科分类频次突变率表示为 $1-\frac{\sum_{k\in C_t\cap C_{t+1}} w_{t+1}(k)}{\sum_{k\in C_{t+1}} w_{t+1}(k)}$。

（3）二阶新学科分类数量突变率：与一阶新学科分类数量突变率的计算方式相同，计算对象由一阶被引科学论文的学科分类簇 C_t 和 C_{t+1} 变为二阶被引科学论文的学科分类簇 N_t 和 N_{t+1}。

（4）二阶新学科分类频次突变率：与一阶新学科分类频次突变率的计算方式相同，计算对象由一阶被引科学论文的学科分类簇 C_t 和 C_{t+1} 变为二阶被引科学论文的学科分类簇 N_t 和 N_{t+1}。

7.1.2　基于重复学科分类计算学科分类簇突变程度

不同时间段，重复学科分类的巨大变化可能预示着以此为代表的科学知识将要发生突变。这种突变可以通过后一时间段的学科分类簇相对于前一时间段的学科分类簇的词频变化程度来计算。以特定时间段的所有学科分类为研究对象，学科分类簇的差异程度表示该时间段产生突破性创新的可能性，间接表示了突破性创新产生的时间。

如图 7.4 所示，在 t 和 $t+1$ 时间段，一阶被引科学论文的学科分类簇表示该时间段的所有学科分类，分别以 C_t 和 C_{t+1} 表示；与此类似，二阶被引科学论文的学科分类簇分别以 N_t 和 N_{t+1} 表示。

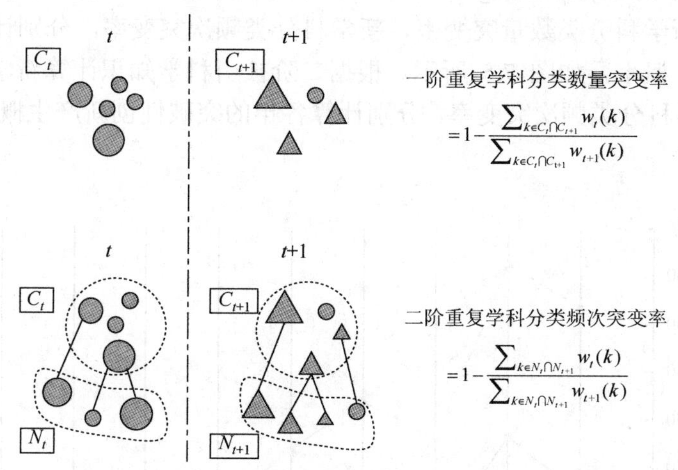

图 7.4　基于重复学科分类计算学科分类簇突变程度

学科分类的频次表示出现该学科分类的论文数目，分别以 $W_t(k)$ 和 $W_{t+1}(k)$ 表示学科分类 k 在 t 和 $t+1$ 时间段的出现频次。t 时间段的学科分类以圆形表示，$t+1$ 时间段的学科分类以三角形表示。

（1）一阶重复学科分类频次突变率：该频次突变率表示 t 和 $t+1$ 时间段间重复学科分类的频次变化程度，变化程度越大，突变程度越大；变化程度越小，突变程度越小。重复学科分类的频次变化以 $\sum_{k\in C_t\cap C_{t+1}} W_{t+1}(k)-\sum_{k\in C_t\cap C_{t+1}} W_t(k)$ 表示，并使用 $t+1$ 时间段的重复学科分类簇频次总和进行归一化，以 $\sum_{k\in C_t\cap C_{t+1}} W_{t+1}(k)$ 表示，最终，一阶重复学科分类频次突变率表示为 $1-\frac{\sum_{k\in C_t\cap C_{t+1}} W_t(k)}{\sum_{k\in C_t\cap C_{t+1}} W_{t+1}(k)}$。

（2）二阶重复学科分类频次突变率：与一阶重复学科分类频次突变率的计算方式相同，计算对象由一阶被引科学论文的学科分类簇 C_t 和 C_{t+1} 变为二阶被引科学论文的学科分类簇 N_t 和 N_{t+1}。

7.2 纳米电子学领域的实证分析

7.2.1 基于学科分类簇中的新学科分类计算突变程度

学科分类（Subject Category，SC）在下面文中以 SC 代替。根据一阶被引科学知识计算新学科分类数量突变率、新学科分类频次突变率，分别计算各年的突破性创新产生概率，如图 7.5 所示。根据二阶被引科学知识计算新学科分类数量突变率、新学科分类频次突变率，分别计算各年的突破性创新产生概率，如图 7.6 所示。

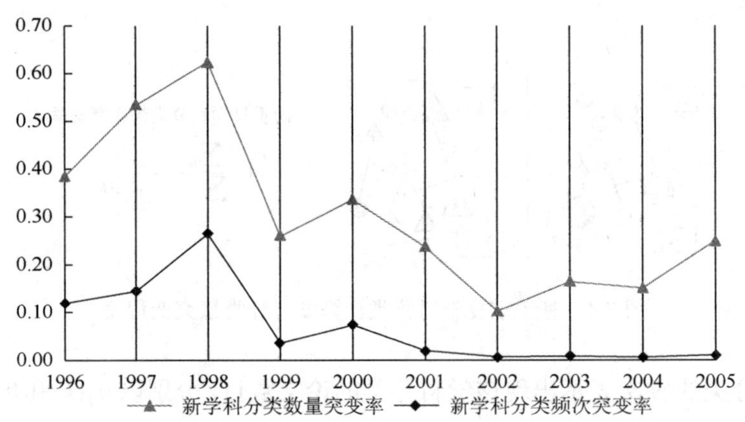

图 7.5 基于新学科分类差异的一阶被引科学论文学科分类簇的突变率变化

总体来看，依据一阶被引科学知识计算突变程度的两条曲线，它们的总体趋势基本保持一致，新学科分类的频次突变率代表了新学科分类的出现频次在整个年度所有学科分类簇中的所占比例，其值越大，表示当年学科分类的作用越大；依据二阶被引科学知识计算突变程度的两条曲线，它们的总体趋势同样也基本保持一致。

依据一阶被引科学知识计算的突变程度，不同时间段的峰值发生在 1998 年，两项指标计算的突变程度一致；依据二阶被引科学知识计算的突变程度，不同时间段的峰值发生在 1998 年、2001 年，两项指标计算的突变程度一致。1998 年的二阶被引科学知识是一阶被引科学知识的基础，2001 年的二阶被引科学知识则是一阶被引科学知识的补充，可能识别出潜在的突破性创新；1998 年和 2001 年均能提前识别突破性创新，有较强的预警作用。下面将选取 1998 年和 2001 年两个年度进行详细分析。

由于是依据新学科分类计算突变程度，所以，在做详细分析时，只列出了1998年、2001年的排名前10的一阶和二阶被引科学论文的新学科分类及其频次。在结果展示中，该领域意义较为宽泛的学科分类也偶尔出现在列表中，它们再次以高频次出现，可能意味着新的含义，特别是在综合考虑其上下文语境的情况下，即与该学科分类紧密关联的其他新学科分类的共同作用下。该问题需要在下一步工作中进行完善。

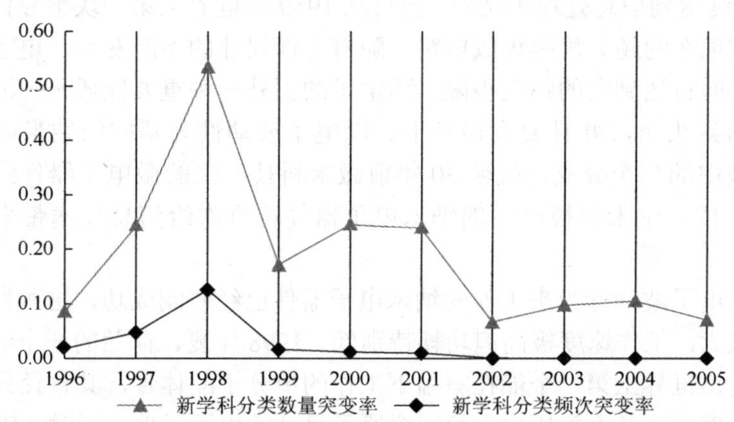

图 7.6 基于新学科分类差异的二阶被引科学论文学科分类簇的突变率变化

1. 1998 年与突破性创新相关的新学科分类

1998年排名前10的一阶被引科学论文的新学科分类及其频次见表7.1，该年的学科分类突变涵盖了计算机、生物、材料、化学和物理等领域。

表 7.1 1998 年一阶被引科学论文的新学科分类及其频次变化

新学科分类（频次）	新学科分类（频次）
Computer Science，Hardware & Architecture（0，10）	Materials Science，Multidisciplinary（0，5）
Computer Applications & Cybernetics（0，9）	Physics，Multidisciplinary（0，5）
Biochemistry & Molecular Biology（0，6）	Chemistry，Multidisciplinary（0，4）
Genetics & Heredity（0，6）	Engineering，Chemical（0，4）
Biotechnology & Applied Microbiology（0，5）	Spectroscopy（0，4）

纳米电子器件与学科分类 Computer Science，Hardware & Architecture（0，10）相关，主要是基于微电子器件对计算机微型化发展具有重要应用价值。学科 Computer Applications & Cybernetics（0，9）在微电子控制方面与纳米电子学相关。纳米电子学与学科分类 Engineering，Chemical（0，4）、Spectroscopy（0，4）在该年的

相关研究在于原子力显微镜（Atomic-Force Microscope）的应用和发展。纳米电子学与学科 Physics，Multidisciplinary（0，5）、Chemistry，Multidisciplinary（0，4）的共同研究领域为纳米材料，在该年为碳纳米管，这与基于关键词簇的突变识别研究结果一致，碳纳米管为该领域突破性创新的重要组成部分。

现在使用的计算机为数字电子计算机，其关键技术是用微电子技术制备的晶体管集成电路芯片。其根本机制是利用电子所具有的粒子性，通过控制电子的集群运动，最终达到信息处理等功效。但自从 1959 年世界上第一块半导体集成电路问世开始到现在的超大规模集成电路，随着元件尺寸的不断变小，电子的粒子性已被使用得即将达到它的物理极限。而电子的另外一种重要性质——波动性，却是刚开始崭露头角，并且要大显身手。以电子波动性为基础的纳米电子学是当前纳米科技中的一个分支。就像 30 年前微米科技产生的微电子器件给信息技术带来革命一样，纳米科技产生的纳米电子器件将再次给信息技术带来革命性的变革[166]。

现在以电子波动行为来工作的纳米电子器件已经研制成功，这种器件体积微小但容量极大，工作速度极高但功耗特别低。1998 年夏，荷兰的一个研究小组用纳米管制造出世界上第一个能在室温下工作的单分子晶体管，其直径只有 5 个原子左右的长度，这是人类历史上第一个原子尺寸的电子元件。同时，IBM 公司也展示了用碳纳米管制造的单电子晶体管。

利用纳米科技制造的单电子晶体管是依据库仑堵塞效应、单电子隧道效应和宇称效应等物理学原理，设计和制造的纳米结构器件，其工作原理是通过控制单个电子的运动状态，而达到数据表述、信息处理的功效。这种单电子晶体管尺寸很小，只有几纳米，如果把它们集成起来做成计算机芯片，计算机的体积和耗电量将超大幅度地减小，而计算机的运算速度和容量将以无法想象的倍数增加。保守地估计，这种计算机的运算能力可达到当前最快的奔腾芯片的数亿倍。尽管根据量子力学的规律，电子有隧穿效应存在，这将给单电子器件的控制带来一定的困难；尽管人们还不太清楚如何把这些单电子器件组构成集成电路；尽管人们还不能确定应如何编制程序来控制这些单电子器件的运算和数据处理，但这毕竟是一个新的伟大开端，就同 1946 年的第一台电子管计算机问世一样重要，单电子器件将构成全新概念的计算机。

在纳米科技的支持下，量子计算机框架体系被普遍认为是较为现实的新概念计算机体系。它利用以电子波动性设计的单电子集成电路为核心芯片实施数据处理，采用“量子蜃景”等技术实现原子级电路，用“囚禁”原子的小颗粒量子点制造量子磁盘来存储数据，配合相应的控制程序，实现完整的量子计算机体系。

光子计算机也是当前计算机技术发展的一个重要方向，但如何进行光运算是其中至关重要的核心技术。现在英国科学家应用纳米科技研制出了一种尺寸只有

4 纳米的复杂分子，这种分子具有明显的“开”“关”特性，完全可以表示二进制运算中的“0”“1”逻辑，而且“开”“关”状态保存时间长，可以用激光驱动其“开”或“关”，反应时间极短，或者说处理和计算速度极快。这一重要成果为光运算的实现奠定了基础，使人们看到了光子计算机的曙光。

此外，把纳米科技与生命科学技术相结合制造生物计算机（也称分子计算机或 DNA 计算机）是 21 世纪科学家努力的另一个目标。生物计算机将彻底抛弃冯·诺依曼的传统计算机体系结构，使用以蛋白分子为材料的“生物芯片”，完全抛弃以硅半导体为原材料的电子器件，不仅具有巨大的存储能力，而且能模仿生物以波的形式传播信息，并且具备生物体的某些功能，可称得上是名副其实的“电脑”。英国剑桥大学的一个纳米科技研究小组正在试验一种 DNA 分子芯片，计算机里装上这种芯片，就可以完全读懂 DNA 序列，几分钟内可给出全部基因编码。这还是属于生物芯片级的研究，因为这个生物芯片还需要与现有的硅芯片计算机配合，随着纳米科技的快速发展，真正的生物计算机将在不久的将来展现在我们面前。

方兴未艾的纳米材料科学与制备技术也将对计算机技术产生巨大的作用。例如，纳米磁膜材料将可以大幅度地提高磁记录密度，这使纳米级的磁盘和光盘的制造成为可能。这种存储设备的存储量将是现有磁盘和光盘存储量的数万倍。2015 年 3 月，IBM 的一个科技小组的科学家宣布，他们利用大自然的自组装现象，通过某种化学反应，使纳米尺度的磁性微粒按照预先设定的间距，自组装成有序阵列。这是实现纳米级磁盘和光盘的关键所在。此外，随着人工合成纳米材料工艺的不断提高，软件与硬件的界限将变得非常模糊，硬件的制备将变得简单和直接，甚至可以从网络上直接下载硬件。下载硬件的方式可以有多种，例如，通过重新排列接收盘上的分子来达到制造出芯片的效果，只要下载的内容不超过分子团的体积。这与我们当今下载软件是以改变分子团磁性特征的方式重新构造磁盘的物质结构从本质上是一样的。还可以用“打印”的方式下载硬件或制造芯片。美国麻省理工学院媒体实验室印刷型 PC 研究小组已经成功地在塑料薄片上用打印的方法制造出包含几百个晶体管的芯片。使用的是含有纳米半导体细粉的“墨水”，即一种大小只有 100 个原子左右的无机半导体纳米晶体悬浮液，其中的半导体微粒尺寸在 200 纳米左右，这正好与当前喷墨打印机使用的墨水中的颜料微粒尺寸相当。这个研究小组的目标是用普通的喷墨打印机来实现“打印”芯片的工作。如果这一研究方案得以实现，那么由中国人发明的古老的印刷术又将在 21 世纪的高新科技中放射出新的光辉。

纳米科技对计算机技术的影响将是革命性的，预计不久的将来，以硅半导体芯片为核心的电子计算机将让出其主导地位，取而代之的将是以纳米电子技术为核心的量子计算机、光子计算机和生物计算机。

新出现的二阶被引科学论文的学科分类是一阶被引科学知识的基础，并对一阶被引科学知识进行了细化，如表 7.2 所示。二阶被引科学知识中涉及的石墨烯小管[Graphene Tubules（0，8）]、金属微管[Metal Microtubules（0，9）]分别对一阶被引科学知识中涉及的小管（Tubules）、微管（Microtubules）进行补充和细化；同样，Mechanical Computers（0，8）、Turing-Machines（0，8）对计算机（Computer）进行补充和细化，此时主要是利用计算机的强大计算和分析能力。

细胞生物学是从显微水平、超微水平和分子水平等不同层次研究细胞的结构、功能及生命活动，是生命科学的基础学科。该学科与纳米电子学的共同研究方向在于显微镜的发展与应用，以及纳米级材料和技术在细胞生物学的应用。

表 7.2　1998 年二阶被引科学论文的新学科分类及其频次变化

新学科分类（频次）	新学科分类（频次）
Cell Biology（0，13）	Biology（0，6）
Physics，Mathematical（0，9）	Computer Science，Cybernetics（0，6）
Computer Science，Theory & Methods（0，8）	Immunology（0，5）
Mathematics，Applied（0，7）	Mathematics（0，5）
Neurosciences（0，7）	Medicine，General & InteRNAl（0，5）

2. 2001 年与突破性创新相关的新学科分类

2001 年排名前 20 的一阶被引科学论文的新学科分类及其频次见表 7.3，该年度的学科分类突变主要集中在高温超导体、纳米电路、碳纳米管方面，碳纳米管、纳米电路与突破性创新对应。

从关键词及学科分类可以看到，High-Temperature Superconductors 更多的与学科分类 Chemistry，Inorganic & Nuclear（0，8）相关，是当前的热点研究领域，可能带来突破性创新的发生，2008 年的“年度十大突破”中排名第四位的为高温超导体。科学家为提高超导体的临界温度已经做了几十年的努力，但他们都把目光集中在了铜氧材料上，日本和中国科学家的发现激起了超导领域的波澜：铁氧材料也能达到 26K（镧-铁-砷-氧材料）和 55K（镨/钐-铁-砷-氧材料）的超导临界温度。虽然与 138K 的记录相去甚远，但铁氧高温超导材料将是解释超导理论的突破口。纳米技术开始与高温超导体材料领域结合并产生应用。

该年度突变程度较高的关键词 Circuits、Nanotubes、Walled Carbon Nanotubes 更多的与学科分类 Chemistry，Inorganic & Nuclear（0，8）、Nanoscience & Nanotechnology（0，6）等相关。纳米电路、碳纳米管等相关技术的出现与纳米电子学领域的突破性创新对应。

表 7.3 2001 年一阶被引科学论文的新学科分类及其频次变化

新学科分类（频次）	新学科分类（频次）
Engineering，Petroleum（0，14）	Imaging Science & Photographic Technology（0，5）
Chemistry，Inorganic & Nuclear（0，8）	Thermodynamics（0，5）
Pharmacology & Pharmacy（0，7）	Biology，Miscellaneous（0，4）
Nanoscience & Nanotechnology（0，6）	Robotics（0，4）
Urology & Nephrology（0，6）	Engineering，Industrial（0，3）

2001 年的突破性创新是通过二阶被引科学知识突变识别出来的，新出现的二阶被引科学论文的关键词和学科分类是对一阶被引科学知识的有益补充，一阶和二阶被引科学知识涉及的内容是基本相同的，如表 7.4 所示。

纳米技术与物理学中的 Physics，Particles & Fields（0，16）学科有较大关联，纳米粒子，2001 年突变程度较高的主题有量子效应等，与物理场的尺寸效应有关。

表 7.4 2001 年二阶被引科学论文的新学科分类及其频次变化

新学科分类（频次）	新学科分类（频次）
Robotics & Automatic Control（0，20）	Geology（0，9）
Agriculture，Soil Science（0，17）	Toxicology（0，9）
Physics，Particles & Fields（0，16）	Urology & Nephrology（0，7）
Engineering，Civil（0，14）	Transplantation（0，6）
Surgery（0，12）	Agriculture，Dairy & Animal Science（0，5）

7.2.2 基于学科分类簇中的重复学科分类计算突变程度

根据一阶被引科学知识计算的重复学科分类频次突变率如图 7.7 所示，根据二阶被引科学知识计算的外联重复学科分类频次突变率如图 7.8 所示。

总体来看，依据一阶被引科学知识计算的重复学科分类频次突变率与依据二阶被引科学知识计算的重复学科分类频次突变率的两条曲线，它们的总体趋势基本保持一致。

依据一阶被引科学知识计算的突变程度，不同时间段的峰值发生在 2001 年和 2004 年，依据二阶被引科学知识计算的突变程度，不同时间段的峰值也发生在 2001 年、2004 年，两项指标计算的突变程度一致。2001 年、2004 年的二阶被引科学知识均是一阶被引科学知识的基础；2001 年与突破性创新的实际产生时间一致，有一定的预警作用，但是相对较弱。下面将选取 2001 年和 2004 年两个年度进行详细分析。

因为依据的是重复学科分类计算的突变程度，所以在做详细分析时，只列出了 2001 年、2004 年的排名前 10 的一阶和二阶被引科学论文的重复学科分类及其频次。代表性的重复学科分类是通过两个时间段的学科分类频次差进行提取的，频次差值越大，排序越靠前。然而，该领域中意义较为宽泛的学科分类也会出现在列表中，需要通过该领域的通用词表进行剔除，该问题需要在下一步工作中进行完善。

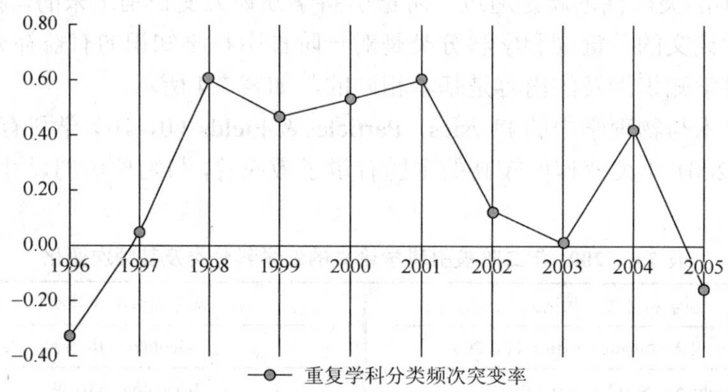

图 7.7　基于重复学科分类差异的一阶被引科学论文学科分类簇的突变率变化

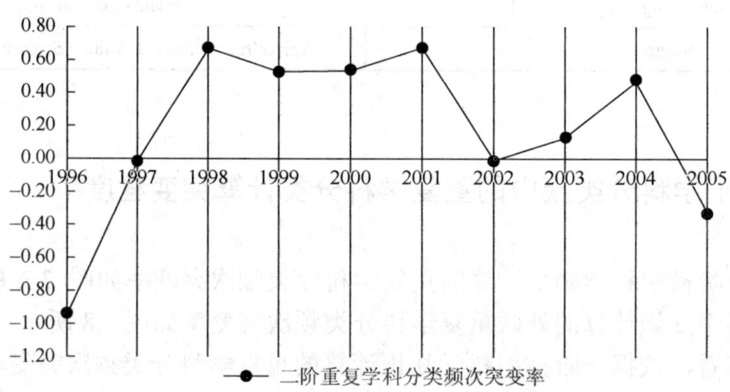

图 7.8　基于重复学科分类差异的二阶被引科学论文学科分类簇的突变率变化

1. 2001 年与突破性创新相关的重复学科分类

2001 年重复的一阶被引科学论文的关键词和学科分类见表 7.5。从关键词及学科分类可以看到，Quantum Wires（12，68）、Electronic-Structure（5，64）、

Computation（8，54）、Junctions（8，53）更多的与学科分类 Physics，Atomic，Molecular & Chemical（15，90）相关，均是量子计算机的相关技术，也是当前的热点研究领域，可能带来突破性创新的发生。

Carbon Nanotubes（10，107）、Single-Wall（1，61）更多的是与学科分类Physics，Applied（348，830）、Materials Science，Multidisciplinary（23，256）、Materials Science（49，97）等相关。碳纳米管、单层碳纳米管等相关技术的出现与纳米电子学领域的突破性创新对应。

表 7.5　2001 年一阶被引科学论文的重复学科分类及其频次变化

重复学科分类（频次）	重复学科分类（频次）
Physics，Applied（348，830）	Engineering，Electrical & Electronic（258，453）
Multidisciplinary Sciences（146，391）	Chemistry，Multidisciplinary（16，172）
Physics，Condensed Matter（50，290）	Optics（58，169）
Materials Science，Multidisciplinary（23，256）	Physics，Atomic，Molecular & Chemical（15，90）
Chemistry，Physical（23，245）	Physics，Multidisciplinary（12，84）

2001 年重复出现的二阶被引科学论文学科分类是一阶被引科学知识的基础，主要涉及的内容与一阶被引科学论文的学科分类是基本相同的，并对一阶被引科学知识进行了细化，如表 7.6 所示。

Physics，Condensed Matter（304，1321）学科的突变程度较高，这是研究凝聚态物质的物理性质与微观结构以及它们之间的关系，即通过研究构成凝聚态物质的电子、离子、原子及分子的运动形态和规律，从而认识其物理性质的一门学科。在诸如半导体、磁学、超导体等许多学科领域中的重大成就已在当代高新科学技术领域中起关键性作用，为发展新材料、新器件和新工艺提供了科学基础。其研究的热点有纳米科技、巨磁阻效应和高温超导等，这与前面基于关键词簇和研究主题的突破性创新识别结果相符。

表 7.6　2001 年二阶被引科学论文的重复学科分类及其频次变化

重复学科分类（频次）	重复学科分类（频次）
Physics，Applied（597，1911）	Physics，Atomic，Molecular & Chemical（144，831）
Multidisciplinary Sciences（556，1728）	Materials Science（194，779）
Physics，Condensed Matter（304，1321）	Materials Science，Multidisciplinary（32，586）
Chemistry，Physical（199，1127）	Chemistry，Multidisciplinary（33，536）
Physics（296，1086）	Chemistry（193，692）

2. 2004 年与突破性创新相关的重复学科分类

2004 年的结果与 2001 的结果大致类似，可以认为是 2001 年的技术发展和延伸，重复出现的一阶被引科学论文的学科分类见表 7.7。

从学科分类可以看出，Quantum Wires（47，147）、Electronic-Properties（36，139）、Wires（30，118）更多的与学科分类 Physics，Atomic，Molecular & Chemical（114，279）相关，均是量子计算机的相关技术，也是当前的热点研究领域，可能带来突破性创新的发生。

本年度中的 Single-Wall（66，250）、Carbon Nanotubes（102，248）、Carbon Nanotube（37，99）更多的与学科分类 Physics，Applied（1014，1821）、Materials Science，Multidisciplinary（402，939）等相关。碳纳米管、单层碳纳米管等相关技术的出现与纳米电子学领域的突破性创新对应。

表 7.7　2004 年一阶被引科学论文的重复学科分类及其频次变化

重复学科分类（频次）	重复学科分类（频次）
Physics，Applied（1014，1821）	Physics，Condensed Matter（247，466）
Materials Science，Multidisciplinary（402，939）	Engineering，Electrical & Electronic（563，739）
Chemistry，Physical（249，650）	Physics，Atomic，Molecular & Chemical（114，279）
Chemistry，Multidisciplinary（232，522）	Chemistry（38，117）
Multidisciplinary Sciences（405，651）	Energy & Fuels（15，83）

2004 年重复出现的二阶被引科学论文的学科分类是一阶被引科学知识的基础，主要涉及的内容与一阶被引科学论文的学科分类是基本相同的，并对一阶被引科学知识进行了细化，见表 7.8。

表 7.8　2004 年二阶被引科学论文的重复学科分类及其频次变化

重复学科分类（频次）	重复学科分类（频次）
Physics，Applied（2192，4183）	Physics，Atomic，Molecular & Chemical（860，2159）
Multidisciplinary Sciences（1846，3727）	Chemistry，Multidisciplinary（678，1698）
Chemistry，Physical（1241，2889）	Materials Science（838，1718）
Physics，Condensed Matter（1317，2773）	Physics（1070，1902）
Materials Science，Multidisciplinary（825，2185）	Physics，Multidisciplinary（678，1453）

7.3 基因工程领域的实证分析

7.3.1 基于学科分类簇中的新学科分类计算突变程度

根据一阶被引科学知识计算新学科分类数量突变率、新学科分类频次突变率，计算各年突破性创新产生的概率，如图 7.9 所示。根据二阶被引科学知识计算新学科分类数量突变率、新学科分类频次突变率，计算各年突破性创新产生的概率，如图 7.10 所示。

总体来看，依据一阶被引科学知识计算突变程度的两条曲线，它们的总体趋势基本保持一致，新学科分类的频次突变率代表了新学科分类的频次总和与整个年度所有学科分类的总频次的比例，其值越大，表示当年新学科分类起的作用越大；依据二阶被引科学知识计算突变程度的两条曲线，它们的总体趋势同样也基本保持一致。

依据一阶被引科学知识计算的突变程度，不同时间段的峰值发生在 1997 年和 2001 年，两项指标计算的突变程度均一致；依据二阶被引科学知识计算的突变程度，不同时间段的峰值发生在 2004 年，两项指标计算的突变程度基本保持一致。1997 年和 2001 年的二阶被引科学知识是一阶被引科学知识的基础，2004 年的二阶被引科学知识则是一阶被引科学知识的补充，可能识别出潜在的突破性创新；1997 年和 2001 年均能提前识别突破性创新，有较强的预警作用。下面将选取 1997 年、2001 年、2004 年三个年度进行详细分析。

由于是依据新学科分类计算突变程度，所以，在做详细分析时，只列出了 1997 年、2001 年和 2004 年排名前 10 的一阶和二阶被引科学论文的新学科分类及其频次。

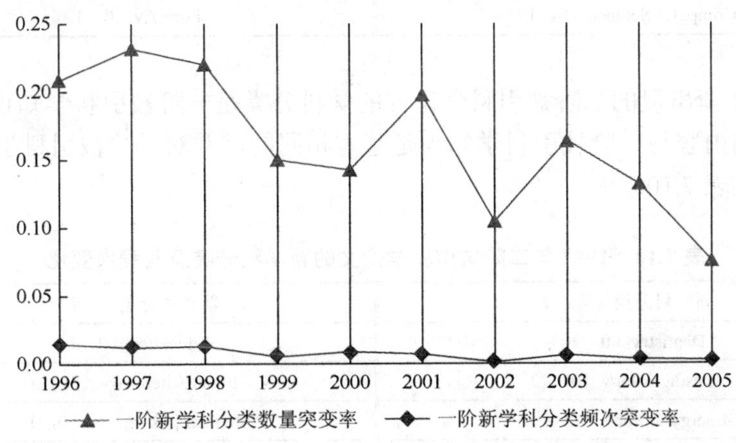

图 7.9 基于新学科分类差异的一阶被引科学论文学科分类簇的突变率变化

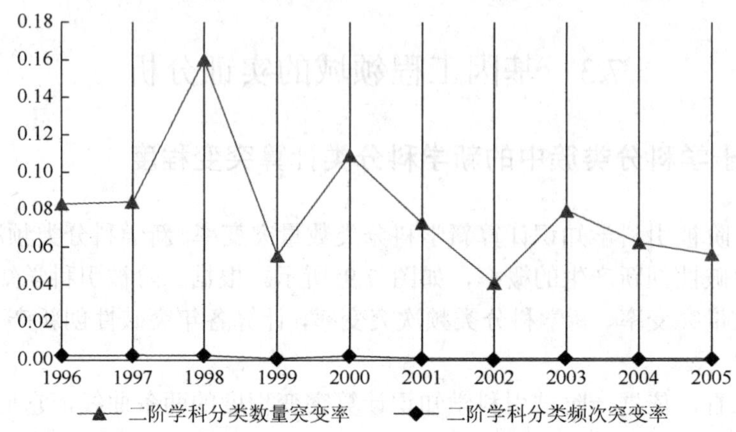

图 7.10 基于新学科分类差异的二阶被引科学论文学科分类簇的突变率变化

1. 1997 年与突破性创新相关的新学科分类

1997 年的一阶被引科学论文的新学科分类及其频次见表 7.9，该年新出现的学科分类主要集中在眼科学[Ophthalmology（0，4）]、过敏[Allergy（0，3）]以及呼吸系统[Respiratory System（0，2）]。

表 7.9 1997 年一阶被引科学论文的新学科分类及其频次变化

新学科分类（频次）	新学科分类（频次）
Ophthalmology（0，4）	Critical Care Medicine（0，1）
Allergy（0，3）	Crystallography（0，1）
Respiratory System（0，2）	Ecology（0，1）
Behavioral Sciences（0，1）	Energy & Fuels（0，1）
Computer Science（0，1）	Forestry（0，1）

1997 年新出现的二阶被引科学论文的学科分类是一阶被引科学知识的基础，主要涉及的内容与一阶被引科学知识是基本相同的，并对一阶被引科学知识进行了补充，见表 7.10。

表 7.10 1997 年二阶被引科学论文的新学科分类及其频次变化

新学科分类（频次）	新学科分类（频次）
Dentistry（0，10）	Education（0，1）
Anesthesiology（0，2）	Electrochemistry（0，1）
Energy & Fuels（0，2）	Medical Informatics（0，1）
Andrology（0，1）	Primary Health Care（0，1）

2. 2001 年与突破性创新相关的新学科分类

2001 年新出现的学科分类主要集中在农业工程[Agricultural Engineering（0，5）]、形态及解剖学[Anatomy & Morphology（0，4）]、能源与燃料[Energy & Fuels（0，4）]以及光谱学[Spectroscopy（0，4）]。其他的一些学科分类则分布于进化生物学[Evolutionary Biology（0，3）]、男科[Andrology（0，2）]以及行为科学[Behavioral Sciences（0，2）]。其学科分类及频次见表 7.11。

农业工程是以土壤、肥料、农业气象、育种、栽培、饲养、农业经济等学科为依据，综合应用各种工程技术，包括机械设计、机械装备、建筑设计、水土工、灌溉和排水工程、作物收获、加工和储存、动物生产技术、畜禽舍建设和设施工程、精准农业、农村发展、农业机械化、园艺工程、温室结构与工程、生物能源和水产养殖等，为农业生产提供各种工具、设施和能源，以求创造最适于农业生产的环境，促使农业生产的全面发展的一门学科。基因工程领域与农业工程共同的研究方向有植物基因工程技术对农作物品种的改良和培育，以及基因工程菌的研究，如里氏木霉等。里氏木霉是一种重要的产纤维素酶的工业用菌种，为本年度的一个研究热点。

表 7.11 2001 年一阶被引科学论文的新学科分类及其频次变化

新学科分类（频次）	新学科分类（频次）
Agricultural Engineering（0，5）	Andrology（0，2）
Anatomy & Morphology（0，4）	Behavioral Sciences（0，2）
Energy & Fuels（0，4）	Nursing（0，2）
Spectroscopy（0，4）	Critical Care Medicine（0，1）
Evolutionary Biology（0，3）	Crystallography（0，1）

2001 年新出现的二阶被引科学论文的学科分类是一阶被引科学知识的基础，主要涉及的内容与一阶被引科学知识是基本相同的，并对一阶被引科学知识进行了细化，见表 7.12。

表 7.12 2001 年二阶被引科学论文的新学科分类及其频次变化

新学科分类（频次）	新学科分类（频次）
Limnology（0，3）	Ergonomics（0，1）
Geochemistry & Geophysics（0，2）	Health Care Sciences & Services（0，1）
Thermodynamics（0，2）	Mineralogy（0，1）
Astronomy & Astrophysics（0，1）	Mining & Mineral Processing（0，1）
Emergency Medicine（0，1）	

3. 2004 年与突破性创新相关的新学科分类

2004 年一阶被引科学论文的新学科分类及其频次见表 7.13，2004 年一阶被引科学论文中新出现的学科分类主要分布于进化生物学[Evolutionary Biology（0，2）]、渔业[Fisheries（0，2）]、统计及概率学[Statistics & Probability（0，2）]和水资源[Water Resources（0，2）]。

进化生物学是研究生物进化的科学，包括进化的过程、证据、原因、规律、演说以及生物工程进化与地球的关系等。进化，又称演化（evolution），在生物学中是指种群里的遗传性状在世代之间的变化。性状是指基因的表现，在繁殖过程中，基因会经复制并传递到子代，基因的突变可使性状改变，进而造成个体之间的遗传变异。当遗传变异受到非随机的自然选择或随机的遗传漂变影响，在种群中变得较为普遍或不再稀有时，就表示发生了进化。简略地说，进化的实质是种群基因频率的改变。进化生物学则不仅从生物组织不同层次揭示进化的原因，也从时间上追溯进化的过程，遗传学与基因组研究是该学科的方法体系。进化生物学与基因工程学的学科交叉方向在于基因突变和基因表达的研究。

表 7.13　2004 年一阶被引科学论文的新学科分类及其频次变化

新学科分类（频次）	新学科分类（频次）
Evolutionary Biology（0，2）	Health Care Sciences & Services（0，1）
Fisheries（0，2）	Integrative & Complementary Medicine（0，1）
Statistics & Probability（0，2）	Meteorology & Atmospheric Sciences（0，1）
Water Resources（0，2）	Nuclear Science & Technology（0，1）
Computer Applications & Cybernetics（0，1）	Otorhinolaryngology（0，1）

2004 年的突破性创新是通过二阶被引科学知识突变识别出来的，新出现的二阶被引科学论文的学科分类是对一阶被引科学知识的有益补充，一阶和二阶被引科学知识涉及的内容是基本相同的，见表 7.14。

表 7.14　2004 年二阶被引科学论文的新学科分类及其频次变化

新学科分类（频次）	新学科分类（频次）
Limnology（0，6）	Astronomy & Astrophysics（0，1）
Integrative & Complementary Medicine（0，3）	Mining & Mineral Processing（0，1）
Education（0，2）	Paleontology（0，1）
Mathematical & Computational Biology（0，2）	Thermodynamics（0，1）

7.3.2　基于学科分类簇中的重复学科分类计算突变程度

根据一阶被引科学知识计算的重复学科分类频次突变率如图 7.11 所示，根据二阶被引科学知识计算的重复学科分类频次突变率如图 7.12 所示。

依据一阶被引科学知识计算的突变程度，不同时间段的峰值发生在 1998 年和 2002 年，两项指标计算的突变程度均一致；依据二阶被引科学知识计算的突变程度，不同时间段的峰值也发生在 1998 年、2002 年，两项指标计算的突变程度均一致。1998 年和 2002 年的二阶被引科学知识均是一阶被引科学知识的基础；1998 年和 2002 年均能提前识别突破性创新，有较强的预警作用。下面将选取 1998 年、2002 年两个年度进行详细分析。

因为依据的是重复学科分类计算的突变程度，所以在做详细分析时，只列出了 1998 年、2002 年的一阶和二阶被引科学论文的重复学科分类及其频次。

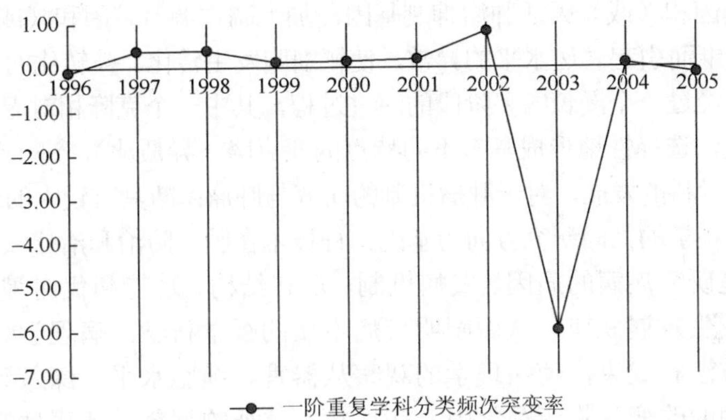

图 7.11　基于重复学科分类差异的一阶被引科学论文学科分类簇的突变率变化

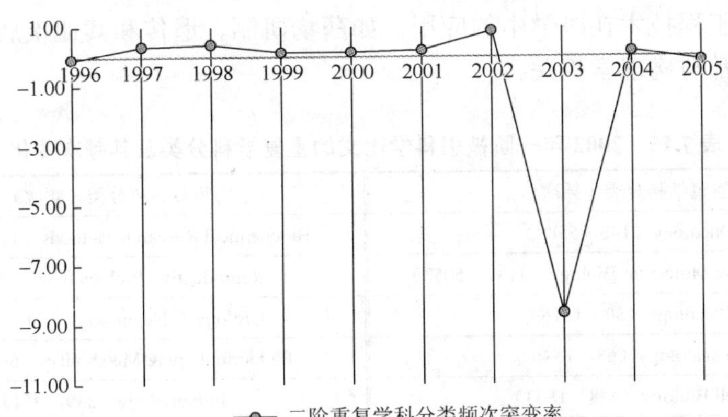

图 7.12　基于重复学科分类差异的二阶被引科学论文学科分类簇的突变率变化

1. 2002 年可能产生突破性创新的重复学科分类

2002 年的一阶被引科学论文的重复学科分类及其频次见表 7.15，2002 年重复的学科分类主要集中在肿瘤学[Oncology（142，5589）]、生物化学与分子生物学[Biochemistry & Molecular Biology（1187，5053）]、病理学[Pathology（30，1616）]、血液学[Hematology（63，1546）]、细胞学[Cell Biology（448，1803）]、生物化学研究方法[Biochemical Research Methods（118，1220）]、生殖生物学[Reproductive Biology（38，1042）]、泌尿及肾内科学[Urology & Nephrology（34，903）]、内分泌学[Endocrinology & Metabolism（66，928）]和免疫学[Immunology（239，934）]等。

肿瘤学是医学科学十分重要的组成部分，是医学的一个专门的分支。主要研究肿瘤的发展机制和肿瘤病理诊断。传统的肿瘤治疗主要以外科手术、放射性治疗及化学治疗为主，但常规治疗治愈率低，复发和病死率高，治疗效果不理想。肿瘤在本质上是基因病，各种环境的以及遗传的致癌因素以协同或序贯的方式引起 DNA 损害，从而激活原癌基因和（或）灭活肿瘤抑制基因，加上凋亡调节基因和（或）DNA 修复基因的改变，继而引起表达水平的异常，使靶细胞发生转化。被转化的细胞多是呈克隆性的增生，经过一个漫长的多阶段的演进过程，其中一个克隆相对无限制的扩增，通过附加突变，选择性地形成具有不同特点的亚克隆（异质化），进一步形成恶性肿瘤。基因工程学科的发展，对于肿瘤机制的研究与肿瘤诊断具有较大的现实意义。肿瘤学与基因工程学的共同研究方向为基因工程技术在肿瘤防治和治疗领域的应用。

病理学是研究疾病的病因、发病机制、形态结构、功能和代谢等方面的改变，揭示疾病的发生发展规律，从而阐明疾病本质的医学科学。病理学吸收了分子生物学的研究方法和成果，使病理学的观察从器官、细胞水平，深入到亚细胞、蛋白表达及基因的改变。临床医学中一些症状、体征的解释、新病种的发现和预防以及敏感药物的筛选，新药物的研制和毒副作用等都离不开病理学方面的鉴定和解释。基因工程技术在医学中的应用，如药物研制、遗传和其他疾病的发病机制与疾病治疗都与病理学相关。

表 7.15　2002 年一阶被引科学论文的重复学科分类及其频次变化

重复学科分类（频次）	重复学科分类（频次）
Oncology（142，5589）	Biochemical Research Methods（118，1220）
Biochemistry & Molecular Biology（1187，5053）	Reproductive Biology（38，1042）
Pathology（30，1616）	Urology & Nephrology（34，903）
Hematology（63，1546）	Endocrinology & Metabolism（66，928）
Cell Biology（448，1803）	Immunology（239，934）

2002 年重复出现的二阶被引科学论文的学科分类是一阶被引科学知识的基础，主要涉及的内容与一阶被引科学论文的学科分类是基本相同的，并对一阶被引科学知识进行了补充和扩展，见表 7.16。其中，医学[Medicine（1487，13894）]、遗传学[Genetics & Heredity(2226,12263)]和生物物理学[Biophysics(1558,11291)]是对一阶被引科学知识的补充。

基因工程学与医学的共同研究方向主要在于基因工程技术在医学上的应用，包括利用基因工程技术生产药物、将基因诊断和基因治疗应用于临床医学。如将基因工程生产的肿瘤坏死因子（TNR）用于治疗贫血、肿瘤患者；采用 PCR，即 DNA 体外扩增术进行基因诊断，已成为医学诊断的一个重要手段。基因治疗是具有革命性的一项医疗技术，基因工程技术在医学中具有巨大的应用价值，极大地促进了医学的发展。

表 7.16　2002 年二阶被引科学论文的重复学科分类及其频次变化

重复学科分类（频次）	重复学科分类（频次）
Biochemistry & Molecular Biology（3320，21736）	Genetics & Heredity（2226，12263）
Cell Biology（2766，19910）	Biophysics（1558，11291）
Multidisciplinary Sciences（3184，19503）	Pathology（422，9212）
Oncology（1019，15015）	Endocrinology & Metabolism（439，8289）
Medicine（1487，13894）	Hematology（529，7194）

2. 1998 年可能产生突破性创新的重复学科分类

1998 年的研究已经开始涉及克隆技术和基因序列技术，该年的一阶重复学科分类及频次如表 7.17 所示。1998 年重复出现的学科分类主要集中在生物化学与分子生物学[Biochemistry & Molecular Biology（432，744）]、细胞生物学[Cell Biology（201，329）]、基因和遗传学[Genetics & Heredity（121，244）]和多学科[Multidisciplinary Sciences（264，385）]等。

生物化学与分子生物学主要是从微观即分子的角度来研究生物现象，在分子水平探讨生命的本质，研究生物体的分子结构与功能、物质代谢与调节。分子水平指的是携带遗传信息的核酸和在遗传信息传递及细胞内、细胞间通信过程中发挥着重要作用的蛋白质等生物大分子。该学科属于基础性研究专业，它涉及物理、化学、数学、生物学等多学科的交叉，渗透于生物学的其他专业之中。其主要研究内容中的核酸分子生物学与基因工程领域联系紧密，主要在于核/基因组的结构、遗传信息的复制、转录与翻译，核酸存储的信息修复与突变，基因表达调控和基因工程技术的发展和应用等。

表 7.17 1998 年一阶被引科学论文的重复学科分类及其频次变化

重复学科分类（频次）	重复学科分类（频次）
Biochemistry & Molecular Biology（432，744）	Medicine（52，113）
Cell Biology（201，329）	Plant Sciences（42，94）
Genetics & Heredity（121，244）	Oncology（52，90）
Multidisciplinary Sciences（264，385）	Neurosciences（20，56）
Biotechnology & Applied Microbiology（68，151）	Virology（36，64）

1998 年重复出现的二阶被引科学论文的学科分类是一阶被引科学知识的基础，主要涉及的内容与一阶被引科学论文的关键词和学科分类是基本相同的，并对一阶被引科学知识进行了细化，见表 7.18。

细胞生物学[Cell Biology（944，1533）]是以细胞为研究对象，在显微、亚显微和分子水平三个层次上，研究细胞的结构、功能和各种生命规律的一门科学。它把发育与遗传在细胞水平上结合起来，使其不局限于一个学科的范围。细胞生物学与许多学科都有交叉，甚至界限难分。可以将其研究内容大致分为两个方面：其一是研究细胞的各种组分的结构和功能（按具体的研究对象），如基因组和基因表达、染色质和染色体、各种细胞器、细胞的表面膜和膜系、细胞骨架、细胞外间质等；其二是根据研究细胞的哪些生命活动划分，如细胞分裂、生长、运动、兴奋性、分化、衰老与病变等，研究细胞在这些过程中的变化，产生这些过程的机制等。细胞生物学与基因工程学的学科交叉较多，如基因表达、DNA 重组等，与克隆技术有关。

表 7.18 1998 年二阶被引科学论文的重复学科分类及其频次变化

重复学科分类（频次）	重复学科分类（频次）
Biochemistry & Molecular Biology（1094，1857）	Medicine（427，801）
Multidisciplinary Sciences（1083，1827）	Biotechnology & Applied Microbiology（313，616）
Cell Biology（944，1533）	Immunology（391，670）
Genetics & Heredity（732，1262）	Biology（291，542）
Biophysics（418，797）	Oncology（323，551）

7.4 结 论

本章对如何利用学科分类的突变程度识别突破性创新进行了详细陈述，计算方式主要包括基于新学科分类计算突变程度、基于重复学科分类计算突变程度，计算对象是学科分类簇，并分别以纳米电子学和基因工程领域的数据对基于学科分类簇突变的突破性创新识别方法进行了验证。

（1）以特定时间段的被引科学论文的学科分类簇整体为分析对象，计算不同时间段学科分类簇间的差异程度，以这种差异程度表示特定时间段产生突破性创新的概率，从而间接地对产生突破性创新的时间进行识别。

（2）对纳米电子学领域可能产生突破性创新的时间进行识别。基于新出现的学科分类计算的突变程度表明，1998 年和 2001 年产生突破性创新的可能性最大；基于重复出现的学科分类计算的突变程度表明，2001 年和 2004 年产生突破性创新的可能性最大。

（3）对基因工程领域可能产生突破性创新的时间进行识别。2001 年的突破性创新是通过二阶被引科学论文中新出现的学科分类识别出来的，二阶被引科学知识是一阶被引科学知识的补充，降低了科学知识向技术创新传递过程中的阻滞因素影响。1998 年和 2004 年的二阶被引科学知识是一阶被引科学知识的基础，对一阶被引科学知识进行了细化。

8　基于学科分类组合突变的突破性创新识别

通过不同时间段学科分类簇间的差异程度可以识别不同时间段产生突破性创新的可能性，同时高频的新学科分类和变化程度较大的重复学科分类在一定程度上代表了突破性创新所依据的科学知识。然而，突破性创新一般是众多知识领域的重组所引致的，特别是不发生相互联系的知识领域之间若发生了重组，更可能产生突破性创新。因此，有必要在识别产生突破性创新的时间基础上，通过对学科分类组合进行分析，计算不同学科分类组合的突变程度，识别哪个学科分类组合最有可能导致突破性创新，对这一时间段的突破性创新的产生作出了更大的贡献。本章的技术路线如图 8.1 所示。

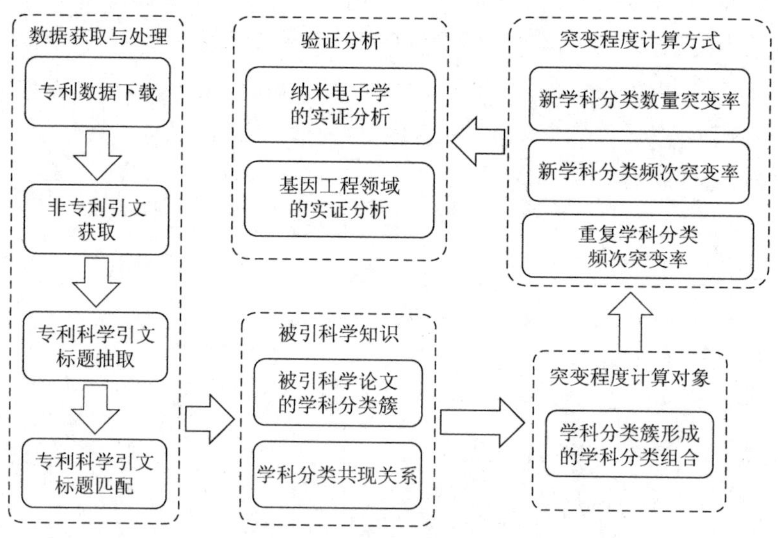

图 8.1　学科分类组合突变的技术路线图

8.1　学科分类组合的突变程度计算方法

每条专利的被引科学论文的所属学科分类可以称为一个学科分类组合。不同时间段，引用文献学科分类簇会形成不同的学科分类组合，这些学科分类组合的突变程度是不同的，学科分类组合的突变程度代表了以此学科分类组合为基础的技术创新产生突破性的可能性，对可能产生突破性创新的学科分类组合进行识别。

包含两种计算方式，即基于新学科分类组合计算突变程度和基于重复学科分类组合计算突变程度，如图 8.2 所示。

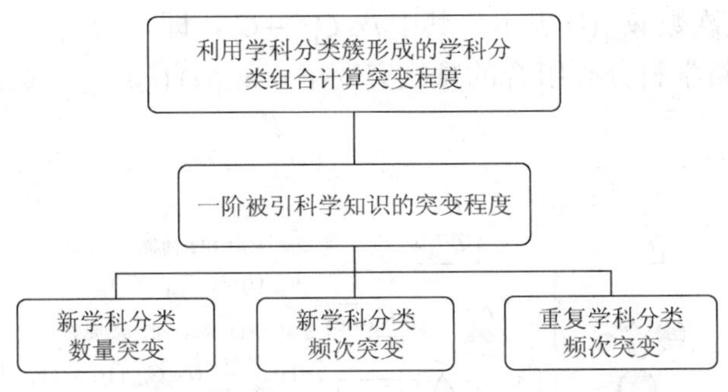

图 8.2 基于学科分类组合的突变程度计算方法

8.1.1 基于新学科分类计算学科分类组合突变程度

以被引科学知识的所属学科分类组合表示专利所依据的知识领域重组，对学科分类组合的突变程度进行计算，遴选突变程度高的学科分类组合作为可能产生突破性创新的技术领域，对突破性创新进行识别。其中，每条专利引用一条或多条专利科学引文，而每条专利科学引文具有对应的学科分类，这些学科分类便形成了学科分类组合。与关键词共现网络中的主题突变程度计算类似，学科分类组合中的主题突变同样包含两种计算方式，即基于新学科分类组合的突变程度计算和基于重复学科分类组合的突变程度计算。

不同时间段，新学科分类组合的大量涌现可能预示着以此为代表的科学知识将要发生突变。这种突变可以通过后一时间段的新学科分类组合的差异程度来计算。以特定时间段的新学科分类组合为研究对象，新学科分类组合的差异程度表示该时间段此新学科分类组合产生突破性创新的可能性，识别产生突破性创新的新学科分类组合。

相对于前一时间段，当前时间段某一新学科分类组合的出现次数越多，与该学科分类组合对应的被引科学知识主题的突变程度越高，表明引用该主题的技术创新的交叉融合度越高，与该主题相关的技术领域更有可能产生突破性创新。如图 8.3 所示，在 t 和 $t+1$ 时间段，C_t 和 C_{t+1} 分别表示每个时间段的所有学科分类组合，$C_{(t+1)i}$ 表示 $t+1$ 时间段中的 i 学科分类组合，下面以 $C_{(t+1)i}$ 为对象说明其突变程度的计算方式。学科分类组合的出现频次表示出现该组合的专利数目，分别以 $w_t(i)$和$w_{t+1}(i)$ 表示学科分类组合 i 在 t 和 $t+1$ 时间段的出现频次。t 时间段的学科分类以圆形表示，$t+1$ 时间段的学科分类以三角形表示。

$t+1$时间段中新学科分类组合的出现次数越多，主题突变程度越高；新学科分类组合的出现次数越少，主题突变程度越低。基于新学科分类组合的主题突变程度以新学科分类组合的频次突变率计算。如图 8.3 所示，以$t+1$时间段新学科分类组合的出现次数$w_{t+1}(i)$表示，其中$i \in C_{t+1} - C_t$，即

$$\text{新学科分类组合的频次突变率} = w_{t+1}(i)\ (i \in C_{t+1} - C_t)$$

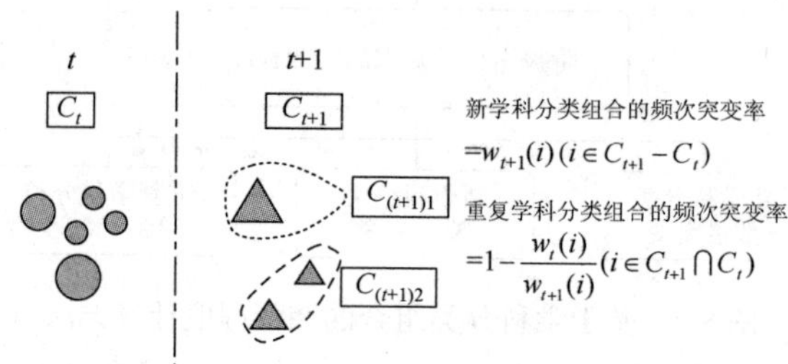

图 8.3 学科分类组合的突变程度计算方式

8.1.2 基于重复学科分类计算学科分类组合突变程度

相对于前一时间段，当前时间段某一重复学科分类组合的频次变化越大，与该学科分类组合对应的被引科学知识主题的突变程度越高，表明引用该主题的技术创新可能取得突破性进展，与该主题相关的技术领域更有可能产生突破性创新。

基于重复学科分类组合的主题突变程度通过重复学科分类组合的频次突变率来计算，主题中重复学科分类组合的频次变化越大，突变程度越高；重复学科分类组合的频次变化越小，突变程度越低。如图 8.3 所示，相对于t时间段的所有学科分类组合C_t，$t+1$时间段中重复出现的学科分类组合i的频次变化为$w_{t+1}(i) - w_t(i)$，其中$i \in C_{t+1} \cap C_t$，并以$t+1$时间段学科分类组合i的出现频次$w_{t+1}(i)$进行归一化，得到重复学科分类组合的频次突变率为$(w_{t+1}(i) - w_t(i)) / w_{t+1}(i)$，即

$$\text{重复学科分类组合的频次突变率} = 1 - w_t(i) / w_{t+1}(i)\ \ (i \in C_{t+1} \cap C_t)$$

8.2 纳米电子学领域的实证分析

根据 5.4 节和 7.2 节的分析，基于关键词簇、关键词主题以及学科分类计算可能产生突破性创新的时间里，重合的年份为 2001 年，因此，本节对 2001 年的学科分类簇形成的学科分类组合进行分析，并计算每个学科分类组合可能产生突破性创新的可能性，分析突变程度较高的学科分类组合。

8.2.1 基于学科分类组合中的新学科分类计算突变程度

产生突破性创新最高的新学科分类组合见表 8.1，它们是化学（Chemistry）、能源与燃料（Energy & Fuels）、化学工程（Engineering，Chemical）、石油工程（Engineering，Petroleum）等学科分类的组合；晶体学（Crystallography），材料科学（Materials Science），材料科学、表征和测试（Materials Science，Characterization & Testing），材料科学、镀膜和薄膜（Materials Science，Coatings & Films），光学（Optics）和应用物理（Physics，Applied）的组合。这些学科分类组合与纳米电子学领域的结合更可能产生突破性创新。

表 8.1 2001 年一阶被引科学论文的新学科分类组合及其频次变化

新的学科分类组合（频次）
[Chemistry|Energy & Fuels|Engineering，Chemical|Engineering，Petroleum|Multidisciplinary Sciences]（0，6）
[Crystallography|Materials Science|Materials Science，Characterization & Testing|Materials Science，Coatings & Films|Optics|Physics，Applied]（0，6）
[Materials Science，Multidisciplinary|Physics，Condensed matter]（0，4）
[Engineering，Electrical & Electronic|Instruments & Instrumentation]（0，3）
[Materials science|Multidisciplinary Sciences|Physics，Applied|Physics，Condensed Matter|Physics，Multidisciplinary]（0，3）
[Computer Science，Artificial Intelligence|Computer Science，Hardware & Architecture|Computer Science，Theory & Methods|Engineering，Electrical & Electronic|Physics，Applied|Physics，Condensed Matter]（0，3）
[Chemistry，Physical|Materials Science，Multidisciplinary]（0，3）
[Chemistry，Physical|Engineering，Electrical & Electronic|Materials Science|Multidisciplinary Sciences|Physics，Applied|Physics，Atomic，Molecular & Chemical|Physics，Condensed matter]（0，3）

化学、能源与燃料、化学工程等学科分类组合最可能产生突破性创新，高温超导体是这些学科的共同研究领域，超导材料的研究与应用将会大大减损消耗的能量，这与基于关键词簇突变进行突破性创新识别的结果一致，说明高温超导体是 2001 年的突破性创新的重要组成部分。在高新技术中，纳米技术、生物技术和信息技术对化学工业发展有着深远地影响，对于材料科学而言，当首推纳米技术。它不仅能推动化学反应、催化和许多单元操作的突破性的改进，而且提供了纳米多孔材料、纳米粒子、纳米复合材料、纳米传感器等新型材料以及化学机械抛光、药物可控释放、独特的去污作用等功能应用，为化工新材料发展及其应用开辟了广阔的前景。纳米技术正全力推动着化学工业未来的发展。随着一些纳米技术的工业产品问世以及所显示出的诱人前景，现在“纳米技术”已经成为家喻户晓的名词。

纳米技术能在＜100nm 的水平上合成、处理和表征物质，这是一个涉及多门学科的广阔领域，它包含纳米材料（nanomaterials）、纳米生物技术（nanobiotechnology）、纳米电子学（nanoelechonics）和纳米系统（nanosystem），如纳米电子机械系统 NEMS 和分子机械（molecular machine）等。而纳米技术在化学工业中的应用，主要是新型催化剂、涂料、润滑剂、过滤技术以及一些最终产品，如纳米多孔材料制品和树状聚合物制品已成为化学工业的创新点。

另一个可能产生突破性创新的学科分类组合包括，纳米电子学与 Crystallography、Materials Science、Materials Science，Characterization & Testing、Optics、Physics，Applied，这些学科交叉领域在于量子理论，量子材料是溶液纳米晶的一种，兼具溶液和晶体的性质。纳米半导体光电子材料经过几十年的发展，已经成为在国民经济和军事等领域得到广泛应用、充满生机的一类电子信息材料。在信息化时代加速了该材料的升级，使它更加异彩纷呈，引人瞩目。在 20 世纪 90 年代全球掀起的纳米科技浪潮推动下，纳米半导体光电子材料、纳米磁性材料、纳米陶瓷材料和纳米生物材料等纳米材料应运而生。纳米材料是指尺寸为 1～100nm 的各种固体材料。纳米半导体光电子材料是纳米材料家族中的重要成员，它的崛起是光电子材料发展的一次新的飞跃，成为发展新特性、新效应、新原理和新器件的基础[167]。当半导体光电子材料的尺寸减小到纳米量级时，其物理长度与电子自由程相当，载流子的输运将呈现量子力学特性，宏观固定的准连续能带消失而表现出分裂的能级，因而传统的理论和技术已不再实用。纳米半导体光电子材料技术是一种多学科交叉的科学和技术，该领域充满了巨大的创新机会和广阔的发展前景。

另一方面，材料科学与纳米电子学的融合产生了诸多纳米材料。由于超细的晶粒或颗粒尺寸所产生的特殊效应使得纳米材料的性能发生突变而得到一些优异的性能或功能，所以研制纳米材料以及应用纳米材料的纳米技术引起了材料科学与工程界乃至整个科学与工程界的广泛重视，使其在 21 世纪最具发展前景。纳米材料以及相应发展起来的纳米技术被公认为是 21 世纪最有前途的研究和发展领域。随着纳米技术的发展，人们将能够从原子尺度、分子尺度设计新材料，开发具有各种优异性能的新材料和新产品。其中，磁光记录材料利用纳米粒子具有特殊的磁电或光电性质可用作信息记录材料，大量用作磁带、磁盘、光盘、磁卡以及磁光钥匙。随着社会信息化的发展，需求信息存储量大，信息处理速度快，推动着记录密度日益提高，促使记录用的磁光颗粒尺寸趋于超微化。而含钴、铂的纳米膜材料作为多层磁光记录介质也开始用于可擦写光盘。

电子元器件是纳米粒子的量子效应是微电子、光电子元器件迅速发展的基础。随着纳米材料理论研究和制造工艺技术的不断发展，人们已经开始用纳米材料制造电子器件如薄膜集成电路、纳米膜传感器等，以使电子产品的体积进一步缩小，使其性能更加出类拔萃，目前计算机芯片上的功能元件的尺寸很快将进入纳米尺度。日本近期启动了量子功能元器件基础和应用研究计划，日本 NTT 公司已经研制成功可在实验室工作的单电子晶体管（SET）信息读写器。瑞士科学家 deHeer 等利用碳纳米管作场发射电子源的工作，被认为是在碳纳米管的实际应用跨出了第一步，这种场发射电子源制备工艺简单，价格便宜，而且可以制备出非常薄的荧光屏，有可能成为液晶显示屏的强有力的对手。我国近年来深入研究了复合材料纳米点、纳米线的制备技术，并用其构造原型纳米电子器件。目前，已经研制出单电子晶体管，红、绿、蓝三基色可调协的纳米发光二极管以及利用纳米丝、巨磁阻效应制成的超微磁场探测器。清华大学的范守善教授将气相反应限制在纳米管内进行，从而生长出半导体纳米线及 CaN 纳米线。1998 年该课题组与美国斯坦福大学合作，在国际上首次实现硅衬底上的碳纳米管自组生长，它将大大推动纳米管在场发射平面显示方面的应用，其独特的电学性将使碳纳米管用于大规模集成电路、超导线材等领域。

陶瓷材料也可能是纳米技术应用的范围，由于传统陶瓷材料韧性、塑性较差，使其应用受到很大的限制。随着纳米技术的发展，具有可与金属媲美的韧性和可加工性的纳米陶瓷不断被开发研制出来。纳米陶瓷是指显微组织结构如晶粒尺寸、晶界宽度、第二相尺寸等都在纳米量级的水平上的陶瓷材料。许多专家认为，如能解决单相纳米陶瓷烧结过程中抑制晶粒长大的技术问题，从而控制陶瓷材料的晶粒尺寸在 50nm 以下，则它将具有高硬度、高韧性、低温超塑性、易加工等传统陶瓷无可比拟的优点。

纳米复合材料可集多种材料的优点于一身，而纳米超微粉在复合材料中的应用，导致一系列新型高性能材料的产生。含 20%超微钴颗粒的金属陶瓷是制作火箭喷气口的良好耐高温材料；金属铝中加入少量的陶瓷超微颗粒，可制成高强高韧高耐热的新型结构材料；浙江大学富勒烯跨学科研究小组用复合纳米碳管材料制成性能优异的光电转化薄膜；而将纳米级氧化物表面包敷有机物的小颗粒加到塑料中可显著提高塑料的强度和熔点，并提高防水能力，改善光透射率。

此外，纳米电子学与仪器仪表、电子与电气工程这两个学科分类结合有可能产生多学科交叉，是产生突破性创新的学科分类组合之一。在微米尺度加工技术基础上，发展纳米尺度加工技术所用的精密仪器、仪表、设备，为纳米电子学的发展提供测控和制造工具，这是仪器仪表学科分类研究的主要内容，也是电子与电气工程的重要组成部分。

纳米技术的发展可分为三个领域：一是纳米科学领域，主要是在 0.1～100nm 尺度空间内，研究电子、原子和分子运动的规律等现象并建立相应科学理论基础；二是纳米加工领域，研究的是产品在纳米尺度上的加工技术；三是纳米计量，主要研究的是对各种纳米结构的测量与相关参数的准确表征。可以发现，纳米加工和纳米计量都是纳米技术与仪器仪表和电子与电气工程学科结合的重要方面。纳米测量是在纳米水平上对物质的尺度和形状、光学、电学、磁学等性质进行精密测量的方法和手段，其中最基本的测量挑战就是尺度的精确测量。目前，国内外的纳米测量方法大体可分为两大类：一类是非光学测量方法，主要包括扫描探针显微技术、电子显微技术、电容电感测微法等；另一类是光学测量方法，主要包括激光干涉仪、荧光显微术、X光干涉仪和紫外光显微术等技术。应用这些方法所形成的微纳米测量仪器主要有光学显微镜、扫描探针显微镜、扫描电子显微镜等。

纳米测量学在纳米科技中起着信息采集和分析的不可缺少的重要作用。纳米加工是纳米尺度制造业的核心：一是对宏观材料从大到小进行纳米级的超精加工；二是按人们的设计，从小到大直接对原子、分子进行操作、沉积和迁移来制造各种功能材料、元器件。发展纳米测量学和纳米加工主要有两个途径：一是发展传统技术；二是创造新技术，建立新原理和新方法[168]。

发展传统技术：主要是电子束、离子束和光子束技术。现在高性能透射电子显微镜（TEM）和扫描电子显微镜（SEM）的分辨本领分别达到了0.1～0.2nm和0.6～3.0nm，从单纯的显微放大发展为集物质动静态观察、化学成分和结构的分析以及研究与其宏观性能（功能）之间的关系于一体的常规精密仪器[169]。已广泛用于表征、分析纳米材料和生物大分子的微结构。纳米颗粒、纳米线、纳米管、纳米棒等新型纳米材料的表征和最终确定，主要依靠电子显微技术。目前，电子显微镜市场也发生了改变，原来的主要用户是大学和研究单位，现在很多企业也成为买主。特别是扫描电子显微镜，及在此基础上发展起来的专用大规模集成电路测试设备，甚至透射电子显微镜都已应用于半导体集成电路生产线进行失效分析，提高了成品率。

创造新的测量技术，建立新原理和新方法：科学技术上的重大成就往往是以测量仪器和技术方法的突破为先导的。诺贝尔奖设立的百年来，已约有40人次由于在仪器研制和技术创新方面的贡献获得了诺贝尔奖。例如，英国克卢格博士将傅里叶变换方法与电子显微学结合，发展了晶体电子显微学——傅里叶电子显微学，开辟了研究生物大分子三维重构的新途径，使人们对生命至关重要的核酸-蛋白质复合体的晶体结构和功能有了较细致的了解。为此，克卢格博士获得了1982年的诺贝尔化学奖。1982年卢雷尔与宾尼博士发明了扫描隧道显微镜，为人类在原子级和纳米级水平上研究物质表面原子、分子的几何结构及与其电子行为有关的物理、化学性质开辟了新的途径。作为纳米测量强有力的工具，在扫描隧道显微镜基础上发展起来的原子力显微镜、磁力显微镜、静电力显微镜、电化学扫描隧道显微镜、光子扫描隧道显微镜、扫描近场光学显微镜等扫描探针显微镜，以及各种谱学分析手段与其相结合的新纳米测量技术已相继出现，推动了纳米科技的兴起和发展。利用各种物质针尖获得有关试样表面信息的技术也可称为针尖技术（近场技术）。为此，三位纳米测量技术的主要开创者——扫描隧道显微镜的发明人卢雷尔与宾尼博士和制造世界上第一台电子显微镜的鲁斯卡教授，分享了1986 年诺贝尔物理奖[170]。而这些技术在关键词簇突变和关键词研究主题突变中有大部分被提及。

扫描探针显微镜已广泛用于基础科学研究和工业生产，成为纳米科技，包括纳米生物科技在内的常规基本工具。利用扫描隧道显微镜、原子力显微镜还可研制纳米级电子（量子）器件，实现原子操纵，进行纳米加工，其市场前景及在未来国民经济中的作用非常巨大。特别是 1996 年以来，集成电路及光盘工业已大量采用扫描探针显微镜作为测量及质量控制的手段，为扫描探针显微镜在工业界开辟了市场。据预测，扫描探针显微镜在工业界的市场将大大超过其在科研与教学领域。扫描探针显微镜已超越了作为一种认识世界的工具——显微镜的意义，而成为能创造财富的纳米机器。欧共体在 1995 年专门成立了国际专家小组，对扫描探针显微镜在以集成电路为主流的高科技产业中的应用价值及前景作了全面总结，认为可以大大提高集成电路的生产质量及效率。扫描探针显微镜，特别是原子力显微镜，由于价格适当，将在实验室中与光学显微镜一样，得到广泛应用。

扫描探针显微镜的相关技术已开始扩展为以近场相互作用为基本原理的传感器技术群，正在汽车、通信、航天及军事领域中取代传统的传感技术，这又为扫描探针显微镜产业的发展提供了更为广阔的空间。随着科学技术诸多领域的迅猛发展，尤其是半导体集成制造业在近四十年通过缩小器件的特征尺寸，提高集成度，从而提高产品的性价比获得了迅猛发展，器件特征尺寸已从微米级进入深亚微米直至纳米级。新一代集成电路的出现，总是以所获得的线宽为主要技术标志。纳米尺度线宽计量技术在监控生产过程，确保生产质量中起到了关键作用。半导体集成制造业的飞速发展对微纳米尺寸线宽测量提出了强烈的需求与挑战。而在纳米线宽测量应用中，随着集成电路从 65nm 节点向 45nm 节点再向 22nm 的发展，几何尺寸及形状的偏差对集成电路芯片电气性能的影响日趋增加。由于光学显微镜受其物理衍射极限的限制，已逐渐被共焦显微镜、扫描式电子显微镜和扫描探针显微镜等具有更高分辨力的仪器所取代。其中，扫描电子显微镜以其特有的大景深、亚纳米级水平分辨力、测量速度快、测量范围广等优势，已成为了 100nm 下微纳米几何结构的主要测量工具之一。已广泛应用于集成电路、太阳能电池、平板显示等高新技术产业的芯片和掩模板几何结构的测量中。

8.2.2 基于学科分类组合中的重复学科分类计算突变程度

产生突破性创新最高的学科分类组合见表 8.2，它们是电子电气工程（Physics，

Condensed Matter)、应用物理（Physics，Applied）的组合；应用物理、凝聚态物理的组合；光学、应用物理的组合。这些学科分类组合与纳米电子学领域的结合更可能产生突破性创新。

纳米半导体是电子电气工程和应用物理学科分类组合的研究领域，半导体电气电子器件的运用推动了电子电气工程和应用物理学的发展。应用物理、凝固态物理的组合与纳米电子学领域结合，主要是纳米材料的研究、粒子角度的电子输运问题等。

表 8.2 2001 年一阶被引科学论文的重复学科分类组合及其频次变化

重复的学科分类组合（频次）	突变程度
[Physics，Applied|Physics，Condensed Matter]（1，4）	0.75
[Optics|Physics，Applied]（1，4）	0.75
[Engineering，Electrical & electronic|Physics，Applied]（16，53）	0.70
[Chemistry，Multidisciplinary|Materials Science，Multidisciplinary]（1，3）	0.67
[Engineering，Electrical & Electronic|Physics，Applied|Physics，Condensed Matter]（1，3）	0.67
[Engineering，Electrical & Electronic|Materials Science，Multidisciplinary|Physics，Applied|Physics，Condensed Matter]（2，4）	0.5
[Engineering，Electrical & Electronic|Optics|Physics，Applied]（5，9）	0.44

半导体材料物理作为凝聚态物理的一个活跃分支，在半个多世纪以来已经在晶态半导体、非晶态半导体、半导体表面、半导体超晶格、纳米半导体和有机半导体各个领域取得了令世人瞩目的重大进展，而纳米半导体随着研究的不断深化和纳米科技的急速兴起也迅速发展，目前以纳米团簇、量子线、量子点为主的纳米结构研究一直是纳米材料研究的热点，也已经取得了很大的进展。

当前对纳米材料的研究一般包括两个方面，一是通过与其他材料对比，对纳米材料的结构和性能进行详细的研究，找出其中纳米材料特性的变化规律，并建立和完善纳米材料的新概念以及理论研究体系；二是拓展材料的研究范围，开发研究新型的纳米材料。

半导体纳米材料一般是指材料的尺寸在纳米范围内的超微半导体材料，其小于通常的粒子，而又大于原子簇。它包括两个部分：一是直径为几十纳米以下的粒子，二是粒子之间的界面。前者是长程有序的晶状结构，后者是长程无序、短程也无序的结构。半导体纳米材料，由于其具有独特的物理和化学性能，已经吸引了各界科学家和科研工作者的广泛关注，半导体纳米材料学也已经成为了材料科学领域中的研究热点。随着纳米科技的快速发展以及对纳米半导体材料研究的不断深入，半导体纳米材料学也迅速得到了发展，目前以量子点、量子线、纳米团簇为主的纳米结构的研究一直是半导体纳米材料研究中的重点，已经取得了很大的进展[171]。

纳米半导体材料是一种自然界中并不存在的人工制造的新型半导体材料。从物理上讲，二维超晶格、量子阱材料、一维量子线、零维量子点是正统的纳米半导体材料。其中，二维超晶格、量子阱材料是指载流子在两个方向上可以自由运动而在另一个方向上受约束，即材料在约束方向的尺寸与电子的德布罗意波长或电子平均自由程相比拟或更小。一维量子线指载流子只能在一个方向上自由运动。零维量子点则在三个维度上都受到约束，能量在三个维度上都是量子化的。随着材料维度的降低和结构特征尺度的减小，量子尺寸效应、量子干涉效应、量子隧穿效应、库仑阻塞效应以及多体关联和非线性光学效应都会表现得越来越明显，呈现出高表面积和量子效应引起的独特性能，这使得纳米半导体材料表现出独特的物理性质，表现出纳米半导体材料所特有的新现象、新效应。例如，光电催化特性，光电转换特性以及电学特征，利用纳米半导体的这些独特特性，可以用来研究制作单电子存储器以及量子激光器等，为新型科技的产生带来了可能。

近几十年来，纳米科学技术经历了极为迅速的发展，并且受到了广大科研工作者的广泛关注，已经成为了目前最为活跃的学科领域之一。进入 21 世纪以来，随着纳米科学理论研究的不断深入，纳米材料的制备方法的不断改进，表征手段的不断发展，以及高科技测试仪器的广泛使用，如透射电子显微镜、高分辨透射电子显微镜、扫描电子显微镜和吸收光谱等，纳米材料所具有的独特性能逐渐显露出来，在诸多领域都显示出广阔的应用前景，如能源动力、化工环保、电子信息等领域。

半导体科学技术的发展就是使用不同半导体所具有的独特物理化学性质，来制作各种集成电路与固态电子器件，以满足随着社会科技发展所带来的需求。想要制备出性能优异的半导体器件，高质量的制备半导体材料、器件结构设计的合理性以及优化的工艺条件等是必不可少的。随着半导体纳米材料制备技术的不断发展和日益成熟，多种半导体纳米器件已经被研制成功了，如借助于模板合成技术、自组织与分子自组织技术以及人工对纳米半导体材料物理性质的控制等一系列技术，所组装得到了场效应晶体管、单电子隧道晶体管、高电子迁移率晶体管、纳米二极管、量子点激光器、单电子存储元件等半导体纳米器件。这些半导体纳米器件可以分为两类：一是纳米电子器件，二是纳米光电子器件。此外还可以按半导体纳米材料的维度来分类，分为三类：三个维度上都受到约束的量子点器件，如单电子存储元件；两个维度上受到约束的量子线器件，如场效应晶体管；只有一个维度上受到约束的量子阱器件，如量子阱激光器。

半导体纳米器件极大地促进了整个科学技术的迅速发展。半导体纳米器件由于半导体纳米材料的量子效应而表现出许多独特的性质，尤其是其光电性质，由此科学家和科研工作者利用纳米半导体器件及其集成电路，在计算机技术、电子线路技术和通信技术等领域发挥了巨大作用。

近年来，利用胶体溶液合成化学法在低温条件下合成形貌规则、尺寸分布均匀的半导体纳米晶，并将其组装到不同结构类型的太阳能电池器件方面的研究备受关注。原因在于半导体纳米晶具有的三大优点：一是量子尺寸效应使得半导体纳米晶态密度发生了很大变化，使其晶格热能化所造成的损失降低了；二是由于半导体纳米晶的碰撞电离效应，即太阳光中高能量光子的量子产额大于 1，使得载流子密度增加了，电池的电流输出也得到了提高；三是光学带隙随尺寸可调，以及其具有的高消光系数和大本征极化动量。此外，溶液法合成半导体纳米晶操作简单，材料易处理，大大降低了组装器件的成本，因此以半导体纳米晶为基础的太阳能电池将成为发展的主流趋势之一。

8.3 基因工程领域的实证分析

据 5.5 节、6.3 节以及 7.3 节的分析，基于重复出现的关键词或学科分类计算的 2002 年最可能产生突破性创新，因此，本节对 2002 年的学科分类形成的学科分类组合进行分析，并计算每个学科分类组合可能产生突破性创新的可能性，分析可能性较高的学科分类组合。

8.3.1 基于学科分类组合中的新学科分类计算突变程度

产生突破性创新概率较高的学科分类组合见表 8.3，医药相关的学科分类与基因领域的结合更可能产生突破性创新，该部分涉及肿瘤学（Oncology）、生物化学与分子生物学（Biochemistry & Molecular Biology）、细胞生物学（Cell Biology）、病理学（Pathology）、血液学（Hematology）、免疫学（Immunology）等多个与肿瘤、癌症相关的学科分类。同时，该学科分类组合涉及的学科分类数目较多，共计 41 个，并且是新出现的学科分类组合，出现次数达到 47 次，这些都说明，肿瘤、癌症的基因疗法与多个学科产生密切关联，需要结合多个领域的知识才能解决这个难题，这与肿瘤、癌症的起因错综复杂是对应的。

另一个可能产生突破性创新的学科分类组合见表 8.3 中的虚线下划线部分，该学科分类组合同样与医学密切相关，同样涉及肿瘤学（Oncology）、免疫学（Immunology）等多个与肿瘤、癌症相关的学科分类。该学科分类组合涉及的学科分类数目较多，共计 40 个，并且是新出现的学科分类组合，出现次数达到 28 次。

表 8.3　2002 年一阶被引科学论文的新学科分类组合及其频次变化

新的学科分类组合（频次）
[Allergy|Biochemical Research Methods|Biochemistry & Molecular Biology| Biology| Biophysics| Biotechnology & Applied Microbiology| Cardiac & Cardiovascular Systems| Cell Biology| Chemistry| Computer Science| Dentistry| Dermatology| Dermatology & Venereal Diseases|Developmental Biology| Endocrinology & Metabolism| Gastroenterology & Hepatology| Genetics & Heredity| Hematology| Immunology| Mathematics| Medicine| Multidisciplinary Sciences| Neurosciences| Nutrition & Dietetics| Obstetrics & Gynecology| Oncology| Ophthalmology| Orthopedics| Pathology| Peripheral Vascular Disease| Pharmacology & Pharmacy| Physiology| Reproductive Biology| Respiratory System| Rheumatology|Statistics & Probability| Surgery| Toxicology| Urology & Nephrology| Veterinary Sciences| Virology]（0，47）
[Allergy| Biochemical Research Methods| Biochemistry & Molecular Biology|Biology|Biophysics| Biotechnology & Applied Microbiology| Cardiac & Cardiovascular Systems| Cell Biology| Chemistry| Computer Science| Dentistry| Dermatology|Dermatology & Venereal Diseases|Developmental Biology| Endocrinology & Metabolism| Gastroenterology & Hepatology| Hematology| Immunology| Mathematics| Medicine| Multidisciplinary Sciences| Neurosciences| Nutrition & Dietetics| Obstetrics & Gynecology| Oncology| Ophthalmology| Orthopedics| Pathology| Peripheral Vascular Disease| Pharmacology & Pharmacy| Physiology| Reproductive Biology|Respiratory System|Rheumatology| Statistics & Probability| Surgery| Toxicology| Urology & Nephrology| Veterinary Sciences|Virology]（0，28）
[Allergy|Biochemical Research Methods|Biochemistry & Molecular Biology| Biology| Biophysics| Biotechnology & Applied Microbiology| Cardiac & Cardiovascular Systems|Cell Biology| Chemistry| Dentistry| Dermatology| Dermatology & Venereal Diseases|Developmental Biology|Endocrinology & Metabolism| Engineering| Gastroenterology & Hepatology| Genetics & Heredity| Hematology| Immunology| Medicine| Multidisciplinary Sciences|Neurosciences|Nutrition & Dietetics|Obstetrics & Gynecology| Oncology| Ophthalmology| Orthopedics| Pathology| Peripheral Vascular Disease| Pharmacology & Pharmacy| Physiology| Reproductive Biology| Respiratory System| Rheumatology| Surgery| Toxicology| Urology & Nephrology| Veterinary Sciences| Virology]（0，9）
[Allergy|Biochemical Research Methods|Biochemistry & Molecular Biology| Biology| Biophysics| Biotechnology & Applied Microbiology| Cardiac & Cardiovascular Systems|Cell Biology| Chemistry| Computer Science| Dentistry| Dermatology|Dermatology & Venereal Diseases|Developmental Biology| Endocrinology & Metabolism| Gastroenterology & Hepatology| Genetics & Heredity| Hematology| Immunology| Mathematics| Medicine| Multidisciplinary Sciences| Neurosciences| Nutrition & Dietetics| Obstetrics & Gynecology|Oncology| Ophthalmology|Orthopedics|Pathology| Peripheral Vascular Disease| Pharmacology & Pharmacy| Physiology| Reproductive Biology| Respiratory System| Rheumatology|Statistics & Probability| Surgery|Toxicology| Urology & Nephrology|Virology]（0，7）

到目前为止，癌症的有效诊断和治疗仍然是现代医学面临的严峻挑战。癌症的有效治疗要求及早、准确地发现，从而实现及时治疗，改善治疗效果。近年来，纳米材料和纳米技术高速发展，并广泛应用于多个领域，为建立有效的癌症诊断和治疗技术提供了新的契机。纳米科学是一门涵盖多种学科的新兴学科，其发展极大地促进了包括医学、生物学、电子学、工程学等学科的进步。对癌症诊断和治疗现状的改善，集中体现在生命科学、纳米技术、医疗技术等多学科交叉的创新与集成[172]。

国内外研究表明，纳米药物在治疗重大疾病方面具有无可比拟的独特性质和优势。2002 年以来，美国、日本、欧盟等发达国家和地区先后组织和实施了较大规模的纳米药物计划。如美国国家癌症研究所于 2004 年 9 月正式成立纳米科技攻克肿瘤联盟（NCI Alliance for Nanotechnology in Cancer），投入 1.443 亿美元的启动资金，资助以纳米科技为基础的抗肿瘤药物研究和此类产品的标准制定。我国于 2001 年 11 月正式实施“纳米生物效应与安全性研究”计划，并在中国科学院高能物理研究所建立了中国第一个“纳米生物效应与纳米安全性实验室”，从纳米材料的生物效应以及纳米抗肿瘤药物的研制和机制着手，开始系统地研究。

全球纳米技术的迅猛发展给癌症治疗带来一场全新的变革。基于纳米材料的新型药物及技术为重大疾病的预防、诊断与治疗提供了新的思路。自 1960 年首次报道脂质体作为蛋白和药物载体以来，控释聚合物（1976 年）、聚乙二醇化的脂质体（1990 年）、聚合物胶束（1999 年）、树枝状聚合物（2010 年）等众多的纳米材料或纳米器件被用来提高疾病诊断和治疗的效率。纳米载药系统结合自身长循环、靶向、缓控释、透黏膜、透皮、物理响应等优势，可以克服现有药物制剂生物利用率低、稳定性差、药理作用时间短、不良反应严重等缺陷。据欧洲科技瞭望（European Science and Technology Observatory）统计，到 2006 年已经有 24 种基于脂质体、聚合物、白蛋白和纳米晶体 4 大类材料开发的纳米制剂被批准并应用于临床，实现销售总额超过 54 亿美元。例如，美国先灵葆雅公司生产的药物可用于治疗卵巢癌和卡博西肉瘤；美国阿斯利康公司制造的药物成功用于治疗晚期乳腺癌。但是单一的治疗受到两个方面的限制：一是前期对疾病的检测或者诊断，只有精确检测到病灶的存在才能提高治疗的效果；二是治疗后对病灶部位治疗效果的监测，这是评价治疗手段有效性的重要依据。要达到这些目的，必然的趋势就是将诊断和治疗合为一体。结合化学、生物、药学、纳米技术、医学和成像等领域的优势，纳米诊疗学应运而生。纳米诊疗学通过将药物和成像试剂集成于纳米颗粒中，有针对性地递送到病变组织，提高治疗效果和减少对正常组织的毒性作用。用于癌症诊断和治疗的纳米试剂种类很多，如量子点、纳米金/银、碳纳米管/石墨烯、磁性纳米颗粒、脂类/聚合物类纳米颗粒及介孔纳米材料。纳米技术能够实现癌症诊疗一体化，并具有针对性强、治疗效率高和安全无毒等显著优势，为癌症的诊疗一体化治疗带来了新的机遇[173]。

与此同时，纳米粒子为癌症的诊断与治疗提供了新的平台，例如，纳米粒子可作为各种分子成像造影剂，可作为运载化疗药物的载体，延长药物的体内循环时间，减少毒性作用，可作为光热治疗和磁热治疗探针等。然而，不同的诊疗技术都有各自的优缺点，在癌症的治疗过程中，利用单一的技术无法达到理想的治疗效果，因而需将不同的诊疗技术结合在一起来提高癌症的治疗效率。由于不同的诊疗技术要使用不同的纳米粒子来完成，而不同旳纳米粒子具有不同的药代动力学，这使得不同的纳米粒子不能同时被输送到特定的病变部位，进而阻碍了各技术的联合诊疗。另外，同时使用不同的纳米粒子会增加纳米粒子在体内的累积毒性。而将不同的诊疗功能集合在单一的纳米粒子上能够解决这一问题。因而，制备纳米粒子使其同时具有不同的诊疗功能，并具有良好的生物相容性变得非常有意义。

国际癌症研究中心认为纳米技术为癌症诊断与治疗能够有突破性的进展提供了与众不同的机会。以纳米粒子为基体制备的载药体系能够优化药物传送过程并减少药物和载体的不良反应。该载药体系将会继续得到改善并成为癌症临床诊疗中的主要手段。纳米技术在体内成像诊疗领域也得到快速发展，例如，利用纳米粒子作为磁共振成像造影剂来检测细胞凋亡。此外，纳米技术在其他癌症诊疗领域也有广泛应用，例如，利用光响应产生的过高热来切除恶性肿瘤。以上内容均说明多功能性的纳米材料对提高癌症的诊断与治疗效果有广泛的影响，具体包括以下方面[174]。

纳米材料应用于磁共振成像造影剂：近年来，由于具有在分子水平和细胞水平的分析诊断能力，生物医学成像得到了广泛关注。因此，一种将分子生物学和体内成像相结合的技术“分子成像”应运而生。具有代表性的成像模式有电子计算机射线断层扫描（CT）、光学成像、磁共振成像（MRI）、正电子放射断层造影术（SPECT）和超声成像。这些成像技术使生物体的细胞功能和相关的分子间相互作用可以实时可视化，更重要的是它们具有非侵害性。它们可以对癌症和神经退行性等疾病进行诊断，并提供这些疾病在潜伏期时的生物信息。磁共振成像技术是其中功能最强大的一种诊疗技术。它是大脑和中枢神经系统成像，心脏功能检测和癌症检测的首选成像模式。因为能提供软组织的高分辨结构成像也被认为是一种非常重要的分子和细胞成像技术。尽管技术本身能够提供具体的成像信息，但是由于正常组织和病变组织之间的弛豫时间差别不大，单独使用技术获得的诊断信息可能不够准确，所以在进行时，通常还要使用造影剂，使成像变得更清晰。纳米粒子的特殊尺寸和形貌使得它们能够在生物体内的特定位置大量聚集，与传统造影剂相比，更有利于在分子和细胞水平上对与疾病相关的特异性生物标记进行检测。因此，纳米粒子在磁共振成像造影剂领域有很大的应用前景。目前，临床使用的纳米磁共振成像造影剂还只有铁氧纳米粒子。不过，许多新型的纳米磁共振成像造影剂已被开发出来，这些造影剂既能提高成像效果，又有许多其他功能。

量子点在癌症诊疗中的研究应用：量子点是具有量子特性的无机半导体纳米晶体，其直径为 1～10nm。量子点具有独特的优势：发光波长范围窄、Stocks 位移大、量子产率高、荧光寿命长、光化学稳定性好、体内循环时间长，对肿瘤具有很好的被动靶向效果。标记抗体、核酸适配体、肽等靶向分子后将形成更灵敏和特异性的靶向成像和诊断应用。近来，量子点介导化疗药物（紫杉醇、阿霉素等）、功能蛋白（抗体等）、基因治疗药物等传输到肿瘤部位以实现肿瘤的成像和治疗，成为纳米药物领域的研究热点。采用量子点作为药物载体，可以实时跟踪药物在生物体内代谢过程及代谢的具体路径，在研究药物的作用机理以及药物的靶点确定中起关键作用。另外，量子点还可以与药物共定位，在药物起作用的位点通过活体成像的方式显示病变部位，方便实时监测与实现影像引导的治疗。

纳米粒子用做药物载体：在各种癌症治疗手段中，化疗是临床应用较为广泛的一种。但是，目前使用的化疗药物具有较低的分子量和较高的药代动力学体积分布，从而增加了药物的细胞毒性且导致治疗指数降低。由于缺乏特异性，化疗药物会在全身分布，对正常组织造成损害，导致严重的副作用，如抑制骨髓再生、脱发以及内脏上皮细胞脱落。同时，多数化疗药物水溶性较差，生物利用度较低。而纳米粒子能够通过高通透高滞留效应优先聚集在肿瘤部位使用纳米粒子运载化疗药物，能够使药物在肿瘤部位的聚集浓度较高，而在正常组织的聚集浓度较低，从而提高药物的治疗指数，降低毒副作用。此外，利用纳米粒子装载疏水药物可以延长药物在体内的循环时间，提高药物的治疗效率。因此，制备纳米粒子作为药物载体已得到了广泛关注。目前，药物载体主要由无机纳米粒子、生物降解性高分子纳米粒子和生物性颗粒构成。

纳米脂质体/聚合物纳米颗粒在癌症诊疗中的应用：目前成功用于药物载体的功能化生物纳米材料主要为脂质体和聚合物两大类。纳米脂质体是在脂质体的类脂质双分子层中加入适当表面活性剂形成的极具开发潜力的药物载体。纳米脂质体具有无毒性作用、生物相容性好、制备工艺简单等优点，被广泛应用于基因转染、药物呈递和活体成像等领域。聚合物纳米颗粒是一类以聚合物为基本骨架，包载小分子药物、多肽、蛋白、荧光标记物或核酸等物质的一类纳米颗粒。相比于传统体系，聚合物类纳米颗粒具有良好的药物呈递效率、生物安全性、循环稳定性、高通透性和滞留效应（EPR 效应），同时易于进行表面修饰。然而纳米脂质体对表面 PEG 修饰的过度依赖也使其无法将药物靶向、代谢稳定性等功能集于一体，从而无法实现脂质体体系的最优化设计；聚合物纳米颗粒的稳定性，对荧光分子的影响以及尺寸、形态和表面化学特性等因素限制了其在活细胞水平和活体水平的应用。而脂-聚合物纳米颗粒弥补了两者的不足，同时兼具两者优势，是一种应用前景广阔的复合型纳米体系。它提供了高效的药物呈递系统，增强了药物疗效，减少了药物不良反应，同时明显提升了肿瘤的诊断精度。

介孔纳米材料在癌症诊疗中的应用：介孔纳米材料是一类多孔中空的纳米颗粒，具有巨大的比表面积和三维孔道结构，孔径大小在 2～50nm，密度小且质量分散性良好。多孔中空结构使介孔纳米材料具有较强的物质连通性，各种原子、离子和分子不仅能够与材料表面发生接触，更能深入到材料内部。纳米介孔材料在粒径和孔径控制、生物相容性、材料功能化以及与材料相互作用等方面的技术不断完善，使其成为应用广泛的诊疗平台。根据化学组成，介孔材料可分为硅类和非硅类两类，其中发展较为成熟的是介孔硅类纳米颗粒（MSN）。作为诊疗药物的载体，MSN 具有优良的生物相容性和可降解性，同时也易于同其他功能材料复合，整合肿瘤靶向、药物控释、多药共载、多模成像、多模治疗等若干诊疗手段于一体，使其具备更加丰富的诊疗功能。非硅类介孔纳米材料主要包括过渡金属及其氧化物、硫化物和磷酸盐材料等。部分非硅类材料除了可进行成像示踪功能，还具备良好的药物控释与治疗功能。

天然抗癌药物青蒿素：近年来，有研究表明青蒿素及其衍生物能够使癌细胞周期停滞从而抑制细胞生长，抑制血管生成，破坏癌细胞迁移，控制癌细胞核受体的响应和使癌细胞凋亡。传统抗癌化疗药物有很严重的毒性作用，例如，使用较为广泛的阿霉素，它具有严重的心脏毒性，会导致患者患心肌症或充血性心力衰竭另一种普遍使用的抗癌药物顺铂会抑制骨髓生长或导致神经或肾脏中毒。而药理学和临床研究证明青蒿素具有较低的毒性作用。鉴于此，使用青蒿素在细胞和动物模型中进行癌症治疗的研究得到了广泛开展。然而，青蒿素及其多数衍生物水溶性较差，且会通过血液循环被迅速排出体外，青蒿素的这些缺点使得青蒿素及其衍生物作为化疗药物在临床上使用受到阻挠。而通过化学合成法制备一系列同时具有多种诊疗功能的纳米粒子，并利用制备的纳米粒子装载青蒿素，为该问题提供了可能的解决方案。

纳米技术在肿瘤的诊断和治疗中已有一些应用。例如，脂质体在十余年前就被应用于治疗卡波西肉瘤，现在又被用于治疗乳腺癌和卵巢癌。纳米技术在癌症的诊断和治疗中的应用，主要是多功能纳米颗粒用于药物的输送和成像。相对于传统的药物输送方法，纳米颗粒有独特的优势。第一，纳米颗粒的运载量非常大，如 70nm 的颗粒可以装载约 2000 个 siRNA 分子，而抗体的结合量小于 10；第二，纳米颗粒可以装载多种目标配体，在肿瘤细胞表面常常存在高表达的特定生物分子，称为生物标志物（biomarker），采用识别特定生物标志物的抗体，可以提供与细胞表面受体的多价结合；第三，纳米颗粒可以装载多种类型的药物分子，同时执行多元的功能；第四，纳米颗粒表面可以修饰不同分子，如聚乙二醇（PEG），容易穿过细胞表面的多层保护机制，增加在生物体内的滞留时间。纳米材料应用于药物输送和成像的优势体现于其多功能性，通过在载体内包埋对比试剂，实现成像信号的放大，可以同时实现治疗和监测药物在体内的作用位点及治疗效果。

8.3.2 基于学科分类组合中的重复学科分类计算突变程度

产生突破性创新概率较高的重复学科分类组合见表 8.4，即生物技术方面的学科分类与基因领域的结合更可能产生突破性创新，该部分涉及生物技术与应用微生物学（Biotechnology & Applied Microbiology）、跨学科科学（Multidisciplinary Sciences），再次说明基因工程学的学科交叉性，以及微生物学在基因工程中发挥有较大作用，该年的突破性创新可能出现在学科交叉方面，如克隆、基因表达等，这与基于关键词进行的突破性创新识别的结果相吻合。

另一个可能产生突破性创新的学科分类组合包括生物化学与分子生物学

(Biochemistry & Molecular Biology)、药理学&药剂学(Pharmacology & Pharmacy)。医药学作为生物技术相关学科会在实际应用中利用生物化学和分子生物学与药学结合，促使以 DNA 技术为基础的现代药学发展，发展以分子生物学为基础的药物设计新途径。

表 8.4　2002 年一阶被引科学论文的重复学科分类组合及其频次变化

重复的学科分类（频次）	突变程度
[Biotechnology & Applied Microbiology|Multidisciplinary Sciences]（1，5）	0.80
[Biochemistry & Molecular Biology|Pharmacology & Pharmacy]（1，4）	0.75
[Biotechnology & Applied Microbiology|Food Science & Technology]（1，3）	0.67
[Biochemical Research Methods|Biochemistry & Molecular Biology|Chemistry]（1，3）	0.67
[Biochemistry & Molecular Biology|Cell Biology|Immunology]（1，3）	0.67
[Biotechnology & Applied Microbiology|Virology]（2，5）	0.60
[Biochemistry & Molecular Biology|Biophysics|Cell Biology]（4，10）	0.60
[Medicine|Multidisciplinary Sciences]（2，4）	0.50

目前，中药研究中低水平重复现象比较严重，组方缺乏合理性、结果缺乏重现性、研究缺乏科学性等均成为中药发展的障碍。采用纳米科学技术，结合中医药理论，阐明中药方剂的物质基础及作用机理，是实现中药现代化、产业化，并将其推向国际的有效途径。在药剂学领域，一般将纳米粒的尺度界定在 1～1000nm 范围这显然包括了 100nm 以上的亚微米粒子。纳米技术在药学中主要是用于纳米药物和纳米载体。纳米药物是将药物超微细化的发展，一般采用超声喷雾器、气流粉碎机、超临界提取技术等。纳米载药技术是纳米技术和现代医药学结合的产物，它包括纳米粒（Nanopartieles）和纳米胶囊（Nanocapsules）。理想的纳米载药系统应该具备以下性质。具有较高的载药量和包封率、适当的粒径和粒形、较长的体内循环时间、药物释放的靶向性、载体材料的无毒、可降解。它的活性部位一般被包裹在纳米材料的内部，但也有吸附在表面的。药物的粒径直接影响其在体内的分布，粒径＜5nm 的微粒可以通过肺，粒径＜300nm 可进入血液循环，粒径＜100nm 可进入骨髓。因此，纳米药物更易通过胃肠黏膜和鼻黏膜，甚至皮肤的角质层，使口服、鼻腔给药和透皮吸收的生物利用度得以提高。

国内外对药物新剂型的研究已达到一个新阶段，新型缓释制剂、靶向制剂、纳米药物载体如脂质体、纳米粒、微乳剂、脂质纳米球等不断出现纳米药物制剂的新工艺，将水溶性不佳或难溶药物的分子制成囊状物或包在聚合物基质中加工成纳米颗粒，从而大大提高某些药物的生物利用度。如高效价的阿霉素注射液、克霉素制剂、戊聚糖多硫酸酯制剂、阿糖胞苷制剂；用于器官移植的拉哌霉素口服液、高效透皮释放制剂；如治疗焦虑症的厂螺丝旋酮贴膜剂、戒烟用的尼古丁美卡拉明贴膜剂。

纳米生物医学是纳米技术与分子生物学交叉融合产生的，是在现代医学以及生物学的基础上运用纳米技术开展生物医学研究的新兴交叉学科。纳米生物医学正在迅速形成一个崭新的研究领域，该领域的发展将为现代生物医学研究提供全新的技术和方法，在特殊的纳米尺度展现对一些重要生物医学问题的新视野，揭示相关的新原理以及可能的实际应用途径。

纳米生物医学领域已经涵盖了诸多方面，主要包括：新型纳米生物材料的研发，如纳米酶的发现与应用，以及一些重要纳米材料的制备、性能、作用机制和可能的应用；纳米材料与生物检测和医学诊断，如纳米技术在循环肿瘤细胞富集和检测、肿瘤活体成像、癌症诊断和治疗，以及细胞成像和体外检测等方面的应用；纳米材料与药物输递，如基于肿瘤异常结构的纳米药物设计以及纳米材料在基因治疗药物输递系统、口服给药系统、经皮给药、局部药物递送、多功能药物输送体系及环境响应性药物传输系统等方面的应用；纳米材料，特别是磁性纳米材料在组织工程中的应用。纳米材料以及生物医学的交叉和融合产生了生机勃勃的研究领域。在众多纳米材料中，碳纳米管因其独特的一维管状结构与物化特性，优异的细胞穿透性，生物相容性以及低生物毒性，在生物医学中尤其是肿瘤的分子成像与靶向治疗中显示了广阔的应用前景，例如，作为基因与药物的载体，分子成像探针，以及发展新型诊断与治疗手段等。但是由于碳纳米管本身作为纳米生物材料具有一定的缺点与限制，因此在其应用于生物医学领域之前，需要对其进行生物功能化，也就是通过一定的材料改性和修饰手段，使其满足在生物医学系统中的应用要求，并且具有一定的生物功能性特点或用途[175]。

碳纳米管的生物功能化的另一方面是将一些功能性分子标记在碳纳米管体系中，赋予其各种各样的生物功能。例如，将荧光素分子标记在碳纳米管上可以对其进行荧光示踪，研究碳纳米管在生物系统中的分布、运动等代谢情况。另外，碳纳米管在肿瘤成像与治疗中显示出突出的应用效果，将碳纳米管靶向引入肿瘤区域能更好地发挥其功效并减少对正常组织的毒性作用。因此将肿瘤靶向分子引入碳纳米管体系中是其生物功能化的重要方面。基于壳聚糖的修饰，碳纳米管不仅具有了在水溶液中的良好分散性，并且壳聚糖分子中含有大量的氨基和羟基等活性基团，其化学性质很活泼，可以进行酰化、羧基化、醚化、烷基化、脂化和卤化等多种化学反应，赋予了壳聚糖/碳纳米管体系更多方面的可修饰性，为多种生物功能性小分子的引入提供了桥梁。

对碳纳米管进行生物功能化的目的就是使其能在生物医学各领域中得到应

用，发挥纳米材料的特性与优势，在这些应用中，作为药物载体是碳纳米管的一类重要研究方向。虽然药物及生物活性分子可直接通过传递进入细胞与组织发挥效用，但因体内免疫系统、酶等因素的影响，它们有可能在到达作用部位前被降解或失活，或者达到特定治疗部位的药物剂量很低，因此为了达到药物的有效治疗剂量，往往需要增大药物的使用量而带来更多的毒性作用。采用有效的药物载体，可以提高治疗效果并减少药物使用量降低药物对正常组织的损害。碳纳米管因其特殊的一维管状纳米结构，巨大的比表面积，易于功能化修饰，生物相容性良好等特点，成为了药物载体的研究热点。使用碳纳米管对多种抗肿瘤药物，如甲氨蝶呤、紫杉醇、阿霉素等的载运在用于细胞层次以及小鼠活体层次的肿瘤治疗研究上已经显示出良好的应用前景。茶多酚是一种天然无毒的抗氧化剂，也是一种理想的天然药物，具有多种保健功能和药理作用，茶多酚对各种肿瘤细胞的抑制是广谱性的，对多种肿瘤具有明显的抑制作用，无不良反应，无基因毒性，已作为肿瘤患者手术或化疗后的辅助治疗药物。

在碳纳米管载药体系的应用研究中，一个重要的方面是药物从载体上的释放过程，研究药物的释放机理和途径，以实现药物的可控释放，可以有效提高药物在治疗部位的累积效率以提高治疗效果降低毒副作用。目前药物在体内的释放方式主要以被动释放为主，如紫杉醇/碳纳米管载药体系在进入活体后，在肿瘤部位主要依靠体内特定酶的作用切断了紫杉醇与碳纳米管系统的连接，药物得以进入肿瘤部位发挥功效；阿霉素/碳纳米管载药体系主要受到体内 pH 的调控，肿瘤组织以及细胞内的溶酶体等细胞器常显酸性，这促使了阿霉素从碳纳米管表面的脱附，并进入了肿瘤细胞核内发挥功效。

8.4 结 论

本章对如何利用学科分类的突变程度识别突破性创新进行了详细陈述，计算方式包括基于新学科分类计算突变程度、基于重复学科分类计算突变程度，计算对象是学科分类组合。

（1）以特定时间段被引科学论文的学科分类簇通过同被引关系形成的学科分类组合为分析对象，计算不同时间段每个学科分类组合的突变程度，以这种突变程度表示特定时间段每个学科分类组合产生突破性创新的概率，从而对产生突破性创新的学科分类组合进行识别。并分别以纳米电子学和基因工程领域的数据对基于学科分类组合突变的突破性创新识别方法进行了验证。

（2）对纳米电子学领域可能产生突破性创新的学科分类组合进行识别。以 2001 年的学科分类簇形成的学科分类组合为分析对象，对各个学科分类组合的突变程度进行计算，识别最可能产生突破性创新的学科分类组合。结果表明，化学、能源与燃料以及材料科学等学科分类更可能与纳米电子学结合，并产生突破性创新。

（3）对基因工程领域可能产生突破性创新的学科分类组合进行识别。以2002年的学科分类簇形成的学科分类组合为分析对象，对各个学科分类组合的突变程度进行计算，识别最可能产生突破性创新的学科分类组合。结果表明，医药相关的学科分类组合以及生物技术相关的学科分类组合更可能产生突破性创新。

9 结论与展望

本章对全文内容进行总结，归纳给出本研究的贡献及创新之处；并指出本研究存在的不足，以及后续的研究方向。

9.1 研究总结

本书的研究工作主要包括如下 4 个方面。

1）系统地调研和总结了国内外相关研究现状

突破性创新主要包括市场突破性创新和技术突破性创新，本书主要侧重于从技术层面分析突破性创新。

首先，本书从突破性创新的概念、特征以及识别指标和方法三个方面对突破性创新进行综述，重点对可计算并与科技情报分析密切关联的突破性创新识别指标和方法进行综述，即从技术演化视角和专利分析视角识别突破性创新。

在此基础上，对已有研究进行归纳和总结，找出其不足和待改进之处。即基于专利信息对突破性创新进行识别主要集中在利用专利本身表示的技术知识突变上；而基于被引科学知识突变识别突破性创新还停留在专利的科学强度上。因此，本书拟从科学知识影响创新的新角度利用专利直接和间接引用的科学论文所代表的被引科学知识对突破性创新进行识别，形成突破性创新的计算指标和方法。

2)提出了基于被引科学知识突变的突破性创新识别指标和方法并验证了其有效性

本书以专利引用的一阶和二阶被引科学论文的关键词和学科分类共同表示专利信息中的被引科学知识，由此形成了四种计算对象，即关键词簇、学科分类簇、通过关键词共现形成的研究主题、通过学科分类同被引关系形成的学科分类组合。突变程度的计算方式有两种：第一，新的关键词（或新学科分类）的大量涌现形成的新关键词（或学科分类）数量突变率和频次突变率；第二，重复的关键词（或学科分类）的频次巨大变化形成的重复关键词（或学科分类）频次突变率。由被引科学知识的四种表现形式及其两种突变程度计算方式，共同形成了被引科学知识的八种计算指标，并以此识别导致此突变发生的突破性创新。

为了验证该方法的有效性，本书以《科学》杂志每年公布的“年度突破”作为突破性创新的数据来源，如果被引科学知识突变刚好发生在这些突破性创新的相关领域和主题，那么基于被引科学知识突变识别突破性创新的方法就是有效和可行的。纳米电子学和基因工程都具有代表性的突破性创新，而且是当前的热点和前沿研究领域，因此，本书选择纳米电子学和基因工程对该方法进行验证。

纳米电子学领域的实验结果表明，最可能产生突破性创新的时间为 1998 年、2001 年和 2004 年，三个年份的关键词里均涉及纳米电路的相关研究内容，同时，量子计算、原子力显微镜、高温超导体等代表性技术也被识别出来；以 2001 年的关键词簇通过聚类产生的研究主题为分析对象，识别出了最可能产生突破性创新的研究主题，结果证实，纳米电路的相关研究内容均在研究主题中有所体现；以 2001 年的学科分类簇形成的学科分类组合为分析对象，识别出了最可能产生突破性创新的学科分类组合，结果表明，材料科学、化学和光学的结合更可能产生突破性创新，与纳米电路的相关研究领域是一致的。

基因领域的实验结果表明，最可能产生突破性创新的时间为 1997 年、2001 年和 2004 年，三个年份的关键词分别涉及基因工程领域的多个突破性创新，即克隆技术、胚胎发育过程、基因测序、癌症的基因疗法等；以 2002 年的关键词簇通过聚类产生的研究主题为分析对象，识别出了最可能产生突破性创新的研究主题，结果证实，克隆技术、癌症的基因疗法等相关研究内容均在研究主题中有所体现；以 2002 年的学科分类簇形成的学科分类组合为分析对象，识别出了最可能产生突破性创新的学科分类组合，结果表明，医药相关的学科分类以及生物技术相关的学科分类与基因领域的结合更可能产生突破性创新，与突破性创新的研究主题内容是一致的。

3）比较分析了一阶和二阶被引科学知识对于识别突破性创新的作用

以关键词簇（或学科分类簇）为分析对象，在突变程度最高的年份里，选取排名靠前的关键词和学科分类对一阶和二阶被引科学知识进行比较。结果表明，二阶被引科学知识的作用均得到体现，即二阶被引科学知识是一阶被引科学知识的基础和补充；一阶被引科学知识是二阶被引科学知识的延续。

二阶被引科学知识可以用来分析被引科学知识的演化，对一阶被引科学知识进行细化。例如，在纳米电子学领域，二阶被引科学知识石墨烯小管（Graphene Tubules）、金属微管（Metal Microtubules）、Mechanical Computers 分别对一阶被引科学知识小管（Tubules）、微管（Microtubules）、Computer 进行补充和细化，扫描隧道显微镜则是原子力显微镜的前身，反映了被引科学知识的演化；在基因工程领域，二阶被引科学知识 Sonic Hedgehog、Segment Polarity 等分别对 Hedgehog、Polarity 等一阶被引科学知识进行了细化。

同时，二阶被引科学知识能够降低科学知识向技术创新传递过程中的阻滞因素影响，识别可能的潜在突破性创新。例如，在识别突破性创新的产生时间上，纳米电子学领域的 2001 年、基因工程领域的 2004 年均是通过二阶被引科学知识突变识别出来的，对一阶被引科学知识有很好的补充作用。

4）与基于科学强度方法的比较分析

本书以纳米电子学和基因工程两个领域对基于科学强度的方法和本书所述方法进行对比分析，计算结果表明：基于科学强度的计算方法能够从统计数据的宏观层面上证明两个领域产生突破性创新的可能性均较高，尤其是基因工程领域的专利参考文献主要集中在非专利引文上，同时，该方法能够识别出可能产生突破性创新的少数年份，但无法在科学知识内容上得到证明；而本书所述方法能够从内容层面上提前识别多个突破性创新的产生时间领域和主题，更细致地能从科学知识内容层次上提前对突破性创新进行识别，具有较强的预警和预测作用。

9.2 贡献与创新之处

本书的主要贡献如下。

（1）比较系统地对突破性创新的概念、特征、识别指标和方法进行综述，对其存在的不足进行总结和归纳；对科学与技术间的知识转移进行综述。

（2）提出基于被引科学知识突变的突破性创新识别指标和方法，对被引科学知识的表示、抽取和突变程度计算进行了深入分析。

（3）深化了科学与技术间知识转移的分析指标和方法，提出利用被引科学论文的内容特征分析科学到技术的知识转移。

（4）扩展了被引科学知识的范围，以一阶和二阶被引科学论文的关键词和学科分类共同表示被引科学知识，并对二阶被引科学知识的作用进行了深入剖析。

（5）提出突变程度的计算方法，主要利用不同时间段被引科学知识间的差异程度来计算，并对二阶差异的重要作用进行了说明。计算方式包括两方面：基于新关键词（或学科分类）计算；以及基于重复关键词（或学科分类）计算；由此形成了被引科学知识的八种计算指标。计算对象包括四种：关键词簇、学科分类簇、研究主题以及学科分类组合。

（6）运用多种 Python 语言工具包，如 Networkx、Scipy、Numpy 等，设计、实现了突变程度的自动化计算方法。

（7）验证了该方法的准确性和有效性。选择纳米电子学和基因工程两个领域进行实证分析，对该方法的预警作用以及二阶被引科学知识的基础和补充作用进行了详细分析，并与科学强度方法进行比较。

本书的创新点表现为三个方面。

（1）提出基于被引科学知识突变的突破性创新识别指标和方法，对其两个基本问题，即被引科学知识的表示及其突变程度计算方法，进行了深入研究。

（2）扩展了被引科学知识的范围，以一阶和二阶被引科学论文的关键词和学科分类共同表示被引科学知识，从内容及其关系层面丰富了被引科学知识的表示；同时，对二阶被引科学知识的作用进行了详细解释。即第一，分析被引科学知识的演化；第二，降低科学知识到技术创新传递过程中的阻滞因素影响。

（3）提出被引科学知识的突变程度计算指标和方法，同时，对二阶差异进行了定量计算，对其重要作用进行了说明，即识别潜在的突破性创新。

9.3　不足与后续研究

由于时间、条件的限制，本研究还存在着一些不足之处，具体如下。

（1）被引科学论文的数据处理与匹配还待进一步加强。被引科学论文的标题抽取准确率还有待提高，相关抽取规则还待完善。同时，利用标题到SCI、CPCI库中进行匹配的方式还待改进，以减少因为匹配失败导致的部分数据丢失，这些都要在后续的工作中积极改进，使得基于此数据做出的分析更加准确和具有代表性。

（2）意义宽泛的关键词还需进一步处理。在各年度被引科学论文的关键词中，出现了一些该领域中意义较为宽泛的关键词，这些关键词几乎在各年度均会出现，其意义不大，因此，需要剔除这些意义较为宽泛的关键词或提取与这些词紧密关联的有意义词，把真正代表该年度的被引科学知识的关键词呈现出来。

（3）突变程度的计算方式还待进一步细化。本书主要是以不同时间的关键词或学科分类计算差异程度来代表突变程度，虽然这种方式对确定可能产生突破性创新的时间、研究主题和学科分类组合有较好的准确度，然而其研究层次还较宏观，哪些词或者学科分类对产生突破性创新的影响更大还有待进一步的处理和计算，例如，哪些关键词或学科分类出现了爆发式的增长，哪些关键词或学科分类代表了该领域的研究方向等。

（4）验证领域还需进一步扩大。本书主要选择在对科学知识依赖程度较大的纳米电子学和基因工程两个领域进行验证，验证的领域范围还需要进一步扩大。

（5）验证方式还待进一步改进。本书的验证方式主要是以年度为时间间隔对已经发生的突破性创新进行匹配。在此基础上，还需要对季度、月份等时间间隔进行更细的分析，并与专家验证的方法相结合对方法的有效性进行验证。

参考文献

[1] CHRISTENSEN C M. The Innovator's Dilemma：When New Technologies Cause Great Firms to Fail[M]. Boston：Harvard Business Press，1997.

[2] 白春礼. 深化科技体制改革 实现创新驱动发展——致力重大创新突破 服务创新驱动发展[J]. 求是，2012（16）：32-33.

[3] 何传启. 第六次科技革命的中国战略机遇[J]. 决策与信息，2012（06）：20-22.

[4] 何传启. 科技革命与世界现代化——第六次科技革命的方向和挑战[J]. 科技导报，2012（27）：15-19.

[5] WIKIPEDIA. Disruptive technology. [2011-11-21]. http：//en.wikipedia.org/wiki/Disruptive_technology.

[6] 张晓林. 颠覆数字图书馆的大趋势[J]. 中国图书馆学报，2011，37（5）：4-12.

[7] 孙圣兰，夏恩君，王剑飞. 突破性技术创新：一个新的研究视角[J]. 科技管理研究，2006，2：z117-119.

[8] LEIFER R. Radical Innovation：How Mature Companies Can Outsmart Upstarts[M]. Boston：Harvard Business Press，2000.

[9] KOTELNIKOV V. Radical Innovation Versus Incremental Innovation[M]. Boston：Harvard Business Press，2000.

[10] 张建宇. 基于破坏性创新的企业执行力形成路径与变革机制研究[D]. 天津：天津财经大学，2008.

[11] GOVINDARAJAN V，KOPALLE P K. Disruptiveness of innovations：measurement and an assessment of reliability and validity[J]. Strategic Management Journal，2006，27（2）：189-199.

[12] Committee on Forecasting Future Disruptive Technologies. Persistent forecasting of disruptive technologies[M]. Washington，D.C.：The National Academies Press，2009.

[13] Committee on Forecasting Future Disruptive Technologies. Persistent forecasting of disruptive technologies-report 2[M]. Washington，D.C.：The National Academies Press，2009.

[14] SCHOENMAKERS W，DUYSTERS G. The technological origins of radical inventions[J]. Research Policy，2010，39（8）：1051-1059.

[15] BETTENCOURT L，KAISER D I，KAUR J. Scientific discovery and topological transitions in collaboration networks[J]. Journal of Informetrics，2009，3（3）：210-221.

[16] SRINIVASAN R，LILIEN G L，RANGASWAMY A. Technological opportunism and radical technology adoption：An application to e-business[J]. Journal of Marketing，2002，66（3）：47-60.

[17] SPENCER A S，KIRCHHOFF B A，WHITE C. Entrepreneurship，innovation，and wealth distribution.The essence of creative destruction[J]. International Small Business Journal，2008，

26（1）：9-26.

[18] PHENE A，FLADMOE-LINDQUIST K，MARSH L. Breakthrough innovations in the U.S. Biotechnology industry：The effects of technological space and geographic origin[J]. Strategic Management Journal，2006，27（4）：369-388.

[19] DOYLE J F. Radical innovation：How mature companies can outsmart upstarts[J]. Ubiquity，2001，（1）：278-279.

[20] 李睿. 专利引文分析法与共词分析法在揭示科学-技术知识关联方面的差异对比[J]. 图书情报工作，2010，54（06）：91-140.

[21] MEYER M，DEBACKERE K，GL NZEL W. Can applied science be ‘good science’？Exploring the relationship between patent citations and citation impact in nanoscience[J]. Scientometrics，2010，85（2）：527-539.

[22] NOH K，KIM W，KWON O，et al. Tracing knowledge flows using science and technology indicators[J]. Information-Yamaguchi，2007，10（3）：327.

[23] 李睿. 基于专利引文分析的科学-技术关联探测模型改进[D]. 北京：中国科学院，2011.

[24] LASAGNI L，LAZZERI E，SHANKLAND S J，et al. Podocyte mitosis-a catastrophe[J]. Current Molecular Medicine，2013，13（1）：13-23.

[25] THURSBY J，THURSBY M. Where is the new science in corporate R&D？[J]. Science，2006，314（5805）：1547-1548.

[26] 张金柱. 基于引用科学知识突变的突破性创新识别方法研究[D]. 北京：中国科学院大学，2013.

[27] NARIN F，HAMILTON K S，OLIVASTRO D. The increasing linkage between US technology and public science[J]. Research Policy，1997，26（3）：317-330.

[28] GARFIELD E. Significant journals of science[J]. Nature，1976，264（5587）：609-615.

[29] ABBAS A，ZHANG L，KHAN S U. A literature review on the state-of-the-art in patent analysis[J]. World Patent Information，2014，37（0）：3-13.

[30] LO S-C S. Scientific linkage of science research and technology development：a case of genetic engineering research[J]. Scientometrics，2010，82（1）：109-120.

[31] 赵志耘，雷孝平. 我国生物科技领域技术创新与基础研究关联分析——从专利引文分析的角度[J]. 情报学报，2012，31（12）：1283-1289.

[32] 陈傲，柳卸林. 突破性技术创新的形成机制[M]. 北京：科学出版社，2013.

[33] 托姆. 结构稳定性与形态发生学[M]. 成都：四川教育出版社，1992.

[34] DONGMIN W. Study on enterprise crisis management based on chaos principles[J]. China Safety Science，2006，16（4）：4-8.

[35] 党兴华，刘景东. 技术异质性及技术强度对突变创新的影响研究——基于资源整合能力的调节作用[J]. 科学学研究，2013（01）：131-140.

[36] 平恩顺，檀润华，孙建广，等. 基于突变理论的机械产品突破性创新耗散结构模型及其评价[J]. 工程设计学报，2014（06）：513-521.

[37] 游达明，陈凡兵. 产业自主技术创新能力突变评价模型研究[J].科技管理研究，2008（11）：70-73.

[38] 姜璐，于连宇. 初等突变理论在社会科学中的应用[J].系统工程理论与实践，2002（10）：113-117.

[39] 唐鑫，杨建军. 目标威胁评估的突变决策方法[J]. 电光与控制，2016（09）：55-58+62.
[40] 张洪石. 突破性创新动因与组织模式研究[D]. 杭州：浙江大学，2005.
[41] ZHANG Q，XU X，ZHU Y，et al. Measuring multiple evolution mechanisms of complex networks[J]. Scientific Reports，2015，5：10350.
[42] ALBERT R，BARAB SI A L. Statistical mechanics of complex networks[J]. Reviews of Modern Physics，2002，74（1）：47.
[43] NEWMAN M E J. The structure and function of complex networks[J]. SIAM Review，2003，45（2）：167-256.
[44] NEWMAN M E J. Detecting community structure in networks[J]. The European Physical Journal B-Condensed Matter and Complex Systems，2004，38（2）：321-330.
[45] NEWMAN M E J，GIRVAN M. Finding and evaluating community structure in networks[J]. Physical Review E，2004，69（2）：026113.
[46] XU K S，KLIGER M，HERO A O，III. Tracking Communities in Dynamic Social Networks[M]. 2011：219-226.
[47] NEWMAN M E J. Fast algorithm for detecting community structure in networks[J]. Physical Review E，2004，69（6）：066133.
[48] 蔡晓妍，戴冠中，杨黎斌. 谱聚类算法综述[J].计算机科学，2008，35（007）：14-18.
[49] 陈悦，侯剑华，梁永霞. Citespace ii：科学文献中新趋势与新动态的识别与可视化[J].情报学报，2009（03）：401-421.
[50] CHRISTENSEN C M，RAYNOR M E. The Innovator' s Solution：Creating and Sustaining Successful Growth[M]. Boston：Harvard Business Press，2003.
[51] THOMOND P，HERZBERG T，LETTICE F. Disruptive innovation：Removing the innovators' dilemma[C]. Knowledge into Practice-British Academy of Management Annual Conference，Harrogate，UK，2003.
[52] 吴贵生，谢伟. “破坏性创新”与组织响应[J]. 科学学研究 1997，15（4）：35-39.
[53] 陈劲，戴凌燕. 突破性创新及其识别[J]. 科技管理研究，2002，22（5）：22-28.
[54] 孙启贵. 破坏性创新的概念界定与模型构建[J]. 科技管理研究，2006，26（4）：20-25.
[55] YU D，HANG C C. A reflective review of disruptive innovation theory[J]. International Journal of Management Reviews，2010，12（4）：435-452.
[56] MANSFIELD E. Industrial Research and Technological Innovation：An Econometric Analysis[M]. New York：Norton，1968.
[57] HANNAN M T，FREEMAN J. The population ecology of organizations[J]. American Journal of Sociology，1977：929-964.
[58] CLARK R E. Reconsidering research on learning from media[J]. Review of Educational Research，1983，53（4）：445.
[59] DAHLIN K B，BEHRENS D M. When is an invention really radical？Defining and measuring technological radicalness[J]. Research Policy，2005，34（5）：717-737.
[60] DOSI G. Technological paradigms and technological trajectories：A suggested interpretation of the determinants and directions of technical change[J]. Research Policy，1982，11（3）：147-162.
[61] GEROSKI P A. Vertical relations between firms and industrial policy[J]. Economic Journal，1992，102（410）：138-147.

[62] KIM J. Innovation in the semiconductor equipment industry（incremental innovation vs. radical innovation）[J]. 2014：1-61.

[63] OLLEROS F J. Emerging industries and the burnout of pioneers*[J]. Journal of Product Innovation Management，1986，3（1）：5-18.

[64] TUSHMAN M L，ANDERSON P. Technological discontinuities and organizational environments[J]. Administrative Science Quarterly，1986：439-465.

[65] 付玉秀，张洪石. 突破性创新：概念界定与比较[J]. 数量经济技术经济研究，2004（03）：73-83.

[66] 陈傲，柳卸林. 突破性技术从何而来？——一个文献评述[J]. 科学学研究，2011，29（9）：1281-1290.

[67] RICE M P，KELLEY D，PETERS L，et al. Radical innovation：triggering initiation of opportunity recognition and evaluation[J]. R&D Management，2001，31（4）：409-420.

[68] CHRISTENSEN C M，OVERDORF M. Meeting the challenge of disruptive change[J]. Harvard Business Review，2000，78（2）：66-77.

[69] THOMOND P，LETTICE F. Disruptive innovation explored[C]. 9th IPSE International Conference on Concurrent Engineering：Research and Applications，2002.

[70] KING N，ANDERSON N. Innovation and Change in Organizations[M]. New York：Routledge，1995.

[71] ARTHUR W B. The Nature of Technology：What It is and How It Evolves[M]. New York：Free Press，2009.

[72] NADLER D，TUSHMAN M，NADLER M B. Competing by Design：The Power of Organizational Architecture[M]. Oxford：Oxford University Press，USA，1997.

[73] SOSA M L. Application-specific R&D capabilities and the advantage of incumbents：evidence from the anticancer drug market[J]. Management Science，2009，55（8）：1409-1422.

[74] PEREZ C. Technological revolutions and techno-economic paradigms[J]. Cambridge Journal of Economics，2010，34（1）：185-202.

[75] SCHUMPETER J A. History of Economic Analysis：With a New Introduction[M]. Oxford：Oxford University Press，1996.

[76] NELSON R R，WINTER S G. An Evolutionary Theory of Economic Change[M]. Cambridge：Belknap Press，1982.

[77] ANDERSON P，TUSHMAN M L. Technological discontinuities and dominant designs：A cyclical model of technological change[J]. Administrative Science Quarterly，1990：604-633.

[78] FOSTER R，KAPLAN S. Creative Destruction：Why Companies That are Built to Last Underperform The Market-and How to Successfully Transform Them[M]. Danvers：Crown Business，2001.

[79] SOOD A，TELLIS G J. Technological evolution and radical innovation[J]. Journal of Marketing，2005：152-168.

[80] LEE K，LIM C. Technological regimes，catching-up and leapfrogging：findings from the Korean industries[J]. Research Policy，2001，30（3）：459-483.

[81] VERSPAGEN B. Mapping technological trajectories as patent citation networks：A study on the history of fuel cell research[J]. Advances in Complex Systems，2007，10（1）：93.

[82] LIEBERMAN M B，ASABA S. Why do firms imitate each other？[J]. The Academy of Management Review，2006，31（2）：366-385.

[83] DEWAR R D，DUTTON J E. The adoption of radical and incremental innovations：An empirical analysis[J]. Management Science，1986：1422-1433.

[84] HANNAN M T，FREEMAN J. Structural inertia and organizational change[J]. American Sociological Review，1984：149-164.

[85] BURNS T，STALKER G M. The Management of Innovation[M]. Oxford：Oxford University Press，1994.

[86] HENDERSON R，JAFFE A B，TRAJTENBERG M. Universities as a source of commercial technology：A detailed analysis of university patenting，1965-1988[J]. Review of Economics and Statistics，1998，80（1）：119-127.

[87] AAKER D A. Strategic Market Management[M]. California：Wiley，2004.

[88] TIROLE J. The Theory of Industrial Organization[M]. Cambridge：The MIT Press，1988.

[89] TELLIS G，GOLDER P. First to market，first to fail？Real causes of enduring market leadership[J]. MIT Sloan Management Review，1996，37（2）：65-75.

[90] SHANE S. Technological opportunities and new firm creation[J]. Management Science，2001，47（2）：205-220.

[91] GATIGNON H，TUSHMAN M L，SMITH W，et al. A structural approach to assessing innovation：Construct development of innovation locus，type，and characteristics[J]. Management Science，2002，48（9）：1103-1122.

[92] KAHNEMAN D，TVERSKY A. Choices，values，and frames[J]. Smelser，Neil J./Gerstein Dean R.（eds.）：Behavioral and Social Science：Fifty Years of Discovery. National Academy Press：Washington，DC，1986：153-172.

[93] BENGISU M，NEKHILI R. Forecasting emerging technologies with the aid of science and technology databases[J]. Technological Forecasting and Social Change，2006，73（7）：835-844.

[94] GRILICHES Z. Patent Statistics as Economic Indicators：A Survey[M]. Chicago：University of Chicago Press，1998：287-343.

[95] REITZIG M. What determines patent value？：Insights from the semiconductor industry[J]. Research Policy，2003，32（1）：13-26.

[96] HARHOFF D，NARIN F，SCHERER F M，et al. Citation frequency and the value of patented inventions[J]. Review of Economics and Statistics，1999，81（3）：511-515.

[97] HALL B H，JAFFE A，TRAJTENBERG M. Market value and patent citations[J]. RAND Journal of Economics，2005：16-38.

[98] ALBERT M B，AVERY D，NARIN F，et al. Direct validation of citation counts as indicators of industrially important patents[J]. Research Policy，1991，20（3）：251-259.

[99] AHUJA G，MORRIS L C. Entrepreneurship in the large corporation：a longitudinal study of how established firms create breakthrough inventions[J]. Strategic Management Journal，2001，22（6-7）：521-543.

[100] NEMET G F. Demand-pull，technology-push，and government-led incentives for non-incremental technical change[J]. Research Policy，2009，38（5）：700-709.

[101] NARIN F，NOMA E. Is technology becoming science？[J]. Scientometrics，1985，7（3）：

369-381.

[102] VAN VIANEN B，MOED H，VAN RAAN A. An exploration of the science base of recent technology[J]. Research Policy，1990，19（1）：61-81.

[103] GAO J-P，DING K，TENG L，et al. Hybrid documents co-citation analysis：Making sense of the interaction between science and technology in technology diffusion[J]. Scientometrics，2012：1-13.

[104] CALLAERT J，GROUWELS J，VAN LOOY B. Delineating the scientific footprint in technology：Identifying scientific publications within non-patent references[J]. Scientometrics，2012，91（2）：383-398.

[105] FINARDI U. Time relations between scientific production and patenting of knowledge：The case of nanotechnologies[J]. Scientometrics，2011，89（1）：37-50.

[106] BRESCHI S，CATALINI C. Tracing the links between science and technology：An exploratory analysis of scientists' and inventors' networks[J]. Research Policy，2010，39（1）：14-26.

[107] CARPENTER M P，NARIN F，WOOLF P. Citation rates to technologically important patents[J]. World Patent Information，1981，3（4）：160-163.

[108] FLEMING L，SORENSON O. Technology as a complex adaptive system：Evidence from patent data[J]. Research Policy，2001，30（7）：1019-1039.

[109] FLEMING L. Recombinant uncertainty in technological search[J]. Management Science，2001，47（1）：117-132.

[110] GERKEN J M，MOEHRLE M G. A new instrument for technology monitoring：Novelty in patents measured by semantic patent analysis[J]. Scientometrics，2012，91：645-670.

[111] BUTER R K，NOYONS E C M，VAN RAAN A F J. Searching for converging research using field to field citations[J]. Scientometrics，2011，86（2）：325-338.

[112] JAFFE A B，TRAJTENBERG M. Patents，Citations and Innovations. 2002.

[113] TRAJTENBERG M，HENDERSON R，JAFFE A. University versus corporate patents：A window on the basicness of invention[J]. Economics of Innovation and New Technology，1997，5（1）：19-50.

[114] ROSENKOPF L，NERKAR A. Beyond local search：boundary-spanning，exploration，and impact in the optical disk industry[J]. Strategic Management Journal，2001，22（4）：287-306.

[115] FLEMING L，SORENSON O. Science as a map in technological search[J]. Strategic Management Journal，2004，25（8 - 9）：909-928.

[116] YOON J，KIM K. Identifying rapidly evolving technological trends for R&D planning using SAO-based semantic patent networks[J]. Scientometrics，2011，88（1）：213-228.

[117] YOON J，KIM K. Detecting signals of new technological opportunities using semantic patent analysis and outlier detection[J]. Scientometrics，2012，90（2）：445-461.

[118] RADAUER A，WALTER L. Elements of good practice for providers of publicly funded patent information services for SMEs-selected and amended results of a benchmarking exercise[J]. World Patent Information，2010，32（3）：237-245.

[119] YOON J，KIM K. Generation of patent maps using SAO-based semantic patent similarity[J]. Entrue Journal of Information Technology，，2011，10（1）：19-27.

[120] 王莉亚. 基于离群数据的主题演化研究[D]. 北京：中国科学院大学，2012.

[121] CHANDOLA V，BANERJEE A，KUMAR V. Anomaly detection：A survey[J]. ACM Computing Surveys（CSUR），2009，41（3）：15.

[122] FUJII A，IWAYAMA M，KANDO N. Introduction to the special issue on patent processing[J]. Information Processing & Management，2007，43（5）：1149-1153.

[123] 董洁林. 复杂系统理论在创新研究中的应用——兼谈复杂理论视角下创新的起源、结构和演化[J]. 上海理工大学学报，2011，33（5）：473-479.

[124] KAUFFMAN S A. The Origins of Order：Self Organization and Selection in Evolution[M]. New York：Oxford University Press，1993.

[125] 陈仕吉. 基于重叠结构的知识演化分析方法研究[D]. 北京：中国科学院，2010.

[126] ZHUGE H. A knowledge flow model for peer-to-peer team knowledge sharing and management[J]. Expert Systems with Applications，2002，23（1）：23-30.

[127] ARVANITIS S，KUBLI U，WOERTER M. University-industry knowledge and technology transfer in Switzerland：What university scientists think about co-operation with private enterprises[J]. Research Policy，2008，37（10）：1865-1883.

[128] PACI R，USAI S. Knowledge flows across European regions[J]. The Annals of Regional Science，2009，43（3）：669-690.

[129] NOMALER Ö，VERSPAGEN B. Knowledge flows，patent citations and the impact of science on technology[J]. Economic Systems Research，2008，20（4）：339-366.

[130] HARHOFF D，SCHERER F M，VOPEL K. Citations，family size，opposition and the value of patent rights[J]. Research Policy，2003，32（8）：1343-1363.

[131] CALLAERT J，VAN LOOY B，VERBEEK A，et al. Traces of prior art：An analysis of non-patent references found in patent documents[J]. Scientometrics，2006，69（1）：3-20.

[132] GUAN J，HE Y. Patent-bibliometric analysis on the Chinese science—Technology linkages[J]. Scientometrics，2007，72（3）：403-425.

[133] HE Z-L，DENG M. The evidence of systematic noise in non-patent references：a study of New Zealand companies' patents[J]. Scientometrics，2007，72（1）：149-166.

[134] 高继平，丁堃，滕立，等. 专利-论文混合共被引分析法的实现及其应用——以德温特专利数据库为例[J]. 情报学报，2012，31（3）：317-324.

[135] DUCOR P. Intellectual property：Coauthorship and coinventorship[J]. Science，2000，289（5481）：873-875.

[136] FABRIZIO K R，DI MININ A. Commercializing the laboratory：faculty patenting and the open science environment[J]. Research Policy，2008，37（5）：914-931.

[137] CALDERINI M，FRANZONI C，VEZZULLI A. If star scientists do not patent：the effect of productivity，basicness and impact on the decision to patent in the academic world[J]. Research Policy，2007，36（3）：303-319.

[138] 陈凯，徐峰，程如烟. 非专利引文分析研究进展[J]. 图书情报工作，2015（5）：137-144.

[139] HUANG M-H，YANG H-W，CHEN D-Z. Increasing science and technology linkage in fuel cells：A cross citation analysis of papers and patents[J]. Journal of Informetrics，2015，9（2）：237-249.

[140] MANSFIELD E. Academic research and industrial innovation[J]. Research policy，1991，

20（1）：1-12.

[141] TIJSSEN R J. Science dependence of technologies：Evidence from inventions and their inventors[J]. Research Policy，2002，31（4）：509-526.

[142] CALLAERT J，PELLENS M，VAN LOOY B. Sources of inspiration? Making sense of scientific references in patents[J]. Scientometrics，2014，98（3）：1617-1629.

[143] 张金柱，张晓林. 基于被引科学知识主题突变的突破性创新识别[J]. 现代图书情报技术，2016，32（7/8）：42-50.

[144] 陈亮，张志强，尚玮姣. 专利引文分析方法研究进展[J]. 现代图书情报技术，2013（z1）：75-81.

[145] VERBEEK A，DEBACKERE K，LUWEL M，et al. Measuring progress and evolution in science and technology–I：The multiple uses of bibliometric indicators[J]. International Journal of Management Reviews，2002，4（2）：179-211.

[146] SHIRABE M. Identifying SCI covered publications within non-patent references in US utility patents[J]. Scientometrics，2014，101（2）：999-1014.

[147] NARIN F，SCIENTIFIC C. Inventing Our Future：The Link between Australian Patenting and Basic Science[M]. Canberra：AusInfo，2000.

[148] SCHMOCH U. Indicators and the relations between science and technology[J]. Scientometrics，2010，38（38）：103-116.

[149] MEYER M. Does science push technology? Patents citing scientific literature[J]. Research Policy，2000，29（3）：409-434.

[150] LIAW Y C，CHAN T Y，FAN C Y，et al. Can the technological impact of academic journals be evaluated? The practice of non-patent reference（NPR）analysis[J]. Scientometrics，2014，101（1）：17-37.

[151] CHEN M L，SU H N，LEE P C. Does non-patent reference measure university-industry collaboration? [C]. Technology Management for Emerging Technologies，2012：1049-1053.

[152] 张金柱，张晓林. 利用引用科学知识突变识别突破性创新[J]. 情报学报，2014，33（3）：259-266.

[153] PALMBERG C，DERNIS H，MIGUET C. Nanotechnology：An Overview based on Indicators and Statistics[M]. Paris：OECD，2009.

[154] SERVICE R F. Breakthrough of the year：Molecules get wired[J]. Science，2001，294（5551）：2442-2443.

[155] BAKER S，ASTON A. The business of nanotech[J]. Business Week，2005，14：64-71.

[156] ROCO M C. International perspective on government nanotechnology funding in 2005[J]. Journal of Nanoparticle Research，2005，7（6）：707-712.

[157] HULLMANN A，MEYER M. Publications and patents in nanotechnology[J]. Scientometrics，2003，58（3）：507-527.

[158] PENNISI E. CLONING：The lamb that roared[J]. Science，1997，278（5346）：2038-2039.

[159] KELLER P J，SCHMIDT A D，WITTBRODT J，et al. Reconstruction of zebrafish early embryonic development by scanned light sheet microscopy[J]. Science，2008，322（5904）：1065-1069.

[160] PENNISI E. Genomics comes of age[J]. Science，2000，290（5500）：2220-2221.

[161] JONES S，ZHANG X，PARSONS D W，et al. Core signaling pathways in human pancreatic cancers revealed by global genomic analyses[J]. Science，2008，321（5897）：1801-1806.
[162] PARSONS D W，JONES S，ZHANG X，et al. An integrated genomic analysis of human glioblastoma multiforme[J]. Science，2008，321（5897）：1807-1812.
[163] OFFICE E P. Nanotechnology. http：//www.epo.org/news-issues/issues/classification/nanotechnology.html.
[164] LANG K，HITE D，SIMMONDS R，et al. Conducting atomic force microscopy for nanoscale tunnel barrier characterization[J]. Review of Scientific Instruments，2004，75（8）：2726-2731.
[165] BLONDEL V D，GUILLAUME J L，LAMBIOTTE R，et al. Fast unfolding of communities in large networks[J]. Journal of Statistical Mechanics：Theory and Experiment，2008（10）：P10008.
[166] 宫自强. 纳米科技与计算机技术[J]. 现代物理知识，2003（3）：38-39.
[167] 雍岐龙，程莲萍，孙坤，等. 纳米材料与纳米技术的研究方向及应用前景[J]. 云南冶金，2001，30（5）：34-37.
[168] 姚骏恩. 纳米测量仪器和纳米加工技术[J]. 中国工程科学，2003（01）：33-37+47.
[169] 姚骏恩. 电子显微镜的现状与展望[J]. 电子显微学报，1998（06）：81-90.
[170] 马宗敏，王芳，曲章，等. 高精度测量的特种 spm 技术及仪器[J]. 中国科学：物理学力学天文学，2016（11）：7-22.
[171] 杨驰. 新型半导体纳米晶的合成及光电性能研究[D]. 合肥：中国科学技术大学，2015.
[172] 刘海峰. 纳米技术在肿瘤学中的应用现状[J]. 中国肿瘤临床，2005，32（5）：241-243.
[173] 郑明彬，赵鹏飞，罗震宇，等. 纳米技术在癌症诊疗一体化中的应用[J]. 科学通报，2014（31）：3009-3024.
[174] 陈健. 基于新型纳米药物载体的癌症诊疗一体化应用研究[D]. 合肥：中国科学技术大学，2015.
[175] 李俊. 功能化碳纳米管材料体系的构建及其生物医学基础与吸附应用研究[D]. 南京：南京航空航天大学，2015.

附　录

附录 1　纳米电子学领域相关的“年度十大突破”

Molecules Get Wired

Computer chip technology and scientific breakthroughs have marched in step for decades. But the ability to cram ever more circuitry onto silicon chips now faces fundamental limits. In recent years，scientists have been going for the ultimate shrinkage：turning single molecules and small chemical groups into transistors and other standard components of computer chips. This year，researchers wired up their first molecular-scale circuits，a feat that Science selects as the Breakthrough of 2001 and that may herald a new generation of molecular electronics. Five labs succeeded in hooking up these devices into more complex circuits that could carry out rudimentary computing operations：

（1）In January，a team led by Charles Lieber，a chemist at Harvard University，reported arranging nanowires into a simple configuration that resembled the lines in a ticktacktoe board that was electronically active. The tiny arrangement wasn' t a circuit yet，but it was the first step，showing that separate nanowires could communicate with one another.

（2）In April，James Heath and his colleagues at the University of California，Los Angeles，reported at the American Chemical Society meeting that they' d made semiconducting crossbars. Heath' s team placed molecules called rotaxanes，which function as molecular transistors，at each junction. By controlling the input voltages to each arm of the crossbar，the scientists showed that they could make working 16-bit memory circuits.

（3）In the 26 August online edition of Nano Letters，a team led by Phaedon Avouris of IBM reported making a circuit out of a single semiconducting carbon nanotube. The team coaxed the device to work like a simple circuit called an inverter，another of the basic building blocks for more complex circuitry. Crucially，the IBM circuit also demonstrated another advantage："gain，" the ability to turn a weak electrical input into a stronger output，which is a necessary feature for sending signals through multiple devices.

（4）A pair of papers in the 9 November issue of Science reported circuits with even stronger gain. The first，by Cees Dekker and his colleagues at Delft University of Technology in the Netherlands，also relied on carbon nanotubes. By carefully controlling the formation of metal gate electrodes，Dekker' s group created transistors with an output signal 10 times stronger than the input. Lieber and colleagues at Harvard also got in on the act，constructing circuits with their semiconducting nanowires，in this case made from silicon and gallium nitride.

（5）Finally，in a report published online by Science on 8 November，a group led by physicist Jan Hendrik Schön of Lucent Technologies' Bell Laboratories in Murray Hill，New Jersey，reported similar success in crafting circuits from transistors made from organic molecules that chemically assemble themselves between pairs of gold electrodes.

附录 2　基因工程领域相关的“年度十大突破”

CLONING：The Lamb That Roared（1997）

This year，Science names Dolly，a lamb cloned from a single cell of an adult sheep，as its 1997 Breakthrough of the Year. Her creation demonstrated the power of cloning technology，surprising both researchers and the public，and igniting a fierce debate about ethics. Although animals have been cloned before，conventional wisdom had held that adult cells cannot give rise to new，mature organisms. The implications of the new technology could open new avenues of research in cancer，development，and even aging，for although Dolly is now 18 months old，her DNA，taken from the donor cell，may be almost 8 years old.

Genomics Comes of Age（2000）

2000 was a banner year for scientists deciphering the “book of life”；this year saw the completion of the genome sequences of complex organisms ranging from the fruit fly to the human

Genomes carry the torch of life from one generation to the next for every organism on Earth. Each genome—physically just molecules of DNA—is a script written in a four-letter alphabet. Not too long ago，determining the precise sequence of those letters was such a slow，tedious process that only the most dedicated geneticist would attempt to read any one “paragraph”—a single gene. But today，genome sequencing is a billion-dollar, worldwide enterprise. Terabytes of sequence data generated through a melding of biology, chemistry, physics, mathematics, computer science, and engineering are changing the way biologists work and think. Science marks the production of this torrent of genome data as the Breakthrough of 2000; it might well be the breakthrough of the decade, perhaps even the century, for all its potential to alter our view of the world we live in.

Clone Wars (2004)

To tabloid readers, it might have sounded like old news, but the announcement by South Korean researchers that they had managed to produce a human embryo by nuclear transfer was the first scientific evidence that the technique could work with human cells. The researchers were not attempting to create a carbon-copy baby but rather to derive embryonic stem cell lines that could provide new insights into complex diseases or eventually produce replacement cells genetically matched to a patient.

Hundreds of mammals have been cloned since Dolly the sheep burst on the scene in 1997, but the psychological and political impact of the human work is still reverberating. It was the first evidence that cloning in primates is possible, contradicting earlier studies that had suggested that the location of cell-division proteins in primate eggs might thwart such attempts. Two factors were seminal: a gentler method of removing an egg' s nucleus and a wealth of raw material. Sixteen young women donors provided 242 eggs for the project.

Eggs pose a key hurdle for those who hope to repeat the experiment. Several U.K.-and U.S.-based ethics boards have said scientists must rely on oocytes from failed in vitro fertilization attempts. Such eggs are scarcer and probably less robust than those freshly harvested from hormone-boosted ovaries.

The political impact of the work has been mixed. On 2 November, California voters, in part fueled by optimism sparked by the South Korean report, approved the creation of a $3 billion fund to support human nuclear transfer and embryonic stem cell work. But elsewhere, consensus has proved elusive. A United Nations debate over a worldwide ban on reproductive cloning ended in stalemate when countries that support the research could find no common ground with those that argue that all cloning research is immoral, in part because it creates embryos only to destroy them.

Cancer Genes (2008)

Researchers this year turned a searchlight on the errant DNA that leads tumor cells to grow out of control. These studies are revealing the entire genetic landscape of specific human cancers, providing new avenues for diagnosis and treatment.

Tumor cells are typically riddled with genetic mistakes that disrupt key cell pathways, removing the brakes on cell division. Thanks to the completion of the human genome and cheaper sequencing, researchers can now systematically survey many genes in cancer cells for changes that earlier methods missed. Results from the first of these so-called cancer genome projects came out 2 years ago, and the output ramped up in 2008.

Leading the list were reports on pancreatic cancer and glioblastoma, the deadliest cancers. By sequencing hundreds or thousands of genes, researchers fingered dozens of mutations, both known and new. For example, a new cancer gene called IDH1 appeared in a sizable 12%of samples from glioma brain tumors. A separate glioma study revealed hints as to why some patients' tumors develop drug resistance. Other studies winnowed out abnormal DNA in lung adenocarcinoma tumors and acute myeloid leukemia.

The expanding catalog of cancer genes reveals an exciting but sobering complexity, suggesting that treatments that target biological pathways are a better bet than "silver bullet" drugs aimed at a single gene. Genome projects for at least 10 more cancers are in the works.

The Video Embryo（2008）

The dance of cells as a fertilized egg becomes an organism is at the center of developmental biology. But most microscopes allow only partial glimpses of the process. This year, scientists observed the ballet in unprecedented detail, recording and analyzing movies that traced the movements of the roughly 16, 000 cells that make up the zebrafish embryo by the end of its first day of development.

Researchers in Germany made the movies with a new microscope they designed. It uses a laser beam to scan through a living specimen, capturing real-time images and avoiding the bleaching and light damage that have usually limited such videos to just a few hours. The researchers then used massive computing power to analyze and visualize the recorded movements. They also ran the movies backward to trace the origin of cells that form specific tissues, such as the retina. A movie of a well-known mutant strain of fish revealed for the first time exactly what goes wrong as the embryo develops.

The zebrafish movies are freely available on the Internet, and the developers say they hope the Web site will develop into a full-blown virtual embryo—a sort of developmental biology YouTube with contributions from labs around the world.

附录 3　纳米电子学领域 2000 年的关键词形成的 81 个研究主题

编号	数量突变率	新词频次突变率	重复词频次突变率	词总数	新词数目
1	0.89	0.88	–0.29	47	42
2	1.00	1.00	0.00	1	1
3	0.86	0.75	0.60	14	12
4	0.84	0.74	0.45	62	52
5	0.62	0.37	0.37	100	62
6	0.77	0.59	0.31	110	85
7	0.00	0.00	0.00	1	0
8	0.21	0.18	0.07	14	3
9	0.78	0.62	0.51	99	77
10	0.81	0.60	0.11	110	89
11	0.73	0.56	0.60	73	53
12	0.61	0.53	0.40	46	28
13	0.63	0.52	0.03	56	35
14	0.92	0.81	0.17	25	23
15	1.00	1.00	0.00	1	1
16	0.50	0.50	0.00	2	1
17	0.66	0.42	–0.13	68	45
18	0.76	0.65	0.70	88	67
19	1.00	1.00	0.00	16	16
20	0.83	0.67	0.31	48	40
21	0.50	0.50	0.00	2	1
22	0.59	0.34	0.19	122	72
23	0.55	0.20	0.20	66	36
24	0.90	0.90	0.00	10	9
25	0.56	0.29	0.52	62	35
26	0.79	0.72	0.25	24	19
27	1.00	1.00	0.00	6	6
28	1.00	1.00	0.00	1	1
29	0.90	0.86	0.00	39	35

续表

编号	数量突变率	新词频次突变率	重复词频次突变率	词总数	新词数目
30	0.00	0.00	0.33	4	0
31	0.60	0.60	0.67	5	3
32	1.00	1.00	0.00	1	1
33	1.00	1.00	0.00	2	2
34	1.00	1.00	0.00	6	6
35	1.00	1.00	0.00	4	4
36	1.00	1.00	0.00	5	5
37	1.00	1.00	0.00	5	5
38	0.75	0.75	0.80	4	3
39	1.00	1.00	0.00	4	4
40	1.00	1.00	0.00	5	5
41	0.00	0.00	0.00	1	0
42	1.00	1.00	0.00	1	1
43	0.50	0.50	0.80	2	1
44	1.00	1.00	0.00	2	2
45	1.00	1.00	0.00	1	1
46	1.00	1.00	0.00	5	5
47	1.00	1.00	0.00	1	1
48	0.50	0.50	0.00	2	1
49	1.00	1.00	0.00	2	2
50	0.00	0.00	−4.00	1	0
51	0.50	0.50	0.00	2	1
52	1.00	1.00	0.00	2	2
53	1.00	1.00	0.00	5	5
54	1.00	1.00	0.00	1	1
55	1.00	1.00	0.00	1	1
56	1.00	1.00	0.00	4	4
57	1.00	1.00	0.00	2	2
58	1.00	1.00	0.00	1	1
59	0.00	0.00	0.00	1	0
60	1.00	1.00	0.00	2	2
61	0.00	0.00	0.00	1	0
62	1.00	1.00	0.00	4	4
63	1.00	1.00	0.00	1	1

续表

编号	数量突变率	新词频次突变率	重复词频次突变率	词总数	新词数目
64	1.00	1.00	0.00	2	2
65	1.00	1.00	0.00	3	3
66	0.00	0.00	−5.00	1	0
67	1.00	1.00	0.00	2	2
68	1.00	1.00	0.00	2	2
69	1.00	1.00	0.00	1	1
70	1.00	1.00	0.00	1	1
71	1.00	1.00	0.00	1	1
72	1.00	1.00	0.00	1	1
73	0.00	0.00	0.00	1	0
74	0.00	0.00	0.00	1	0
75	0.00	0.00	−4.00	1	0
76	1.00	1.00	0.00	1	1
77	0.00	0.00	−1.00	1	0
78	1.00	1.00	0.00	1	1
79	1.00	1.00	0.00	1	1
80	1.00	1.00	0.00	1	1
81	1.00	1.00	0.00	1	1

附录 4　纳米电子学领域 2001 年的关键词形成的 105 个研究主题

编号	数量突变率	新词频次突变率	重复词频次突变率	词总数	新词数目
1	0.86	0.67	0.63	263	227
2	0.66	0.38	0.61	235	155
3	0.96	0.93	−0.20	28	27
4	0.88	0.48	0.78	107	94
5	0.93	0.88	0.18	190	177
6	0.58	0.38	0.03	256	149
7	0.79	0.57	0.34	263	208
8	0.44	0.18	0.42	84	37
9	1.00	1.00	0.00	1	1
10	0.94	0.92	0.67	49	46

续表

编号	数量突变率	新词频次突变率	重复词频次突变率	词总数	新词数目
11	0.82	0.79	−0.54	111	91
12	0.90	0.77	0.64	269	243
13	1.00	1.00	0.00	6	6
14	0.68	0.42	0.42	276	188
15	0.97	0.92	0.75	77	75
16	0.83	0.56	0.64	100	83
17	0.97	0.96	0.33	65	63
18	0.88	0.54	0.59	97	85
19	1.00	1.00	0.00	5	5
20	0.69	0.31	0.74	413	287
21	0.96	0.92	0.63	113	109
22	0.77	0.47	0.78	111	86
23	0.67	0.45	0.71	123	83
24	0.89	0.73	0.47	44	39
25	0.56	0.25	−0.23	139	78
26	0.85	0.61	0.66	85	72
27	1.00	1.00	0.00	12	12
28	1.00	1.00	0.00	1	1
29	0.00	0.00	0.00	6	0
30	0.90	0.78	0.85	50	45
31	0.96	0.77	0.81	49	47
32	1.00	1.00	0.00	1	1
33	1.00	1.00	0.00	7	7
34	0.00	0.00	−1.00	1	0
35	1.00	1.00	0.00	3	3
36	0.98	0.94	−0.29	44	43
37	0.00	0.00	0.50	1	0
38	1.00	1.00	0.00	5	5
39	1.00	1.00	0.00	4	4
40	1.00	1.00	0.00	1	1
41	1.00	1.00	0.00	3	3
42	0.00	0.00	−2.13	4	0
43	1.00	1.00	0.00	3	3
44	1.00	1.00	0.00	8	8

续表

编号	数量突变率	新词频次突变率	重复词频次突变率	词总数	新词数目
45	1.00	1.00	0.00	4	4
46	0.00	0.00	0.50	6	0
47	1.00	1.00	0.00	1	1
48	0.00	0.00	–2.00	1	0
49	1.00	1.00	0.00	5	5
50	1.00	1.00	0.00	6	6
51	1.00	1.00	0.00	4	4
52	1.00	1.00	0.00	2	2
53	1.00	1.00	0.00	4	4
54	0.89	0.64	0.83	9	8
55	1.00	1.00	0.00	8	8
56	0.00	0.00	–1.00	4	0
57	1.00	1.00	0.00	14	14
58	1.00	1.00	0.00	2	2
59	1.00	1.00	0.00	1	1
60	1.00	1.00	0.00	5	5
61	1.00	1.00	0.00	1	1
62	1.00	1.00	0.00	1	1
63	1.00	1.00	0.00	6	6
64	1.00	1.00	0.00	4	4
65	1.00	1.00	0.00	3	3
66	1.00	1.00	0.00	5	5
67	1.00	1.00	0.00	2	2
68	1.00	1.00	0.00	2	2
69	1.00	1.00	0.00	10	10
70	1.00	1.00	0.00	5	5
71	1.00	1.00	0.00	5	5
72	1.00	1.00	0.00	2	2
73	1.00	1.00	0.00	4	4
74	0.00	0.00	–0.50	4	0
75	0.67	0.67	0.00	3	2
76	0.00	0.00	0.00	1	0
77	1.00	1.00	0.00	5	5
78	1.00	1.00	0.00	1	1

续表

编号	数量突变率	新词频次突变率	重复词频次突变率	词总数	新词数目
79	0.00	0.00	0.00	5	0
80	1.00	1.00	0.00	3	3
81	1.00	1.00	0.00	1	1
82	0.00	0.00	0.50	1	0
83	1.00	1.00	0.00	2	2
84	1.00	1.00	0.00	1	1
85	0.00	0.00	−2.00	1	0
86	1.00	1.00	0.00	2	2
87	1.00	1.00	0.00	4	4
88	0.00	0.00	0.00	1	0
89	1.00	1.00	0.00	1	1
90	1.00	1.00	0.00	3	3
91	1.00	1.00	0.00	1	1
92	1.00	1.00	0.00	1	1
93	1.00	1.00	0.00	1	1
94	1.00	1.00	0.00	1	1
95	1.00	1.00	0.00	1	1
96	1.00	1.00	0.00	1	1
97	1.00	1.00	0.00	4	4
98	1.00	1.00	0.00	1	1
99	0.00	0.00	0.00	2	0
100	1.00	1.00	0.00	1	1
101	0.50	0.50	−2.00	2	1
102	0.00	0.00	0.00	1	0
103	0.00	0.00	−2.00	1	0
104	1.00	1.00	0.00	1	1
105	1.00	1.00	0.00	1	1

附录5　基因工程领域1997年的关键词形成的40个研究主题

编号	数量突变率	新词频次突变率	重复词频次突变率	词总数	新词数目
1	0.80	0.67	0.04	59	47
2	0.78	0.59	0.23	204	159
3	0.78	0.65	0.13	129	101

续表

编号	数量突变率	新词频次突变率	重复词频次突变率	词总数	新词数目
4	0.86	0.70	0.33	195	168
5	0.84	0.49	0.40	161	136
6	0.82	0.52	0.52	342	279
7	0.74	0.61	0.20	145	108
8	0.76	0.43	0.37	492	372
9	0.82	0.74	0.13	87	71
10	0.77	0.38	0.29	493	380
11	0.70	0.32	0.38	621	433
12	0.67	0.37	0.28	412	276
13	0.82	0.71	0.33	73	60
14	0.80	0.61	0.06	144	115
15	0.80	0.65	0.19	204	164
16	0.71	0.49	0.11	231	165
17	0.79	0.66	0.18	73	58
18	0.76	0.65	0.26	143	109
19	0.94	0.89	0.00	34	32
20	0.86	0.70	0.33	144	124
21	0.74	0.64	0.25	113	84
22	0.62	0.62	−0.60	13	8
23	0.86	0.80	0.29	63	54
24	0.80	0.71	0.00	25	20
25	0.00	0.00	0.00	1	0
26	1.00	1.00	0.00	2	2
27	0.75	0.63	0.00	12	9
28	0.90	0.75	0.67	10	9
29	1.00	1.00	0.00	1	1
30	0.75	0.75	0.00	8	6
31	1.00	1.00	0.00	9	9
32	0.00	0.00	0.00	1	0
33	0.71	0.71	−0.50	7	5
34	1.00	1.00	0.00	3	3
35	0.00	0.00	0.00	1	0
36	1.00	1.00	0.00	3	3
37	1.00	1.00	0.00	1	1

续表

编号	数量突变率	新词频次突变率	重复词频次突变率	词总数	新词数目
38	0.00	0.00	−1.00	1	0
39	1.00	1.00	0.00	1	1
40	0.00	0.00	0.00	1	0

附录6　基因工程领域1998年的关键词形成的47个研究主题

编号	数量突变率	新词频次突变率	重复词频次突变率	词总数	新词数目
1	0.76	0.53	0.35	384	292
2	0.73	0.48	0.41	427	310
3	0.72	0.26	0.40	1201	864
4	0.78	0.62	0.36	153	120
5	0.70	0.38	0.33	742	521
6	0.78	0.59	0.16	230	180
7	0.81	0.59	0.30	237	192
8	0.73	0.36	0.34	386	282
9	0.79	0.39	0.55	236	187
10	0.84	0.50	0.43	140	117
11	0.75	0.65	0.18	166	125
12	0.74	0.59	0.20	34	25
13	0.75	0.57	0.42	224	168
14	0.83	0.66	0.28	189	157
15	0.62	0.27	0.46	263	164
16	0.76	0.56	0.39	275	208
17	0.83	0.60	0.46	105	87
18	0.76	0.51	0.33	276	211
19	0.79	0.60	0.06	112	89
20	0.74	0.37	0.45	276	204
21	0.58	0.50	−0.03	125	73
22	0.76	0.50	0.46	147	112
23	0.75	0.49	0.38	214	160
24	0.68	0.49	0.24	225	152
25	0.79	0.69	0.18	133	105
26	1.00	1.00	0.00	12	12

续表

编号	数量突变率	新词频次突变率	重复词频次突变率	词总数	新词数目
27	1.00	1.00	0.00	14	14
28	1.00	1.00	0.00	4	4
29	0.90	0.90	0.00	10	9
30	0.96	0.95	0.00	28	27
31	0.83	0.83	−3.00	6	5
32	0.83	0.80	0.33	12	10
33	1.00	1.00	0.00	4	4
34	1.00	1.00	0.00	2	2
35	0.00	0.00	−1.00	1	0
36	1.00	1.00	0.00	6	6
37	1.00	1.00	0.00	4	4
38	1.00	1.00	0.00	2	2
39	0.00	0.00	−0.33	3	0
40	1.00	1.00	0.00	1	1
41	1.00	1.00	0.00	3	3
42	1.00	1.00	0.00	1	1
43	1.00	1.00	0.00	1	1
44	1.00	1.00	0.00	1	1
45	1.00	1.00	0.00	1	1
46	1.00	1.00	0.00	1	1
47	1.00	1.00	0.00	1	1

附录7　基因工程领域2001年的关键词形成的46个研究主题

编号	数量突变率	新词频次突变率	重复词频次突变率	词总数	新词数目
1	0.63	0.39	0.13	415	260
2	0.70	0.41	0.21	805	563
3	0.67	0.46	0.40	142	95
4	0.70	0.35	0.33	1281	896
5	0.66	0.33	0.32	1038	681
6	0.69	0.44	0.08	308	213
7	0.70	0.48	0.07	370	259
8	0.64	0.19	0.10	2036	1303

续表

编号	数量突变率	新词频次突变率	重复词频次突变率	词总数	新词数目
9	0.76	0.52	0.11	207	157
10	0.52	0.30	0.01	639	330
11	0.64	0.41	0.17	613	395
12	0.68	0.44	0.25	189	129
13	0.77	0.51	0.35	269	208
14	0.72	0.50	0.06	429	308
15	0.75	0.46	0.16	109	82
16	0.75	0.49	0.19	459	346
17	0.80	0.67	0.53	276	221
18	0.72	0.43	0.31	280	202
19	0.75	0.57	0.25	321	240
20	0.75	0.51	0.28	322	243
21	0.70	0.43	0.22	366	258
22	0.76	0.50	0.05	642	488
23	0.69	0.43	0.17	262	180
24	0.62	0.43	（0.02）	189	118
25	0.82	0.60	0.15	65	53
26	0.70	0.51	0.33	195	136
27	0.77	0.61	（0.06）	35	27
28	0.60	0.60	（3.50）	5	3
29	0.77	0.64	0.01	205	158
30	1.00	1.00	0.00	9	9
31	1.00	1.00	0.00	4	4
32	0.90	0.90	0.00	10	9
33	1.00	1.00	0.00	6	6
34	1.00	1.00	0.00	1	1
35	1.00	1.00	0.00	1	1
36	0.88	0.89	0.00	8	7
37	1.00	1.00	0.00	6	6
38	0.80	0.80	（2.00）	5	4
39	1.00	1.00	0.00	2	2
40	1.00	1.00	0.00	2	2
41	1.00	1.00	0.00	3	3
42	0.00	0.00	0.00	1	0

续表

编号	数量突变率	新词频次突变率	重复词频次突变率	词总数	新词数目
43	1.00	1.00	0.00	1	1
44	1.00	1.00	0.00	2	2
45	0.00	0.00	0.00	1	0
46	0.67	0.67	（1.00）	3	2

附录 8　基因工程领域 2002 年的关键词形成的 37 个研究主题

编号	数量突变率	新词频次突变率	重复词频次突变率	词总数	新词数目
1	0.63	0.19	0.48	3454	2185
2	0.65	0.24	0.41	2394	1561
3	0.50	0.24	0.96	137	69
4	0.50	0.04	0.97	176	88
5	0.67	0.38	0.24	1024	683
6	0.62	0.22	0.93	384	237
7	0.66	0.46	−0.19	266	176
8	0.81	0.79	−0.50	31	25
9	0.47	0.01	0.97	205	97
10	0.75	0.64	0.51	817	612
11	0.40	0.01	0.97	225	89
12	0.33	0.00	0.97	118	39
13	0.70	0.54	0.10	200	140
14	0.61	0.09	0.97	203	123
15	0.74	0.56	0.38	432	320
16	0.67	0.12	0.91	766	516
17	0.58	0.04	0.96	250	146
18	0.40	0.01	0.97	124	49
19	0.61	0.50	−0.12	149	91
20	0.53	0.01	0.97	86	46
21	0.31	0.12	0.97	77	24
22	0.60	0.44	−0.61	294	176
23	0.45	0.01	0.98	44	20
24	0.71	0.56	0.06	399	285
25	0.47	0.01	0.96	243	114

续表

编号	数量突变率	新词频次突变率	重复词频次突变率	词总数	新词数目
26	0.00	0.00	−1.00	1	0
27	0.48	0.22	0.59	104	50
28	0.63	0.14	0.97	171	107
29	0.81	0.61	0.00	26	21
30	0.86	0.75	0.00	7	6
31	0.75	0.75	−1.00	12	9
32	0.88	0.88	−1.00	8	7
33	1.00	1.00	0.00	5	5
34	1.00	1.00	0.00	10	10
35	1.00	1.00	0.00	1	1
36	0.00	0.00	−1.00	1	0
37	1.00	1.00	0.00	1	1

附录9　基因工程领域2004年的关键词形成的51个研究主题

编号	数量突变率	新词频次突变率	重复词频次突变率	词总数	新词数目
1	0.68	0.50	（0.31）	310	212
2	0.64	0.29	0.18	1268	815
3	0.78	0.61	0.22	372	290
4	0.71	0.50	0.11	379	268
5	0.64	0.30	0.09	961	612
6	0.62	0.26	0.33	1277	792
7	0.79	0.58	0.08	260	206
8	0.82	0.66	0.37	291	239
9	0.73	0.51	0.08	239	175
10	0.77	0.77	（0.67）	13	10
11	0.70	0.30	0.05	2535	1763
12	0.69	0.49	0.44	210	144
13	0.74	0.53	0.14	198	146
14	0.56	0.30	（0.17）	417	233
15	0.71	0.42	0.05	439	312
16	0.79	0.61	（0.02）	422	333
17	0.80	0.68	0.08	151	121

续表

编号	数量突变率	新词频次突变率	重复词频次突变率	词总数	新词数目
18	0.69	0.40	（0.03）	671	461
19	0.61	0.32	（0.05）	485	296
20	0.71	0.44	0.16	449	317
21	0.66	0.56	（0.14）	98	65
22	0.75	0.62	（0.12）	185	139
23	0.74	0.61	（0.18）	117	86
24	0.70	0.38	（0.17）	252	177
25	0.77	0.66	（0.08）	129	99
26	0.93	0.89	0.50	27	25
27	0.78	0.62	（0.03）	282	220
28	0.83	0.73	0.04	64	53
29	0.94	0.93	（0.80）	53	50
30	1.00	1.00	0.00	5	5
31	1.00	1.00	0.00	2	2
32	0.00	0.00	（3.00）	1	0
33	0.80	0.80	0.00	5	4
34	1.00	1.00	0.00	2	2
35	0.91	0.91	（1.00）	11	10
36	1.00	1.00	0.00	3	3
37	0.88	0.78	0.50	8	7
38	1.00	1.00	0.00	2	2
39	0.83	0.83	0.00	6	5
40	0.91	0.90	（0.33）	22	20
41	1.00	1.00	0.00	8	8
42	0.75	0.75	0.00	4	3
43	0.88	0.88	0.00	8	7
44	1.00	1.00	0.00	6	6
45	1.00	1.00	0.00	4	4
46	0.82	0.77	0.00	11	9
47	1.00	1.00	0.00	1	1
48	1.00	1.00	0.00	10	10
49	1.00	1.00	0.00	1	1
50	1.00	1.00	0.00	4	4
51	1.00	1.00	0.00	1	1